苑囿哲思.002

U0170083

园 儒

刘庭风 著

中国建材工业出版社

图书在版编目（CIP）数据

园儒 / 刘庭风著． -- 北京：中国建材工业出版社，
2020.6

（苑囿哲思）

ISBN 978-7-5160-2866-7

Ⅰ．①园… Ⅱ．①刘… Ⅲ．①儒学—应用—古典园林
—园林设计—研究—中国 Ⅳ．① TU986.62

中国版本图书馆 CIP 数据核字（2020）第 047255 号

园儒

Yuanru

刘庭风　著

出版发行：中国建材工业出版社

地　　址：北京市海淀区三里河路 1 号

邮政编码：100044

经　　销：全国各地新华书店

印　　刷：北京中科印刷有限公司

开　　本：787mm×1092mm　1/32

印　　张：11.75

字　　数：220 千字

版　　次：2020 年 6 月第 1 版

印　　次：2020 年 6 月第 1 次

定　　价：**56.00 元**

思哲囿苑

孟兆桢

孟兆祯先生题字
中国工程院院士、北京林业大学教授

内容摘要

作为历代统治哲学的儒学，在建构统治结构时，把天下大同观作为普适理念在经营。在园林中表现为上林苑式的诸侯贡花，外八庙的仿建民族寺院，圆明园的九州清晏的禹贡九州图式。儒家经国体野的仁德观，治家的孝道观，格物致知的书院观，为人处世的中庸观，修身养性的比玉观，农业为本的耕读观，以及面对各种境遇的贫乐观、共乐观、忧乐观，无不体现于园林的点景题名上，成为寓教于游、寓教于乐的重要方式。最后，沧浪情结的文人气节文化和曲水流觞的诗酒文化也成为文人园的最高境界，流行于皇家、私家和公共园林之中，直至今天。

序 言

　　哲学思想是园林文化的最高层面。我们常说的儒、道、佛三家是中国哲学的"三驾马车"。儒家、道家、佛家是中国古代社会三教九流系统的三教大类，各有理想的社会组织形式和家居环境图式。

　　儒家以统治者自居，讲究如何教化民众，构建和谐的天下大同的局面。于是，仁德、礼制、孝道、后乐等经典教义，反映在园林点景题名上，起教化作用。道家自然观使得园林成为澄怀观道、坐忘凡尘、虚静逍遥的场所。在濠梁观鱼，在苑囿见心，成为超凡脱俗的修行方法。佛家理念在园林中也表现突出。在皇家苑囿里，佛教建筑成为园林的视觉中心。为了调和民族矛盾，藏传佛教成为最富特色的建筑景观，与汉传佛教并驾齐驱，甚至超越了汉传佛教。各派园林对世界图式的不同解读，形成了"天下名山僧占多"的风景寺院二元结构。

　　具有创新特色的是，作者把易学单独列出，独显《易经》对中国园林的影响程度。《易经》作为三家共同遵从的法则，以其独特的世界图式，与户外环境空间的山水、植物、建筑结合，反映了中国先人的世界观与传统的空间论。这种空间文化超越了宗教，直击世界本原，反映了中国先人独特的观照和体认方式。

文化自信，就包括园林文化的自信。中国园林一直被认为是世界园林之母。在这种语境之下，作者以宏大的视野，把儒道佛三足体系发展为包括易学的四足体系，真实反映了中国风景园林的多义性、综合性、时空性、源流性，是对中国传统文化认识的更上一层楼。

中国科学院院士、天津大学教授

2019 年 6 月 6 日

目　录

第 *1* 章　大同观

第 1 节　天道乐土，天下大同
——上林苑

　　春秋战国形成的象天法地思想在秦咸阳和汉长安得以全面展现。天之浩瀚，地之广博，以皇城为中心延伸到郊区，以至四海。刘晓达"汉武帝时代的上林苑与天下观——以昆明池、建章宫太涂池的开凿为论述中心"提出上林苑的四个层面：其一，汉初活跃在宫廷内外的方士集团为武帝提供了关于宇宙空间与仙界的认知；其二，司马相如呈现了一个理想化的杳远空间与蓝图；其三，武帝即位早期即具有的"内修法度，外攘夷狄""王者无外，天下一家"式的政治与学术修养则为其建构上林苑提供了心理上的暗示；其四，秦至汉初宫苑池沼景观的修建则为武帝和武帝时代的工匠提供了可以依据的视觉模本。

　　"天下"是东亚民族对于宇宙的特有概念,即普天之下,没有地理、国境和空间的限制。古时多指中国范围内的全部土地,全国。《史记·五帝本纪》:"天下有不顺者,黄帝从而征之,平者去之,披山通道,未尝宁居。"《东周列国志》第一百零八回:"时六国悉并于秦,天下一统。"明黄道周《节寰袁公(袁可立)传》:"又当定陵镇静,以道法宥天下,四五十年间,留贤在野,怨咨不生。"《书·大禹谟》:"奄有四海,为天下君。"《后汉书·朱穆传》:"昔秦政烦苛,百姓土崩,陈胜奋臂一呼,天下鼎沸。"宋梅尧臣《送师直之会稽宰》诗:"天下风物佳,莫出吴与越。""天下"又指人世间、社会上。如《载敬堂集·江南靖士联稿·载敬堂》:"一座通天下,三时际臆间。""天下"还指全世界、所有的人。最后,"天下"指自然界和天地间。游逸飞发现,汉代铜镜铭文中即有"见日之光,天下大明""尚方作镜,真大好,上有仙人不知老。渴饮玉泉饥枣,浮游天下遨四海""顺天下,宜阴阳"等。

　　在上林苑东北的建章宫,《汉书·郊礼志》记载,"汉武帝于是建章宫,度为千门万户。前殿度高未央",承担了重要的政治功能,《关中记》道:"建章宫'制事兼未央'。"20世纪50年代初在建章宫出土大量瓦当,有"汉并天下",在渭北汉两大郊外离宫之二的甘泉宫也出土"汉兼天下"文字瓦当,在陕西南郑汉初宫室出土"佳汉三年,大并天下"瓦当,都显示了造园的天下思想——"王者无外""天下一家"。汉武帝一生北伐匈奴，南征昆明，沟通西域，对外交流就是实现统驭天下的政治抱负。

"天下"就是"天"与"下"的组合。"天"即天象景观和仙界景观，"下"即四方景观和域外景观，即刘晓达在"汉武帝时代的上林苑与天下观"中所说的四个层面：现实、域外、仙界、天上。天象景观的渐台、宇宙、紫渊、天河、云汉、牛郎、织女、桂台、望蟾台、蟾宫、日月、灵台。张衡《西京赋》道："乃有昆明灵沼，黑水玄阯。周以金堤，树以柳杞。豫章珍馆，揭焉中峙。牵牛立其左，织女处其右，日月于是乎出入，象扶桑与濛汜。"班固《西都赋》："集乎豫章之宇，临乎昆明之池。左牵牛而右织女，似云汉之无涯。"《关辅古语》道："昆明池中有二石人，立牵牛织女于池之东西以象天河。"《三辅故事》载："池中有龙首船，常令宫女泛舟池中。张凤盖，建华旗，作櫂歌，杂以鼓吹，帝御豫章观临观焉。"《史记·平准书》载："是时越欲与汉用舡（船）战逐，乃大修昆明池，列观（馆）环之，治楼舡（船）高十余丈，旗帜加其上，甚壮。"灵台又名清台，东汉时尚存，实为天文观测台。《三辅黄图》引《述征记》道："长安宫南有灵台，高十五仞，上有浑天仪，张衡所制。又有相风铜乌，风遇乃动……又有铜表，高八尺，长一丈三尺，广尺二寸，题云太初四年（公元前 3 年）造。"此外，周文王当年修的灵台，也完整地保留在上林苑中，实测"高二丈，周回百二十步"。

仙界景观指方丈、蓬莱、瀛洲、壶梁、娥影。汉武帝太初元年（公元前104年），建章宫规模宏大，有"千门万户"之称。武帝曾一度在此朝会、理政，其宫殿建筑毁于新莽末年战火中。北为太液池，《关辅记》云："建章宫北有池，以象北海。刻石为鲸鱼，长三丈。"《史记·封禅书》载："建章宫其北治大池，渐台高二十余丈，名曰太液池，中有蓬莱、方丈、瀛洲、壶梁，象海中神山，龟鱼之属。"《汉书·郊礼志》载："建章宫其北治大池，渐台高二十余丈，名曰泰池。池中有蓬莱、方丈、瀛洲、壶梁，象海中神山龟鱼之属。其南有玉堂、壁门、大鸟之属。"又《三辅旧事》云："太液池北岸有石鱼，长三丈，广五尺。西岸有石龟两枚，并长六尺。"此石鲸鱼残件至今存于陕西省历史博物馆中。班固《西都赋》："前唐中而后太液，览沧海之汤汤。扬波涛于碣石，激神岳之嶈嶈。滥瀛洲与方壶，蓬莱起乎中央。"

太液池是一个宽广的人工湖，因池中筑有三神山而著称。这种"一池三山"的布局对后世园林有深远影响，并成为创作池山的一种模式。神明台为汉武帝时建筑。武帝刘彻慕仙好道，于公元前104—公元前100年修造神明台。神明台是建章宫中最为壮观的建筑物，高达50丈，台上有铜铸的仙人，仙人手掌有7围之大，由此仙人之巨大可想而知。仙人手托一个直径27丈的大铜盘，盘内有一巨型玉杯，用玉杯承接空中的露水，故名"承露盘"。汉武帝以为喝了玉杯中的露水就是喝了天赐的"琼浆玉液"，久服益寿成仙。神明台上除"承露盘"外，还设有九室，象征九天。常住道士、巫师百余人。巫师们说，在高入九天的神明台上可和神仙为邻通话。神明台保持了300多年，魏文帝曹丕在位时，承露盘尚在。魏文帝想把它搬到洛阳，搬动时因铜盘过大而折断，断声远传数十里。铜盘勉强搬到灞河边，因太重再也无法向前挪动而被弃置，后不知所终。神明台历经2000多年的风吹雨打，至今只余千疮百孔的夯土台基，立于台上观赏，张衡《西京赋》赞云："立修茎之仙掌，承云表之清露。"

现实的四境就是汉武帝的天下。上林苑地跨长安区、鄠邑区、咸阳、周至县、蓝田县五区县境，纵横340里，有渭、泾、沣、涝、潏、滈、浐、灞八水出入其中。司马相如的《上林赋》中处处体现四方天下理念。上林苑的范围是，"独不闻天子之上林乎？左苍梧，右西极。丹水更其南，紫渊径其北。"苍梧本是广西苍梧县，汉代郡名，此处指上林苑之东。西极指汉代上林苑丁顶的古之豳地。高步瀛说："《说文》曰：'汃，西极之水也。'"丹水是源出陕西之冢岭山，东入河南境的河流。紫渊是上林苑以北的渊名。

《上林赋》还指出，园林的河道是八水入上林，然后八水入长安。"终始灞浐，出入泾渭；酆镐潦潏，纡馀委蛇，经营乎其内。荡荡乎八川分流，相背而异态。"泾水是发源于甘肃，入陕西西安，北与渭水相合的河流。渭水是源于甘肃，东流至清水县后，入陕西西安的河流，横贯渭河平原归黄河。酆镐潦潏（fēng hào lǎo jué），皆为水名，这些河流"东西南北，驰骛往来，出乎椒丘之阙，行乎洲淤之浦，经乎桂林之中，过乎泱漭之野。"椒丘指尖削的高丘。屈原《离骚》："步余马于兰皋兮，驰椒丘且焉止息。"一说生着椒木的山丘。阙指两峰对峙有如宫阙，一名门观，谓建二台于两旁，上有楼观，中间右阙口以为通道。

观赏方式是"周览泛观，缜纷轧苏（zhá wù），芒芒恍忽。视之无端，察之无涯，""日出东沼，入乎西陂""周览泛观"指环园一周的游览，只有走马观花才能完成，暗指景物繁多。东沼指上林苑东边的池沼，西陂指在上林苑西的池名。又用"其南"写出南方之景，"其北"写出北方之景。"其南则隆冬生长，涌水跃波。其兽则旄貘犛（máo mò lí），沈牛麈麋，赤首圜题，穷奇象犀。其北则盛夏含冻裂地，涉冰揭（qì）河。其兽则麒麟角端，騊駼橐（táo tú tuó）驼，蛩蛩驒騱（qióng tuó xī），駃騠（jué tí）驴骡六庵注。"最后，指出东箱、西清、中庭、南荣、北庭的五方苑围观。"青龙蚴蟉（yǒu liú）于东箱，象舆婉僤（shàn）于西清，灵圉（yǔ）燕于闲馆，偓佺之伦，暴于南荣。醴泉涌于清室，通川过于中庭。""于是乎卢橘夏熟，黄甘橙楱，枇杷橪柿，亭奈厚朴，梬枣杨梅，樱桃蒲陶，隐夫薁棣，答沓离支，罗乎后宫，列乎北园。"

上林苑的人居系统也是四方天下观，"于是乎离宫别馆，弥山跨谷，高廊四注，重坐曲阁，华榱（cuī）璧珰

(dāng)，辇道缳（xǐ）属，步櫩（yán）周流，长途中宿。"弥山跨谷反映了建筑的因高就低，《园冶》道："巧于因借"，同时反映的建筑的数量众多。高廊指供行走的长廊。四注指伸向四面。重坐指两层的楼房。曲阁指曲折连结的楼阁。华榱（cuī），雕绘的房椽。榱，房椽。璧珰（dāng），用璧玉装饰的瓦珰。珰，宫殿屋顶所用筒瓦的前端。缳（xǐ）属指连属。步櫩（yán），可以通行的长廊。櫩，古通"檐"。周流，周遍。中宿指中间需要停宿。

上林苑创造了以宫观为主的园中园体系，据《长安志》引《关中记》所载上林苑宫殿建筑群有十二处：建章宫、承光宫、储元宫、包阳宫、尸阳宫、望远宫、犬台宫、宣曲宫、昭台宫、蒲陶宫、黄山宫、扶荔宫。观是观望之所。《释名》道："观，观也。於上观望也。"《玉海》道："观，观也。周置两观以表宫门，其上可居，登之可以远观，故谓之观。"两观相并相当于阙，观与馆又通用。据《三辅黄图》载，上林苑中有二十一观：昆明观、蚕观、平乐观、远望观、燕升观、观象观、便门观、白鹿观、三爵观、阳禄观、阴德观、鼎郊观、樛木观、椒唐观、鱼鸟观、元华观、走马观、柘观、上兰观、郎池观、当路观。除此之外，还利用自然资源进行农业生产，设置铜矿作坊、果园、蔬圃、养鱼场、牲畜圈、马厩。苑内设置的大型马厩就有六处之多，谓之六厩。

上林苑的天下是王道乐土，是君臣共乐之地。每次游览和行猎都是文武百官、后宫子孙出行。《上林赋》又说天子校猎，"乘镂象，六玉虬，拖蜺旌，靡云旗，前皮轩，后道游。孙叔奉辔，卫公参乘，扈从横行，出乎四校之中。鼓严簿，纵猎者，河江为阹（qù），泰山为橹，车骑雷起，殷天动地，先后陆离，离散别追。"天子校猎，有百官、四校、孙叔（善驾者）、卫公（善驾者）、扈从，反映了天子动、文武从的秩序和礼制。以江河为阹（围猎禽兽的环阵），以泰山为橹（望楼），有实有虚，有意有境，成为天下观的组成部分。"轶白鹿，捷狡兔，轶赤电，遗光耀。追怪物，出宇宙，弯蕃弱，满白羽，射游枭，栎蜚遽。"上下四方为"宇"，古往今来为"宙"，就空间而言，是为夸张，就意志而言，合情合理。

　　行猎之后的行宴，也是千人唱，万人和，旌旗摇，锣鼓响。《上林赋》道："于是乎游戏懈怠，置酒乎颢天之台，张乐乎轇輵之宇。撞千石之钟，立万石之虡，建翠华之旗，树灵鼍之鼓，奏陶唐氏之舞，听葛天氏之歌，千人唱，万人和，山陵为之震动，川谷为之荡波。巴渝宋蔡，淮南干遮，文成颠歌，族居递奏，金鼓迭起，铿鎗闛鞈，洞心骇耳。荆吴郑卫之声，韶濩武象之乐，阴淫案衍之音，鄢郢缤纷，激楚结风。"

　　上林苑是儒家之圣地，带有教谕修养，研学行礼之义。"于是历吉日以斋戒，袭朝服，乘法驾，建华旗，鸣玉鸾，游于六艺之囿，驰骛乎仁义之涂，览观《春秋》之林，射

《狸首》，兼《驺虞》（驺 zōu），弋玄鹤，舞干戚，载云罕（hǎn），揜（yǎn）群雅，悲《伐檀》，乐乐胥，修容乎礼园，翱翔乎书圃，述《易》道，放怪兽，登明堂，坐清庙，次群臣，奏得失，四海之内，靡不受获。于斯之时，天下大说，乡风而听，随流而化，喟然兴道而迁义，刑错而不用，德隆于三王，而功羡于五帝。"斋戒：修身反省。洗心叫斋，防患叫戒。古人祭祀前沐浴更衣，不饮酒，不吃荤，不与妻子同寝，整洁身心，以示虔诚。六艺：即《诗》《书》《礼》《乐》《易》《春秋》。圃本指以狩猎为主的园林，此处成为学习六艺的场所。涂本指道路，此处成为仁义的为政、为人之道。林本指树木之林，此处成为览天下兴亡的《春秋》。《狸首》和《驺虞》（驺 zōu）狸和驺本为动物名，后来成为诸侯举行射礼的乐章名，以此讽谏帝王要和谐人与动物的关系，不能过度行猎。干戚是指舜帝挥动的盾和斧，感动了南方的苗氏。玄鹤本是指舜帝在奏和伯之乐时，令玄鹤跳舞。天子亲自出行访贤称揜群雅，贤良不遇明主则称悲《伐檀》(《诗经·魏风》篇名)。乐胥是从事音乐的伶人。修容指儒家讲究的每日修饰仪容。礼园指以儒家提倡遵循古代礼制来建游乐之园地。明堂指古代天子朝见诸侯的地方。清庙指明堂的正室。次群臣指使群众依次进奏。奏得失指陈述政事的成功与失败。兴道指振兴仁义之道。迁义指归向仁义之境。三王指夏、商、周三代开国贤君。五帝指上古传说中的五位帝王。德高于三王，功盖于五帝，可见儒家讲究游学修养和教化人心的良苦用心。

上林苑还体现了汉武帝"王者无外""天下一家"的政治心态。《西京杂记》卷一道:"初修上林苑。群臣远方各献名果异树。""梨十:紫梨、青梨(实大)、芳梨(实小)、大谷梨、细叶梨、缥叶梨、金叶梨(出琅琊王野家,太守王唐所献)、瀚海梨(出翰海北,耐寒不枯)、东王梨(出海中)、紫条梨。枣七:弱枝枣、玉门枣、棠枣、青华枣、梬枣、赤心枣、西王母枣(出昆仑山)。栗四:侯栗、榛栗、瑰栗、峄阳栗(峄阳都尉曹龙所献,大如拳)。桃十:秦桃、榹桃、湘核桃、金城桃、绮叶桃、紫文桃、霜桃(霜下可食)、胡桃(出西域)、樱桃、含桃。李十五:紫李、绿李、朱李、黄李、青绮李、青房李、同心李、车下李、含枝李、金枝李、颜渊李(出鲁)、羌李、燕李、蛮李、侯李。柰三:白柰、紫柰(花紫色)、绿柰(花绿色)。查三:蛮查、羌查、猴查。椑三:青椑、赤叶椑、乌椑。棠四:赤棠、白棠、青棠、沙棠。梅七:朱梅、紫叶梅、紫华梅、同心梅、丽枝梅、燕梅、猴梅。杏二:文杏(材有文采)、蓬莱杏(东郭都尉于吉所献。一株花杂五色六出,云是仙人所食)。桐三:椅桐、梧桐、荆桐。林檎十株,枇杷十株,橙十株,安石榴十株,楟十株。白银树十株,黄银树十株,槐六百四十株,千年长生树十株,万年长生树十株,扶老木十株,守宫槐十株,金明树二十株,摇风树十株,鸣凤树十株,琉璃树十株,池离树十株,离娄树十株,白俞、梅桂、蜀漆树十株、楠四株、枞七株、栝十株、楔四株、枫四株。"

从上述植物品名可知，既有天然树种，也人工培育的品种，其中有不少是南方贡献的品种，如菖蒲、山姜、甘蔗、留求子、龙眼、荔枝等。这些植物要在关中地区生长，一方面说明当时气候温湿，另一方面说明当时就运用了温室栽培。

"华夷一体，天下一家"的象征。随着张骞出使西域，中西交流频繁，西域和东南亚的各种珍禽奇兽也作为贡品云集上林苑，被帝王视为祥瑞之物。《西京杂记》中记载的植物有些就是从西域引进的，如葡萄、安石榴等。班固《西都赋》道："西郊则有上囿禁圃……其中乃有九真（真腊，即今柬埔寨）之麟，大宛（今中亚）之马，黄支（今印度）之犀，条枝（今西亚）之鸟。逾昆仑，越巨海，殊方异类，至于三万里……尔乃盛娱游之壮观，奋泰武乎上囿。"《汉书·西域传》载武帝在上林苑中"设酒池肉林以享四夷之客，作巴俞都卢、海中砀极、漫衍鱼龙、角抵之戏以观视之"，极尽炫耀与夸张为能事。

由此可见，上林苑是汉武帝的"缩微式的天下世界"，与秦始皇扫灭六国后"与放其宫室，作之咸阳之北孤上"以示对"天下"世界的独占如出一辙，只不过不是建筑，而是园林景观。对此，美国学者鲁威仪（Mark Edward Lewis）曾注意到此事件可能与秦始皇希望借此在咸阳附近展现一个"缩微性"的国家观念具有一定的联系。[参阅 Mark Edward Lewis（鲁威仪），*The Construction of Space In Early China*, Albany, State University of New York Press, 2006, p.171.]

上林苑已毁，然依据《上林赋》进行绘画创作的大有人在。西晋画家卫协曾作《上林苑图》，南宋画院赵伯驹亦作《上林图》，赵图轶后，明代吴门四家之一的仇英亦有杰作《上林图》。仇英为画此图，家居吴中巨富昆山周凤来家六年，绘制画卷，作为周老夫人的寿辰礼物。此图长五丈，所画人物、鸟兽、山林、台观、旗辇、军容，皆比对司马氏《上林赋》和赵氏《上林图》，可谓图画之绝境。然明去汉千余年，又无考古，只能臆想而已。

第2节　天下一家，怀柔以寺
——外八庙

清代避暑山庄始建于康熙，完善于乾隆。其周边先后于清康熙五十二年（1713年）至乾隆四十五年（1780年）间陆续建成八庙。当时，北京、承德共有四十座直属理藩院的庙宇，京城三十二座，承德八座，因承德地处北京和长城以外，又称外八庙；包括溥仁寺、溥善寺（现已不存）、普宁寺、安远庙、普陀宗乘之庙、殊像寺、须弥福寿之庙、广缘寺。

清初，藏传佛教在蒙、藏地区（包括青海、新疆）势力强大，教徒信仰虔诚，佛经是蒙、藏人民的精神支柱。喇嘛教上层人物在政治上有效地控制着地方政权，经济上汇聚着大量财富，文化上掌握着经堂教院。清政权为加强对北疆的统治，巩固国家统一，对边疆各少数民族实行"怀柔"政策。"怀柔"政策的一个重要内容就是对蒙、藏民族采取"因其教不易其俗""以习俗为治"的方针。乾隆说："兴黄教，即所以安众蒙古，所系非小，故不可不保护之"。清统治者以顺应少数民族习俗、尊重蒙、藏上层人物宗教信仰的策略，来实现以密切地方和中央政权的关系，巩固国家统一为目的的战略思想，故外八庙是精神一统的天下观。

避暑山庄自康熙四十七年（1708 年）驻跸使用以后，皇帝每一年秋狝前后均要在此停驻，消夏避暑、处理军政要务。由此而来大批蒙、藏等少数民族首领和外国使臣每年都要到承德谒见皇帝，参加庆典。借此，清廷便在承德大兴其土木，建造庙宇，为前来的上层政教人物提供瞻礼和膜拜等佛事活动场所，功能上与避暑山庄相辅相成，互为补遗。

从康熙五十年（1711 年）开始到道光八年（1828 年），清廷在承德市市区与滦河镇一带敕建寺庙 43 座。其中，由朝廷直接管理有 30 座，避暑山庄内有 16 座：珠源寺和梅檀林、汇万总春之庙、水月奄、碧峰寺、鹫云寺、斗姥阁、广元宫、永佑寺、同福寺、仙苑昭灵（山神庙）、法林寺、灵泽龙王法、西峪龙王庙、涌翠岩、上帝阁。

外八庙2座和滦河的穹览寺、琳霄观，共计14座庙。因穹览寺、琳霄观离市区比较远，如今，外八庙范围概念已演变为泛指避暑山庄东北部普仁寺和普宁寺等12座寺庙，人云亦云，约定俗成。皇帝敕建寺庙，避暑山庄外部东、南各有8座，从东而西依次是社稷坛和先农坛、开仁寺、关岳庙（武庙）、火神庙、尊经阁、文庙、城隍庙；狮子园2座：山神庙和法林寺；狮子沟、上二道河子、河东各1座关帝庙，此13座庙系经奏请皇帝批准，由地方政府建设管理。文物古建专家一般把避暑山庄内外由皇帝敕建的这43座寺庙（外八庙12座、山庄内16座、狮子园2座、滦河镇2座、山庄外东及南8座，狮子沟、上二道河子、河东各1座）称为外八庙寺庙群。

在承德避暑山庄东部与北部丘陵起伏的地段上，如众星拱月之势环列着12座色彩绚丽、金碧辉煌的大型喇嘛寺庙。这些寺庙建筑精湛、风格各异，是汉和蒙、藏文化交融的典范。在这里可以瞻仰西藏布达拉宫的气势，感受日喀则扎什伦布寺的雄奇，领略山西五台山殊像寺的风采，欣赏新疆伊犁固尔扎身的身影，还可看到世界最大的木制佛像——千手千眼观世音菩萨。当年有8座寺庙由清政府理藩院管理，于北京喇嘛印务处注册，并在北京设有常驻喇嘛办事处，又都在古北口外，故统称外八庙（即口外八庙之意）。久而久之，"外八庙"便成为这12座寺庙的代称。1994年12月，"外八庙"同避暑山庄一起被列入世界文化遗产。

第3节 河清海晏，天下升平
——圆明园九州清晏

九洲清晏为圆明园中最早的建筑物群之一，亦为"圆明园四十景"之一。九洲清晏其名寓意九洲大地河清海晏，天下升平，江山永固。九洲清晏位于圆明园西部，南面是前湖，与"正大光明"相隔；北边是后湖，后湖周围有9个人工岛，九洲清晏就在其中一个小岛上，占地约70万平方米，位于圆明园九洲地区的中轴线上（图1-1）。

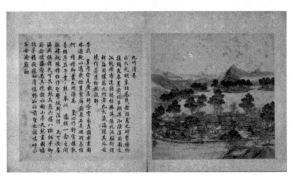

图1-1　圆明园九州清晏

（图片来自老北京网）

九洲清晏由三组南向大殿沿中轴构成。第一组为圆明园殿，前殿悬康熙御书"圆明园"匾。中殿为祭殿，题"奉三无私"，是上元筵宴宗亲之处。最北为皇帝寝宫，题"九洲清宴"。中轴东有"天地一家春"，为道光出生处；西有"乐安和"，是乾隆的寝宫；再西有清晖阁，北壁悬挂巨幅圆明园全景图，原图现存法国巴黎博物馆；道光十年又在"怡情书史"附近建起"慎德堂"等殿宇，都是皇帝寝宫。

康熙六十一年（1722年），景点西部已有建筑建成。雍正初年，雍正大规模地扩建圆明园，部分景区成为帝王重要的寝宫区。慈禧太后为懿嫔时居住在此（即圆明园的"内寝"宫廷区）。雍正帝与道光帝都死于九洲清晏殿。此处也是"上元三宴"之首宴的地方，是各地衙门向皇帝呈览贡品、物件、画册的地方。

后殿额题的"九洲清晏"，亦应是"圆明园四十景"中的本景称谓。但由于乾隆诗目与雍正题额存在差异，再加上《日下旧闻考》的讹误，如今人们已难辨其然，因而出现了"九洲清晏""九州清晏"与"九州清宴"三名并存的混乱现象。据清代史料来看，雍正皇帝原为圆明园这座寝殿所题写的匾额实为"九洲清晏"，而非"九州清晏"，更不是"九州清宴"。之所以会出现"九州"与"九洲"之异，是由乾隆九年御制"九州清晏"诗目引起的；而乾隆朝后叶成书的《钦定日下旧闻考》，则更将这座后殿名称、世宗（雍正）题额和御制（乾隆）诗目三者一律讹为"九州清宴"（见1983年版《日下旧闻考》卷八十）。今人的某些文章往往把本景名称误作"九州清宴"，正缘于此。

乾隆在避暑山庄扩建时，对湖洲区的六洲进行了改制，把原来的"芝径云堤"神仙吉祥为理念的思想转化为以九州大同为理念的九岛制。

无论九洲还是九州，都是禹贡九州思想的来源。先秦《尚书·禹贡》所载的九州是中国汉族先民自古以来生栖的区域，此书成文年代在夏朝，是当时史官的杰作，后来经历代整理，在战国时被归入《尚书》。随着王朝的更替，自然有微小的差异。

自战国以来九州即成为古代中国的代称，最晚自晋朝起成为汉族地区的代称，又称为"汉地九州"。九州制是当时学者对未来统一国家的一种规划，反映了他们的一种政治理想。汉族先民自古就将汉族原居地划分为九个区域，即所谓的"九州"。根据《尚书·禹贡》的记载，九州按顺序分别是：冀州、兖州、青州、徐州、扬州、荆州、豫州、梁州和雍州。而周代时徐、梁二州被分别并入青州与雍州，故而没有徐州和梁州。

先秦的华夏之域仅限于鲁、晋、齐、郑、蔡、卫等，"王之支子母弟甥舅"诸国及行周礼的宋、陈等中原诸国，到了战国末年在诸国的基础上萌芽出后世汉族九州的概念。汉朝将被秦国所灭的六国统称为"诸夏"。汉代以后的华夏区域与《禹贡》所载九州之区域等同，九州等同于汉地。又有东夏、南夏、西夏等词称呼汉地的局部地区。

九州成为汉地天下之后。五岳五镇四渎都在九州这个地理范围内，九州这个地理范围是在汉代确立的。

九州之称，由来已久。州在金文中写作"巛"，正像河流环绕的高地（山丘）之形，《说文解字》第十一下曰："水中可居曰州。"可知其本意当与《诗经·王风·关雎》中"在河之洲"中的"洲"字略同，与行政区划无关。古时降水丰沛，人们往往居于傍水的高丘之上。因而"州"又成为居住区域的名称，遂有夏州、戎州、平州、阳州、外州、瓜州、舒州、作州兵之说，犹如商丘、雍丘、作丘甲之类。九既有虚指也有实指。"茫茫禹迹，画为九州"，九州既指九个大型的地理人文区划的总称，也是众多有河流环绕的高地（山丘）的总称；由人之故，又引申为全国的代称，犹"天下""四海"之谓。

《周礼·夏官·职方氏》曰："东南曰扬州""正南曰荆州""河南曰豫州""正东曰青州""河东曰兖州""正西曰雍州""东北曰幽州""河内曰冀州""正北曰并州"（《逸周书·职方解》与《周礼》全同，考虑到《周礼》较有系统，很可能是《逸周书》抄袭的《周礼》）。

《吕氏春秋·有始览·有始》曰："何谓九州？河、汉之间为豫州，周也。两河之间为冀州，晋也。河、济之间为兖州，卫也。东方为青州，齐也。泗上为徐州，鲁也。东南为扬州，越也。南方为荆州，楚也。西方为雍州，秦也。北方为幽州，燕也。"

《尚书·禹贡》："冀州""济、河惟兖州""海、岱惟青州""海、岱及淮惟徐州""淮、海惟扬州""荆及衡阳惟荆州""荆、河为豫州""华阳、黑水惟梁州""黑水、西河惟雍州"。

《尔雅·释地》曰:"两河间曰冀州,河南曰豫州,河西曰雝州,汉南曰荆州,江南曰扬州,济河间曰兖州,济东曰徐州,燕曰幽州,齐曰营州。"

《淮南子·地形训》曰:"何谓九州?东南神州曰农土,正南次州曰沃土,西南戎州曰滔土,正西弇州曰并土,正中冀州曰中土,西北台州曰肥土,正北泲州曰成土,东北薄州曰隐土,正东阳州曰申土。"

不同资料来源的九州区域见表 1-1。

表 1-1　不同资料来源的九州区域

书名	禹贡	尔雅	周礼	吕氏春秋
九州名称	冀	冀	冀	冀
	兖	兖	兖	兖
	豫	豫	豫	豫
	雍	雍	雍	雍
	扬	扬	扬	扬
	荆	荆	荆	荆
	徐	徐	并	徐
	青	营	青	青
	梁	幽	幽	幽

《后汉书·张衡传》注引《河图》曰:"天有九部八纪,地有九州八柱。东南神州曰晨土,正南昂州曰深土,西南戎州曰滔土,正西弇州曰开土,正中冀州曰白土,西北柱

州曰肥土，北方玄州曰成土，东北咸州曰隐土，正东扬州曰信土。"

《初学记·卷八·州郡部·总叙·州郡·第一引·河图括地象》曰："天有九道，地有九州。天有九部八纪，地有九州八柱。昆仑之墟，下洞含右；赤县之州，是为中则。东南曰神州，正南曰迎州（一曰次州），西南曰戎州，正西曰拾州，中央曰冀州，西北曰柱州（一作括州），正北曰玄州（一曰宫州，又曰齐州），东北曰咸州（一作薄州），正东曰阳州。"

上述前四条与后三条之间差异更大。如各条中均有弇州（或作兖州，弇、兖字通），但前四条定位在济、河间，后三条则定位在正西；冀州、阳州（又讹作扬州、杨州）也是如此。所以上述材料应当基本分为两派：前四条为一派，可暂称为《周礼》派；后三条为一派，可暂称为《河图》派。

《周礼》派各家虽然也略有差异，但"九州"所包括的地域基本符合周朝的统治范围，并且各州分布亦与汉晋分布大致相同，易于理解，并无多少疑点，疑点最多的是《河图》派。《河图》派既曰"正西弇州"，而弇州就在山东西部（或曰济、河之间），并且《河图》派有八个州均按以东南西北确定的八个方位分布，正中则是冀州。古来如此，至今亦然，那"九州"范围岂不只限山东地区？

有研究表明，自黄帝始的先夏氏族和夏氏族可能都起于山东，夏代中晚期乃渐西迁至河南。如果大禹治水等活动的范围就在除胶东以外的山东地区，那么根据茫茫禹迹所画的九州（虚指）自然就只能限于山东。后来（战国初期）九州具体化，如《左传·昭公元年》，学者仍会将它限于山东，从而在山东境内寻找要确定为州名的地名。

此外，儒家还就国与国的关系提出了自己的理想目标，一言以蔽之曰"协和万邦"，正如《尚书·虞夏书·尧典》所云："克明俊德，以亲九族；九族既睦，平章百姓；百姓昭明，协和万邦，黎民於变时雍。"《尚书·顾命》又道："燮和天下，用答扬文武之光训"。"协和万邦、燮和天下"，就是和谐世界的构想，蕴含着"以天下为一家""视彼国为己国"以及各国"远近大小若一"的理念，主张平等合作、同舟共济，倡导国不分大小，以诚待人、以理服人，反对恃强凌弱、以力服人。

"协和万邦、燮和天下"是中华民族根本精神和天下文明的政治价值目标。儒家天下文明的政治价值目标是追求"文化天下，仁覆天下"，达到"天下为公"，最后实现"天下大同"。儒家天下文明的伦理政治秩序建构主要是通过文明原则、王道原则、公平原则三大原则的推广施行，以实现天下无道向天下有道的转变，达到天下文明的理想状态。[博华，《话说儒家天下观念》，神州佳教（网）]

天下观念首先是一个空间观念或地理概念。天指与地相对应的物质之天，即《诗经》之"溥（普）天之下"，《中庸》

之"舟车所至，人力所通，天之所覆，地之所载，日月所照，霜露所坠"，战国的阴阳家邹衍亦道："儒者所谓中国者，于天下乃八十一分居一分耳。"

儒家为整个人类世界的和谐秩序建构了天下观。孔子在《礼记》中提出"天下大同"，即"大道之行也，天下为公，选贤与能，讲信修睦。故人不独亲其亲，不独子其子，使老有所终，壮有所用，幼有所长，鳏寡孤独废疾者，皆有所养。男有分，女有归。货恶其弃于地也，不必藏于己；力恶其不出于身也，不必为己。是故谋闭而不兴，盗窃乱贼而不作，故外户而不闭，是谓大同。""天下大同"的世界秩序，必须依据王道政治理念。王道政治就是指依上古圣王如禹汤文武、周公孔子之道经营政治。天下观念因为统摄着儒家文化中诸多重要的理念，包含着儒家对人生、社会、政治、哲学以及世界秩序和宗教情怀的深刻洞察与美好愿景，因此可以称为儒家的世界观和宇宙观。

王道政治具有天、地、人三重合法性。"天的合法性是指超越神圣的合法性，因为中国文化中的天是具有隐性人格的主宰意志之天与具有超越神圣特征的自然义理之天，这就是为何古代城市要用天象格局。地的合法性是指历史文化的合法性，因为历史文化产生于特定的地理空间。地的逐水而居，处中而居，向明而居，藏风而居都是利用地利的空间经营之法。人的合法性是指人心民意的合法性，因为人心向背与民意认同直接决定人们是否自愿服从政治权力或政治权威。聚族而居、和谐而处。三重性应理解为神圣性、历史性以及民意代表性。"[王思豪、许结，圣域的图写：从《上林赋》到《上林图》，复旦学报（社会科学版），2015 年第 5 期]

帝王在城市规划和园林规划时不自觉地把土地规划赋予了"普天之下，莫非王土"的概念，强调土地的归属性、王权的普适性。

第 2 章　仁德之治
——颐和园扬仁风德和园

第 1 节　德政观与德和园

德和园在颐和园东宫门内，原为清乾隆时（1736—1795 年）怡春堂旧址。自光绪十七年（1891 年）至光绪二十一年（1895 年），历时五年，耗资 71 万两白银建成。建筑群由大戏楼、颐乐殿、庆善堂、看戏廊组成。园中的三层大戏楼高 21 米，称为福禄寿三台，是中国现存最大的一座古戏台。正对大戏楼的是颐乐殿，是为慈禧看戏而建的。大戏楼舞台宽 17 米、高 21 米，上下三层，后台化妆楼两层。顶板上有七个天井，地板中有地井。舞台底部有水井和五个方池。演神鬼戏时，可从天而降，亦可从地而出，还可以引水上台。

浴德堂位于外朝西路武英殿院内西北平台上，其名源自《礼记》中"浴德澡身"之语，是清代词臣校书的值房，专司刊刻、装潢书籍等事宜。

德和园之"德"和浴德堂之"德"源于儒家的德政思想与协和思想（和谐观后续中庸观）。周公提出"明德慎罚"的主张，宣扬宗法精神，实行礼治教化。即使对于殷民也以教化，"勿用杀之，姑惟教之"。德治是儒家政治的基本原则，孔子指出"道之以政，齐之以刑，民免而无耻；道之以德，齐之以礼，有耻且格"。道即导，引导、诱导之意；格即"人心为服"。《论语》载季康子向孔子请教为政，道："如杀无道，以就有道，如何？"子曰："子为政，焉用杀？子欲善，而民善矣。君子之德风，小人之德草，草上之风，必偃。"君子如风，小人如草，风吹草低，就是为政之道。孔子又道："为政以德，譬如北辰，居其所而众星拱之"。以德为政，则如居北极星处安稳（图2-1）。

图 2-1　颐和园德和园（作者自摄）

德要求容人之过。"君子之过也,如日月之食焉;过也,人皆见之;更也,人皆仰之。"君子之过,如日食月食,改正之后,人人敬仰。同时君子要做到严于律己,向内心世界寻求真理,做到"内省"和"自讼",因为"恭则不悔、宽则得众,信则人仁,敏则有功,更改则足以全名人。"这也是孔子五德观。子路问:"如何成为君子",孔子道:"修己以敬",子路未明,孔子再答:"修己安人"。以德服人不仅是为政之道,也是为人之道。孔子反对"苛政",主张慎重刑罚,实行"宽猛相济"的方法,令百姓拥戴君主。他始终认为德能治本,刑只能治表。

孔丘的德政思想,到孟轲、荀况时转化为王道仁政和王制学说。《中庸》的德政思想表现为修身、尊贤、亲亲、敬大臣、体群臣、子庶民、来百工、柔远人、怀诸侯的"九经"之政,而九经之本即诚。德政思想发展到《大学》更为完备,提出格物、致知、诚意、正心、修身、齐家、治国、平天下八条目,这个理论构架显示出德政循序渐进的过程。从孔孟到《大学》一脉相承的德政思想,实质上是为了维护宗法等级制度,同时又是一个仁义道德式的乌托邦体系。

德与仁相伴,沧浪亭的面水轩有联:"仁心为质,大德日生",是西泠印社第一任社长吴俊所题,表明仁德同重。仁心典出《孟子·离娄上》"今有仁心仁闻,而民不被其泽,不可法于后世者,不行先王之道也。"大德典出《易·系辞》"天地之大德曰生",把天地与仁者的风范相提并论。

第 2 节　仁政观与扬仁风

　　仁政之说是孟子提出的。王道政治要靠仁政措施，即君王推行自己固有的，人人共有的道德心，采取以民为本、惠及民众的措施，比如亲民、爱民、生民、养民、裕民、教民等，此即孟子所说的"以不忍人之心，行不忍人之政，治天下可运于掌上"。孟子反对法家的霸道，说："以力假人者霸，霸必有大国""以德行仁者王，王不待大。""以力服人者，非心服也""以德服人者，中心悦而诚服也"。只有仁政，才能赢得民众的拥护和爱戴，甚至吸引民众跨越国界、扶老携幼、四方来朝，即"得民心者得天下"。荀子道："天下归之谓之王"，《白虎通义》亦云："王者，往也，天下所归往。"

　　颐和园的扬仁风，语出《晋书·袁宏传》，记载谢安的朋友袁宏被选入职，临行前，谢安在宴席上拿出一把大扇子送给他，同时做了一个扇风的动作，意味深长地说："辄当奉扬仁风，慰彼黎庶"。即应奉行和弘扬仁政之风，告慰黎民百姓。后来，袁宏果真不负谢安之望，为民办事，官声很好。谢安治国向来以儒道互补著称，被称为江左名相。一句儒家名句造就了一个人的一世英名，也造福了一方百姓的幸福安康。

　　扬仁风依据"扇"和"风"字设计。依山修建，整体呈现长方形，建筑面积只有 74.7 平方米，但是园林却较大。

园林由三进院落构成，最高处的建筑呈凹面状，好像一幅扇面，俗称扇面殿。殿前地上有八条青石，算作扇骨，两样合起来，就是一把展开的折扇。前面是一处"一"字状的假山石，伸出一条小径，种成一圈的冬青组成一个"中"字，小径终端又是一处假山石，傍临一个小水塘，呈"州"状，再加上砌成"几"字的围墙，凑出一个繁体的"風"字，表现了赠折扇、扬仁风的故事内容。扬仁风构思精巧，布局紧凑，蕴含了弘扬仁义道德的教义，同时反映出园林设计者和劳动人民的政治理想（图2-2）。

图2-2　颐和园扬仁风（作者自摄）

儒家的天下观念，主张"以天下为一家"和"四海之内皆兄弟"，没有畛域强烈的边界意识。因为天无所不包、无所不覆，故"王者无外"，诚如龚自珍所说："圣无外，天亦无外者也。"因此，和谐的世界秩序，在民族／种族、疆界／国界、文化／文明乃至于利益等诸方面，如果不涉及人的本质或人类道德共识的沦陷问题，儒家秉持的是非边界原则。即此，天下观念获得了充分的开放性和包容性，打开了不同的观点和利益交流与交融的无限空间，为不同文明的交流和对话提供了良好的思想基础。

《洛阳名园记》载："归仁，其坊名也。园尽此一坊，广轮皆里余。北有牡丹、芍药千株，中有竹百亩，南有桃李弥望，唐丞相牛僧孺园，七里桧，其故木也。今属中书李侍郎，方创亭其中。河南城方五十余里，中多大园池，而此为冠。"归仁园本是唐代宰相牛僧孺的私家园林。园成之时，请白居易为其写园记。白居易以园林太湖石多而题为《太湖石记》：

古之达人，皆有所嗜。玄晏先生嗜书，嵇中散嗜琴，靖节先生嗜酒，今丞相奇章公嗜石。石无文无声，无臭无味，与三物不同，而公嗜之，何也？众皆怪之，我独知之。昔故友李生约有云："苟适吾志，其用则多。"诚哉是言，适意而已。公之所嗜，可知之矣。

公以司徒保厘河洛，治家无珍产，奉身无长物，惟东城置一第，南郭营一墅，精葺宫宇，慎择宾客，性不苟合，居常寡徒，游息之时，与石为伍。石有族聚，太湖为甲，罗浮、天竺之徒次焉。今公之所嗜者甲也。先是，公之僚吏，多镇守江湖，知公之心，惟石是好，乃钩深致远，献瑰纳奇，四五年间，累累而至。公于此物，独不谦让，东第南墅，列而置之，富哉石乎。

厥状非一：有盘拗秀出如灵丘鲜云者，有端俨挺立如真官神人者，有缜润削成如珪瓒者，有廉棱锐刿如剑戟者。又有如虬如凤，若跧若动，将翔将踊，如鬼如兽，若行若骤，将攫将斗者。风烈雨晦之夕，洞穴开颏，若欤云歕雷，嶷嶷然有可望而畏之者。烟霁景丽之旦，岩垿霮，若拂岚扑黛，霭霭然有可狎而玩之者。昏旦之交，名状不可。撮要而言，则三山五岳、百洞千壑，覶缕簇缩，尽在其中。百仞一拳，千里一瞬，坐而得之。此其所以为公适意之用也。

尝与公迫视熟察，相顾而言，岂造物者有意于其间乎？将胚浑凝结，偶然成功乎？然而自一成不变以来，不知几千万年，或委海隅，或沦湖底，高者仅数仞，重者殆千钧，一旦不鞭而来，无胫而至，争奇骋怪，为公眼中之物，公又待之如宾友，视之如贤哲，重之如宝玉，爱之如儿孙，不知精意有所召耶？将尤物有所归耶？孰不为而来耶？必有以也。

石有大小，其数四等，以甲、乙、丙、丁品之，每品有上、中、下，各刻於石阴。曰"牛氏石甲之上""丙之中""乙之下"。噫！是石也，千百载后散在天壤之内，转徙隐见，谁复知之？欲使将来与我同好者，睹斯石，览斯文，知公嗜石之自。

会昌三年五月丁丑记。

明朝时北京的兔园建有迎仁亭，清代上海的崇明岛上构有仁园，这些都是对儒家思想的追随。

舜帝常弹《南风》之曲，吟道："南风之薰兮，可以解吾民之愠兮；南风之时兮，可以解吾民之愠兮。"仁政宛如南风之薰，可以解百姓之忧。仁风与薰风同义。唐代李隆基的兴庆宫内就建有南薰殿，清代康熙的避暑山庄就建有延薰山馆、来薰书屋，清代雍正的圆明园也建有迎薰亭，清代北海构有南薰亭，南海的瀛台构有迎薰亭，等等。

第3节 五常观与建筑

一、五常仁义观与体仁阁弘义阁、本仁殿集义殿

仁、义、礼、智、信是儒家"五常"，经历孔子、孟子、董仲舒三个时期发展。孔子曾将"智、仁、勇"称为"三达德"，又将"仁、义、礼"组成一个系统，曰："仁者人（爱人）也，亲亲为大；义者宜也，尊贤为大；亲亲之杀，尊贤之等，礼所生也。"仁以爱人为核心，义以尊贤为核心，礼就是对仁和义的具体规定。

孟子在仁、义、礼之外加入"智"，构成"四德"或"四端"，曰："仁之实，事亲（亲亲）是也；义之实，从兄（尊长）是也；智之实，知斯二者弗去（背离）是也；礼之实，节文斯二者是也。""性善说"曰："恻隐之心，人皆有

之;羞恶之心,人皆有之;恭敬之心,人皆有之;是非之心,人皆有之。恻隐之心,仁也;羞恶之心,义也;恭敬之心,礼也;是非之心,智也。仁义礼智,非由外铄我也,我固有之也,弗思耳矣。"(《孟子·告子上》)

董仲舒又加入"信",并将仁、义、礼、智、信说成是与天地长久的经常法则("常道"),号"五常"。曰:"仁义礼智信五常之道"(《贤良对策》)。之后又完善温良恭俭让为五德,忠孝廉耻勇为五品。

仁义是儒家五常之中的至重范畴,本义为仁爱与正义。早在《礼记·曲礼上》便有记载:"道德仁义,非礼不成。"而战国时的孟子(孟轲)更是推崇此概念;此后汉儒董仲舒继承其说,将"仁义"作为传统道德的最高准则。宋代以后,由于理学家的阐发、推崇,"仁义"成为传统道德的别名,而且常与"道德"并称为"仁义道德",与"礼、智、信"合称为"五常"。《孔颖达疏》道:"仁是施恩及物,义是裁断合宜。"《礼记·丧服四制》:"恩者仁也,理者义也,节者礼也,权者知也,仁义礼知,人道具矣。"《孟子·梁惠王上》:"王何必曰利,亦有仁义而已矣。"《吕氏春秋·适威》:"古之君民者,仁义以治之,爱利以安之,忠信以导之,务除其灾,思致其福。"《史记·秦始皇本纪》:"圣智仁义,显白道理。"《汉书·食货志上》:"陵夷至於战国,贵诈力而贱仁谊,先富有而后礼让。"唐韩愈《寄三学士》诗曰:"生平企仁义,所学皆孔周。"宋王安石《与王子醇书》道:"且王师以仁义为本，岂宜以多杀敛怨耶？"清王应奎《柳南随笔》卷二道："方旦（朱方旦）书示云，正心诚意，道德仁义，方可看长安春色。"

紫禁城太和殿前广场的东面为体仁阁，西面为弘义阁，形成仁义相对。体仁阁始建于明永乐十八年（1420 年），明初称文楼，嘉靖时改称文昭阁，清初改称体仁阁。乾隆四十八年（1783 年）六月毁于火，当年重建。清代康熙皇帝曾经在体仁阁举行博学鸿词科考试，招揽名士贤才。乾隆朝以后，这里就做了内务府的缎库。

体仁阁设重楼 9 间，进深 3 间，高 25 米，坐落于崇基之上，上下两层，黄色琉璃瓦庑殿顶。明间为双扇板门，左右各 3 间安装一码三箭式直棂窗，两梢间、山墙及后檐用砖墙封护。檐下施以单昂三踩斗栱。一层屋檐上四周是平座，平座周围廊装有 24 根方形擎檐柱，用以支承顶层屋檐，柱间设寻杖栏杆连接，站在平座上可凭栏远眺。上层楼 7 间，四面出廊，前檐装修斜格棂花槅扇 28 扇，梢间与山墙及后檐墙用木板做封护墙，减少了下层的承重力。檐下为重昂五踩斗栱。檐角安放脊兽 7 只。

弘义阁始建于明永乐十八年（1420 年），明初称武楼，嘉靖时称武成阁，清初改称弘义阁。清代为内务府银库，收存金、银、制钱、珠宝、玉器、金银器皿等。皇帝皇后筵宴所用金银器皿由银库预备，用毕仍交该库收存。弘义阁与体仁阁作为太和殿的陪衬建筑左右对称，建筑形式完全相同，乾隆时体仁阁被火烧毁，就是仿照弘义阁重建的。设重楼 9 间，高 25 米。由于二阁是太和殿的两厢，在形制上既要有主有从，又不能相差太大，影响和谐，因此建成楼阁形式，两层之间设腰檐，出平座，屋顶为单檐庑殿顶，此种做法使其高度达到 23.8 米，为太和殿的 7/10，又高于与其相邻的庑房。

紫禁城的文华殿有东西两座配殿，东名本仁殿，西名集义殿，形成仁义相对之制。建水书院有路义坊与礼门坊相对，则强调了五常之二的礼和义。

二、五常仁智观与仁智殿

《论语·宪问》道："仁者不忧，智者不惑，勇者不惧。"仁者没有后顾忧愁，因为背后都是支持他的人。智者没有疑惑，有利于决断。《论语·雍也》又道："智者乐水，仁者乐山。智者动，仁者静；智者乐，仁者寿。"以园林要素的山比仁，因为山高大沉稳、威武不屈、坚定不移。以园林要素水比智，因为水因自然凹空的容纳而变形为泉、潭、瀑、溪、河、江、湖、海、洋，因容器而变形为盆水、桶水、碗水、缸水、壶水、杯水、锅水，因温度而变为汽、云、雾、冰、雪、雹、雨、霰，因用途而变成汤水、药水、墨水、涤水、溶剂，因色而变为黑水、白水、清水、浑水。仁者安静，以静制动。智者动态，以动制静。

《大学》有句名言："致知在格物，格物而后知至"。南宋朱熹将"格物致知"误解为："即物穷理，是格物；求至乎其机，是致知。"只有知才有能智慧。《论语·里仁》说："里仁为美，择不处仁，焉得知？"《孟子·离娄》也说："仁之实，事亲是也；义之实，从兄是也；智之实，知斯二者弗去是也。"孔子和孟子都将以"仁"为核心精神、人文精神同理性认识、科学精神统一起来。仁与智相互依存，孔子说："仁者安仁、智者利人"（《论语·里仁》）。有智慧的人，能够明智行事，能做出有利于人道的事情，同时也能看到人道的价值。孔子又说："未知，焉得仁。"将智作为践行仁道的重要条件。当然，孔子之智，主要是指道德理性认识，也有认识客观规律之义。古有"医儒同道"的说法，中医是科学和理论合一的科学，充分体现了仁智相统一的思想。宋代著名大儒范仲淹自谓"不为良相，便为良医"。所以，中国古代就有"仁心仁术"的说法。最能体现仁智相统一的思想是"内圣外王"的理论。"内圣"是以"仁"为核心的高尚的道德品性，而"外王"则是以生命个体对外产生积极的作用，产生利国利民的成果。

曹魏应璩在《百一诗》中道："所占于此土，是谓仁智居。"按仁智选择居址，并在此行仁智之事。梁庾肩吾在《赋得山》中道："仁心留此属，休奉愧群龙。"梁王台乡在《山池应令》中道："历览周仁智，登临欢豫多。"唐武则天在《石淙》中道："且驻欢筵赏仁智。"唐上官昭容在《游长宁公主流杯池》中道："仍留仁智情"，在《同时作》中道："暂游仁智所"。唐张说在《奉和圣制幸韦嗣立山庄应制》中道："自非仁智符天赏。"

仁智殿作为一个宫殿名是在明天启七年的紫禁城平面图上出现的，位置在武英殿后面（北面），南京时代没有此制，为朱棣创制。仁智殿本为停放皇帝梓宫的专用场所，仁智殿俗称白虎殿。白虎殿是汉宫殿名，即白虎观。《汉书·王商传》："单于来朝，引见白虎殿。"颜师古注引《三辅黄图》："在未央宫中。"唐张九龄《故刑部李尚书挽词》之一："论经白虎殿，献赋甘泉宫。"《前汉书平话》卷中："高祖归天，文武举哀，令白虎殿停尸七昼夜，葬入山陵。"明刘若愚《酌中志·大内规制纪略》："再南则宝宁门，门外偏西大殿曰仁智殿，俗所谓白虎殿也。凡大行帝后梓宫灵位，在此停供。"

因为仁智殿所在位置，按天星四象为白虎位。《山海经·西山经》记载盂山"其兽多白狼、白虎"。这四种动物的形象，称为四象，又称为四灵。"四象"作为方位，先秦的《礼记·曲礼》已有记载："行前朱鸟而后玄武，左青龙而右白虎。"《疏》："前南后北，左东右西，朱鸟、玄武、青龙、白虎，四方宿名也。"朱鸟即朱雀。堪舆师将四象运用到地形上，以四象的形象及动作譬喻地形，又附会吉凶祸福（图2-3）。

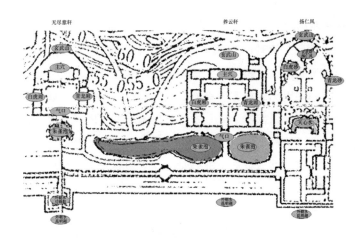

图2-3 颐和园扬仁风、养云轩、无尽意轩四象图（作者自绘）

《三国志·管辂传》记载："辂随军西行，过毌丘俭墓，倚树哀吟，精神不乐，人间其故，辂曰：林木虽茂，开形可久。碑言虽美，无后可守。玄武藏头，苍龙无足，白虎衔尸，朱雀悲哭，四危以备，法当灭族。不过二载，其应至矣。"据四象处于四危状态，判断毌丘俭二年之内灭族。

郭璞在《葬经》中道："经曰地有四势，气从八方。故葬以左为青龙，右为白虎，前为朱雀，后为玄武。玄武垂头，朱雀翔舞，青龙蜿蜒，白虎驯頫。形势反此，法当破死。故虎蹲谓之衔尸，龙踞谓之嫉主，玄武不垂者拒尸，朱雀不舞者腾去，土圭测其方位，玉尺度其遐迩。以支为龙虎者，来止迹乎冈阜，要如肘臂，谓之环抱。以水为朱雀者，衰旺系形应，忌夫湍流，谓之悲泣。"

　　明代仁智殿的附属功能才是"处以画士"，入清，成为内务府所在。内务府的一项重要功能就是艺术督造。仁智殿是使用频率很高的地方，除停放梓宫之外，还是皇太后居住、命妇朝贺中宫、安置宫廷画家等的场所。宣德朝十年，讨论政事都在文华殿和武英殿，还经常去内阁所在的文渊阁。嘉靖皇帝大部分时间在文华殿度过，在此御经筵。《春明梦余录》载："文华殿有直殿中书，择能书者居之，武英殿有待诏，择能画者居之，如宋之书画学是也。"仁智殿供职的画家不少，清初徐沁《明画录》载，宣德朝值仁智殿的画家有谢环、李在、石锐、周文靖、安政文、王臣、英济、陶俏等；成化朝有林时詹、陈瑞、林良、詹林宁；弘治朝有吕纪、吴伟、钟钦礼、张朝、王谔等。由此看出，仁智殿几乎成了纯粹的宫廷画家创作鉴赏和交流的专用场所（华彬，明代宫廷画院建制机构文华殿、仁智殿、武英殿的设置考辩，古代美术史研究，2011年第5期）

第4节　仁智观与山水园

　　仁者乐山、智者乐水的仁智观与园林山水观相呼应，确定了仁山智水的儒学范式。之后又有阐述，如晋王济在诗《诗纪平吴后三月三日果园诗》中道："仁以山悦，水为智欢。"东晋王羲之在《答许椽》中亦道:"取欢仁智乐,寄畅山水阴。"王济和王羲之的进一步比对强化了仁山智水范式。北宋欧阳修在醉翁亭落成之后写下《醉翁亭记》,道:"醉翁之意不在酒,在乎山水之间也。山水之乐,得之心而寓之酒也。"欧阳修的山水之乐,得之心,即仁与智。从此,山水能够成为中国园林的要素特征,山水园、山水诗、山水画的园、诗、画一体化,也得以巩固。

世界上还没有一个国家像中国一样认为模山范水、堆山理水才是园林的根本。在古代,几乎所有称为园的都是山水园。再小的园一定有山,例如,不足一百平方米的苏州残粒园,一个水池,一角堆石为山,山上构亭,名括苍亭。

苏州拙政园的沧浪亭就挂有一联:"清斯濯缨,浊斯濯足;智者乐水,仁者乐山。"上联用沧浪之歌的典故,让人认清政治形势,若是善政就出仕,若是苛政就隐居。下联用仁智与之相对,认为智者在园林的水中找到乐趣,仁者从山中找到乐趣。

苏州的高义园是宋代范仲淹的私家园林,其门洞有砖题:"仁寿"和"知乐"。"仁寿"出自《礼记·中庸》,孔子赞舜王道:"大德必得其位,必得其禄,必得其名,必得其寿。"德者寿的观点是儒家养生思想的体现。知通智,"知乐"典出《论语·雍也》的"知者乐水"。

第5节 文武并重与文华殿武英殿、崇文门宣武门

周礼对六艺就是文武兼备。《周礼·保氏篇》记载："养国子以道，乃教之六艺：一曰五礼，二曰六乐，三曰五射，四曰五驭，五曰六书，六曰九数。"东汉儒家郑玄注曰："儒，诸侯保氏有六艺以教民者。"儒家是要学习精通六艺的。何为六艺？"六艺者，礼、乐、射、御、书、数也。""儒者，知礼、乐、射、御、书、数。"其中礼、乐、书、数为文，而射与御为武，分别指射箭和驾驶战车。

认为儒家只重文不重武的认识是错误的。因为孔子自己就善射御，《礼记·射义篇》记载："孔子射于矍相之圃，盖观者如堵墙。"《孝经·钩命诀篇》记载："仲尼（孔子）虎掌，是谓威射。"《论语·子罕篇》明确记载孔子曾说："吾何执？执御乎？执射乎？吾执御矣。"孔子还喜欢佩剑，故有孔子拔剑刻碑的佳话。

《吕氏春秋·慎大篇》记载："孔子之劲，举国门之关，而不肯以力闻。"《列子·说符篇》亦记载："孔子之劲，能拓国门之关，而不肯以力闻。"可见孔子本身就力大无比，臂劲惊人，能拓开国城之门关。《淮南子·主术训篇》记载："孔子之通，智过于苌弘，勇服于孟贲，足蹑于郊菟，力招城关，能亦多矣！"苌弘也叫苌叔，是蜀地资州（今资阳

市雁江区）人，周景王、周敬王的大臣刘文公所属大夫，孔子的老师。孟贲是战国时卫国武士，可见孔子是文武兼备。

孔子的弟子不乏勇武之人，如子路、冉有、樊迟等。《史记·孔子世家》记载："冉有为季氏将师，与齐战于郎，克之。季康子曰：'子之于军旅，性之乎？学之乎？'冉有曰：'学之于孔子。'"《礼记·檀弓篇》《孔子家语·曲礼篇》都记载子贡问："居父母之仇，如之何？"孔子回答说："寝席耽干，不仕，弗与共天下也。遇诸市朝，反兵而斗。"主张不仕、反兵而斗表明了孔子的武学观。

《论语·宪问篇》道："若臧武仲之知，公绰之不欲，卞庄子之勇，冉求之艺，文之以礼乐，亦可以为成人矣。"可见孔子主张"知、欲、勇、艺、乐"全面发展。孔子在《论语·宪问篇》宣称："仁者必有勇！"可见勇也是儒家思想之一。《论语·子罕篇》记载孔子认为："知者不惑，仁者不忧，勇者不惧。"智即文，勇即武。《论语·为政篇》记载孔子还说："见义不为，无勇也。"这就是见义勇为的来源。

《礼记·儒行篇》记载鲁哀公请教儒家的品行时孔子道："劫之以众，沮之以兵，见死不更其守；鸷虫攫搏不程勇者，引重鼎不程其力。往者不悔，来者不豫；过言不再，流言不极；不断其威，不习其谋。其特立有如此者。""儒有可亲而不可劫也，可近而不可迫也，可杀而不可辱也。其刚毅有如此者。"强众胁迫，兵器恐吓，不改操守；鸷鸟猛兽攻击，不惜以命相搏；牵引重鼎，不惜以力相拼。《孟子·滕文公下篇》记载孟子曰:"富贵不能淫,贫贱不能移,威武不能屈,此之谓大丈夫。"可见刚毅、威武不屈就是儒家要求必备的品格。

《论语·子路篇》记载孔子曰:"善人教民七年,亦可以即戎矣!"朱熹注曰:"教民者,教之孝忠悌信之行,务农讲武之法。"孔子认为卓越的当政者教民七年的习武之法,民就可以成为合格的战士,就具备保家卫国的技艺与能力。《论语·子路篇》还记载孔子曰:"以不教民战,是谓弃之"。可见孔子主张"教民以战",让民众保卫自己。儒家一直主张人民可以拥有武器,习武、强身、卫国、报血亲之仇,是法家反对人民拥有武器。

《孔子家语·相鲁篇》记载孔子曰:"有文事者,必有武备;有武事者,必有文备。"儒家主张文武兼修,即"文能安邦武能定国。"明代大儒王阳明曾说:"仲尼(孔子)有文德,必然修武备,区区章句之儒,叨窃富贵,遇事临危而无以应对,此通儒之羞也。"只会寻章摘句之儒,不是真正的儒家。《荀子·儒效篇》记载荀子曰:"用百里之地而不能以调一天下,制强暴,则非大儒也。"

孔子是明确主张"禁暴除害"的。《论语·子路篇》记载孔子曰:"善人为邦百年,亦可以胜残去杀矣。"善待人民的国家可以安稳百年,而且还必须能战胜残暴,制止杀戮。儒学经典《尚书》记载:"五百里绥服;三百里揆文教;二百里奋武卫。"东晋儒家孔安国注释道:"度王者文教而行之，三百里皆同；文教外之二百里奋武卫，天子所以安。"
《汉书》亦讲："在揆文教，奋武卫，是为惟垣。"武力捍卫
文明是儒家思想。《论语·颜渊篇》记载孔子曰："足食，足兵，
民信之矣！"充足的粮食，强大的武力，人民才会有安全感，
才会信任国家。《孟子·得道多助，失道寡助篇》道："君
子有不战，战必胜矣！"《礼记·礼器篇》曰："我战则克。"
不战则已，战则必胜。（东方飞龙，《儒家的尚武精神》，豆
瓣网）

　　文武兼修是儒家思想，但是文东武西的位置则是根据
五行而定。因为皇帝坐北朝南，他的左边是东，右边是西，
东方属木主生，西方属金主死。文官带纸笔，妙笔生花，
治民衍生；武官带兵器，舞刀弄枪，决战沙场，于是文东
武西。南尊北卑源于因太阳在南,得阳为贵,于是阳尊阴卑、
南尊北卑。帝座坐北朝南称南面称尊，臣子朝拜称北面称
臣，失败称败北，故有北尊之说。东主西次源于天象的东
青龙右白虎，后发展为左青龙右白虎。青龙为主,于是昂首,
白虎为次，于是低伏，这样形成左贵右贱的方位观，东面
称为东宫，太子之位，主人之位，东翁、东家、房东是也。
男左女右是父系社会男尊女卑的表现，正好与左右东西呼
应。文左武右是儒家先文后武思想的表现。唐李咸用《远
公亭特丹》诗："左文右武怜君荣，白铜碨上惭清明。"

　　明代都城就设文华殿和武英殿，东文华，西武英。明
代朱元璋在修南京城时就建文华殿和武英殿，洪武十年十

月修缮记录载："左顺门之外为东华门，内有殿曰文华殿，东宫视事之所也。左顺门之外为西华门，内有殿曰武英殿，上斋戒时所居也。"朱棣定都北京，于永乐十八年建北京城，依南京之制，紫禁城中轴线奉天门外东西两翼分别是文华殿和武英殿建筑群，左右相对，分别由左右顺门与外朝相通。

文华殿沿袭南京之制，为东宫太子视事之所，宣德景泰时改作皇帝便殿，太子小时候在此读书。天顺成化朝，文华殿成为太子摄事之所，天顺八年，在此成为皇帝经筵场所，文华殿屋顶用瓦由绿琉璃在嘉靖十五年改为黄色琉璃。李自成破京城，文华殿毁于火，康熙二十二年（1683 年）修复。文华殿主殿为工字形平面，由前殿文华殿、中殿主敬殿、后殿文渊阁构成。前殿即文华殿，南向，面阔 5 间，进深 3 间，黄琉璃瓦歇山顶。明间开 6 扇三交六椀菱花槅扇门，次间、梢间均为槛窗，各开 4 扇三交六椀菱花槅扇窗。东西山墙各开一方窗。殿前出月台，有甬路直通文华门。后殿曰主敬殿，规制与文华殿略似而进深稍浅。前后殿间以穿廊相连。文华殿的东西配殿分别是本仁殿、集义殿，体现仁义范畴。文华殿西为内阁，明代又称为大学士直舍。内为佑国殿、内承运库、香库和古今通集库、銮仪卫内鸾驾库等。文华殿沿元朝文渊阁制，在主敬殿北设文渊阁以藏书，也是翰林院大学士承值之所。正因文华殿是文官和大学士们聚集之所，就成为以书法为主的宫廷艺术家的画苑，成为皇家画院所在之一。

明清两朝，每岁春秋仲月，都要在文华殿举行经筵之礼。清代以大学士、尚书、左都御史、侍郎等人充当经筵讲官，满汉各 8 人。每年以满汉各 2 人分讲"经""书"，皇帝本人则撰写御论，阐发讲习"四书五经"的心得，礼毕，赐茶赐座。明清两朝殿试阅卷也在文华殿进行。明代设有"文华殿大学士"一职，以辅导太子读书。清代逐渐演化形成"三殿三阁"的内阁制度，文华殿大学士的职掌变为辅助皇帝管理政务，统辖百官，权限较明代大为扩展。

文渊阁，清宫藏书楼，乾隆四十一年（1776 年）建成。乾隆三十八年（1773 年）皇帝下诏开设"四库全书馆"，编纂《四库全书》。乾隆三十九年（1774 年）下诏兴建藏书楼，命于文华殿后规度适宜方位，创建文渊阁，用于专贮《四库全书》与《钦定古今图书集成》，清代乾隆朝以后，除了皇帝来这里读书外，也允许臣工和学士们来此查阅图书。

武英殿位于外朝熙和门以西。平面布局也是工字形，正殿武英殿南向，面阔 5 间，进深 3 间，黄琉璃瓦歇山顶。须弥座围以汉白玉石栏，前出月台，有甬路直通武英门。后殿敬思殿与武英殿形制略似，前后殿间以穿廊相连。东西配殿分别是凝道殿、焕章殿，左右共有廊房 63 间。院落东北有恒寿斋，西北为浴德堂。武英殿是皇帝斋居和召见大臣之处，曾经皇后也在此召见命妇朝贺，另外，还是画院的重要场所，"武英有待诏，择能画者居之"。武英殿的南面，自西向东分别是御用里监、南薰殿和六科廊。

明代画院设于文华殿、武英殿和仁智殿三殿，明洪武、永乐朝初创，以后历代因袭。明太祖朱元璋征召天下善画之士入内廷供奉，绘制刊发历代孝行图、开国创业事迹、御容、功臣像等画。明成祖朱棣迁北京后，试图仿效宋代翰林图画院体制，建立正式画院。

崇文门与宣武门是京师九门之二，两门东西相望，古代"左文右武"的礼制，两门一文一武对应，取"文治武安，江山永固"之意。也是儒家文武兼修的表现。崇文门元代称文明门。明永乐十七年（1419年），南城墙南扩0.8公里，仍辟文明门，为舟车客商往来的枢纽之地，于明永乐十九年（1421年）建成。明正统四年（1439年）重修并加筑瓮城，改名崇文门，取《易经》"文明以建"之义，其得刚健而文明，寓意崇尚文德之意。崇文门城楼面阔5间，39.1米宽，进深24.3米；楼台高35.2米，重楼重檐，歇山式城楼，屋顶是灰色筒状绿琉璃瓦檐边。崇文门箭楼于1900年八国联军入侵时炸毁，瓮城于1952年改善地区交通时拆除，崇文门城楼于1959年修建北京火车站前道路时拆除。

宣武门，元称顺承门，明永乐十七年，南拓北京南城墙时修建，沿称元顺承门之名。正统元年重建城楼，增建瓮城、箭楼、闸楼，正统四年工程竣工，取张衡《东京赋》"武节是宣"，有"武烈宣扬"之义，改称"宣武门"。宣武门城楼面阔五间，通宽32.6米；进深三间，通进深23米；

楼连台通高 33 米；重楼重檐，歇山顶，黄琉璃中心，翠色边脊。瓮城南北长 83 米，东西宽 75 米；西墙辟券门，其上为闸楼。瓮城南墙城台之上为箭楼，箭楼面阔七间，通宽 36 米；通进深 21 米，连台通高 30 米。

宣武门外为菜市口刑场，囚车从此门经常出入，因在奇门遁甲中西南位称死门，故百姓称宣武门为死门。瓮城上的午炮每日一响，声震京华，京人以此对时，人称："宣武午炮"。宣武门的城门洞顶上刻"后悔迟"三字。惜宣武门至民国年间箭楼被毁，1966 年修建地铁时将门楼与城墙拆除，护城河被填平，辟为宣武门东、西大街。

第 *3* 章　中庸思想

第 1 节　中庸与中庸亭、中和亭

《易经》道:"位乎天位, 以正中也", 天位为正为中。又道:"利见大人, 尚中正也", 则指时机上恰到好处, 可以拜访大人。又道:"文明以健, 中正而应, 君子正也", 指出君子为人方式为文明和中正。

孔子之孙子思继承孔子思想, 作《中庸》, 阐发中和中庸之道, 被认为是"乃孔门传授心法"。"天命之谓性, 率性之谓道, 修道之谓教。"中庸之道的核心在于自我教育。"天命之谓性"是指人的自然禀赋是天性。"率性之谓道"是说人们顺着自然本性行事是道,"修道之谓教"是说自我教育就是按照人道原则去进行修治, 是天性与人性的合一。

"道也者, 不可须臾离也, 可离非道也。是故君子戒慎乎其所不睹, 恐惧乎其所不闻。莫见乎远, 莫显乎微。

故君子慎其独也。"自我教育贯穿于人的一生之中。中庸之道的天人合一还表现在理性与情感的合一。

人有七情六欲，喜怒哀乐是人的自然属性。为追求与天道、天性合一的至诚、至善、至仁、至真的人性，因而需要对情感加以约束和限制，故《中庸》道："喜怒哀乐之未发谓之中，发而皆中节谓之和"，只有"致中和"才能天人合一，"中也者，天之大本也；和也者，天下之达道。致中和，天地位焉，万物育焉。""不偏谓之中，不易谓之庸；中者，天下之正道；庸者，天下之定理。"

中庸之道的天人合一还包括了鬼神与圣人合一。《中庸》第二十九章："故君子之道，本诸身，征诸庶民；考诸三王而不谬，建诸天地而不悖，质诸鬼神而无疑，知天也；百世以俟圣人而不惑，知人也。是故君子动而世为天下道，行而世为天下法，言而世为天下则。"中庸之道的天人合一中的天包括鬼神，人则包括圣人。真正意义上的天人合一含有圣人合一。鬼神是天地和祖先的总称。所以古人的天的要领里也包含了死人（祖先）的成分，天字本身就是大人站在天下，头顶蓝天。中庸之道的天人合一还包括外内合一。《中庸》第二十五章揭示了外内合一。其文云："诚者，自成也；而道，自道也。诚者，物之终始，不诚无物。是故君子诚之为贵。诚者非自成而已也，所在成物也。成己，仁也；成物，知也。性之德也。合外内之道也。故时措之宜也。"合外内之道，即外内合一，外内合天诚，所以中庸之道的天人合一，又合一于诚，可视为品德意识与品德行为的合一，或者说成己与成物的合一，或者说是知与行的合一。

岳麓书院的上山古道建有三亭，一是道中庸亭，二是极高明亭，三是自卑亭。宋乾三年（1167 年）朱熹从福建到岳麓书院拜访当时山长张栻，"二先生论《中庸》之义三昼夜不缀"，成为岳麓书院传为佳话的朱张会讲。朱嘉取《中庸》"极高明而道中庸"之义，题为道高明亭和极高明亭。毁后，清时多次重修，今存遗址。自卑亭最早建于清康熙二十七年（1688 年)，也是得名于《中庸》中的"君子之道，譬如行远，必自迩；譬如登高，必自卑"（图 3-1）。

图 3-1　岳麓书院自卑亭（作者自摄）

明代初朱元璋建南京城，在秦淮河上构有中和桥。桥 5 孔，石拱，长 60 米。清康熙四年（1665 年）修，嘉庆十六年（1811 年）又修，光绪五年（1879 年）再次整修。1937
年抗日战争时遭破坏。其后虽经多次维修，终因损坏严重，
且阻水流，故于 1965 年拆除，在其上游 80 米处，重建新桥。
苏州虎丘山云岩寺的山谷中，有天桥题为中和桥（图 3-2）。
天津荣园是盐商李春城的花园（今天人民公园的水池部分），
也是天津唯一保存的古典园林，池中筑桥，题为中和桥（图
3-3），典出《中庸》："致中和，天地位焉，万物育焉。"

图 3-2　虎丘中和桥（作者自摄）

图 3-3　荣园中和桥（作者自摄）

　　苏州网师园的小山丛桂轩的西面，建有蹈和馆（图 3-4），履中蹈和为成语，指走路脚不要偏，做事要和为贵，做人要平和点。典出汉焦赣《易林蛊之兑》："含和履中，国无灾殃。"汉刘向《说苑修文》："彼舜以匹夫，积正合仁，履中行善，而卒以兴。"

　　时中是时间中把握居中、合宜、恰当的时机。时中最早出现于《周易》"蒙"卦的《象传》："蒙，亨。以亨行，时中也。"蒙就是要求"合乎时宜"，并且"随时变通"。孔子发展了时中观，在《论语·宪问》中道："夫子时然后言，人不厌其言；乐然后笑，人不厌其笑，义然后取，人不厌其取。"公叔文子是该说时才说，所以人们不讨厌他的话；

高兴时才笑，所以人们不讨厌他的笑；该拿的才拿，所以
人们不讨厌他的取。荀子屡次强调君子要能把握"与时屈
伸""与时迁徙"的原则，"与时屈伸，柔从若蒲苇，非慑
怯也；刚强猛毅，靡所不信（伸），非骄暴也。以义变应，
知当曲直故也。《诗》曰：'左之左之，君子宜之，右之右之，
君子有之。'此言君子能以义屈信（伸）变应故也。"（《荀
子·不苟》）

图 3-4 网师园蹈和馆（作者自摄）

儒家的"时中"就是"合时"，不仅是个人道德修养
和行为实践的原则，也是治国安邦的原则。儒家从自然农
业生产对天时变化的密切依赖关系中，深感到"适时"的
重要性。因此，他们都把"使民以时"（《论语·学而》），"不

违农时"(《孟子·梁惠王上》)等，列为治理国家的基本原则之一。荀子把草木开花结果时禁止砍伐，鱼鳖怀卵时禁止撒网下毒，春耕夏耘秋收冬藏不失其时，称之为"圣王之制"，依"养长时则六畜育，杀生时则草木殖"之理，推论道："政令时则百姓一，贤良服。"(《荀子·王制》)若政令合乎时宜，百姓就会行动一致，有才能之人也会服从拥护。这种时中就是应天时而种，应天时而蓄养，应天时而收藏，不乱砍滥伐。而我国土地裸土化、沙漠化就是因为不时中的结果，新时代提出的"绿水青山就是金山银山"的理论就是维护生态平衡的重要举措。

第 2 节　天下大同与和而不同

大同思想源于三方面，一是源自"并耕而食"的理论。《诗经》的《硕鼠》篇（产生于公元前 611 年以前），把贵族剥削者比做一只害人的大老鼠，并且发出了决心逃离这只大老鼠的"适彼乐土""适彼乐国""适彼乐郊"的呼声。《硕鼠》是迄今保留下来的关于大同空想的最早的材料之一。

二是源于道家"小国寡民"的理想。《道德经》第八十章道："小国寡民。使有什伯之器而不用；使民重死而不远徙。虽有舟舆，无所乘之，虽有甲兵，无所陈之。使民复结绳而用之。甘其食，美其服，安其居，乐其俗。邻国相望，鸡犬之声相闻，民至老死，不相往来。"人类分成许多互相隔绝的"小国"，每个小国的人民都从事着极端落后的农业生产以维持生存，废弃文字，尽量不使用工具，人人满足于简陋低下的生活而不求改进；同外部世界断绝一切联系，即使对"鸡犬相闻"的"邻国"（实际上是邻村），也"老死不相往来"（《老子》第八十章），而舟车等交通工具是根本用不着的。道家的"小国寡民"理想，实际上是一种历史倒退的幻想。儒家大同的理想没有私有制，人人为社会劳动而不是"为己"；老弱病残受到社会的照顾，儿童由社会教养，一切有劳动能力的人都有机会充分发挥自己的才能；没有特权和世袭制，一切担任公职的人员都由群众推选；社会秩序安定，夜不闭户，道不拾遗；对外"讲信修睦"（《礼记·礼运》），邻国友好往来，没有战争和国际阴谋。

儒家的大同理想比农家、道家的理想更详尽、更完整，也更美好，更具有诱人的力量。因此，它在中国思想史上也有更大、更深远的影响。《礼记·礼运》说："大道之行也，天下为公，选贤与能，讲信修睦。故人不独亲其亲，不独子其子，使老有所终，壮有所用，幼有所长，鳏寡孤独废疾者，皆有所养。男有分，女有归。货恶其弃于地也，不必藏于己；力恶其不出于身也，不必为己。是故谋闭而不兴，盗窃乱贼而不作，故外户而不闭，是谓大同。"近代康有为《大同书》也提出"人人相亲，人人平等，天下为公"的理想社会。

　　大同是一种理想，解决纷争的办法就是和而不同。《论语·子路》："君子和而不同，小人同而不和。"意思是：君子在人际交往中能够与他人保持一种和谐友善的关系，但在对具体问题的看法上却不必苟同于对方；所谓"同而不和"则是指小人习惯于在对问题的看法上迎合别人的心理、附和别人的言论，但在内心深处却并不抱有一种和谐友善的态度。和，于事物来说是"多样性的统一"。而对于人来说，"和"是观点与意见的多样性统一。同，同质事物的绝对统一，即把相同的事物叠加起来。晋夏侯湛《东方朔画赞》："染迹朝隐，和而不同。"晋袁宏《三国名臣序赞》："和而不同，通而不杂。"

　　即使边界确立，纷争与冲突不可避免，儒家也反对用暴力或其他强制性的措施来化解危机，孟子甚至提出"行一不义，杀一不辜，而得天下，不为也"。面对纷争与冲突，儒家主张以德服人，或说以道德与情感来感化人，把以德服人称为"王道"，把以力服人称为"霸道"。王道和霸道之别在于孟子的"以德行仁者王，以力假仁者霸"。

　　"以德服人"的关键，是奉行孔子提出的"和而不同"原则。"和而不同"，就是尊重多样性和多元化，要求双方对彼此的差异抱以同情的了解，不可勉强对方放弃自己的主张和利益，尤其是不可勉强对方强行就我，诚如《中庸》所说："万物并育而不相害，道并行而不相悖，小德川流，大德敦化，此天地之所以为大也。"中国人常讲，"一花独放不是春，百花齐放春满园。"不同的文明、文化也好，利益和主张也好，如果过于单一，或者变得过于同质化，就会变得枯燥和孤寂，就会缺乏生机和活力，就会走向衰落和灭亡，故《国语·郑语》上说："夫和实生物，同则不继。以他平他谓之和，故能丰长而物归之。若以同裨同，尽乃弃矣。"

"和而不同"绝非无原则的妥协与退让。孔子的高足有子说："礼之用，和为贵。先王之道，斯为美。小大由之，有所不行。知和而和，不以礼节之，亦不可行也。"不难看出，"和为贵"的前提是坚持"礼"——礼制、正义、公道等原则。因此，儒家虽然强调非边界原则和非暴力原则，但在涉及人道大防或人类根本福祉的时候，对于罪恶和暴行，还是主张给予坚决的批判和反击，甚至提出"以直报怨""止戈为武"之类的主张，而非无原则的一味妥协。

因为，孔子乃至整个儒家的思想，绝不是迂腐落后，而是在很大程度上"超越了我们的时代"。所以，孔子的高足子贡曾说："夫子之道至大，故天下莫能容夫子，夫子盍少贬焉？"孔子另一位高足颜回也说："夫子之道至大，天下莫能容；虽然夫子推而行之，世不我用，有国者之丑也，夫子何病焉？不容然后见君子。"

2011年《中国的和平发展》白皮书，提出要以"命运共同体"的新视角，寻求人类共同利益和共同价值。2012年中共的十八大正式阐述。

第3节 中隐思想与园林

仕与隐是士人生存法则的选择。这种选择有时是基于意愿，有时是基于无奈，其实是人与社会之间的心理调适和空间调适，也是经济依存和政治理想的调适。仕与隐涉及儒、道、佛三家，不能简单地认为道就是隐、儒就是仕、佛就是隐，因为存在肉体与精神、时间与空间、政治与经济、城市与郊野之间诸多的错位。无论是仕是隐，其精神上都是游离于儒、道、佛三家之间，更广泛地说，是在诸子百家之间，有时在这一家，有时在那一家，有时一家也不入，就在道上。可以说，无论在何时何地，面对社会的复杂性和多样性，几乎所有的士人都存在不同程度的人格分裂。

在调适人格分裂的理论上，儒家给出最漂亮答案的是孟子，他在《孟子·尽心章句上》中说："古人之得志，泽加于民；不得志，修身见于世。穷则独善其身，达则兼济天下。"特别是最后一句，成为千古名言，一直影响至今。当然，孔子也有相似的言论，《论语·泰伯》中说："天下有道则见，无道则隐"；《论语·卫灵公》说："邦有道则仕，邦无道则可卷而怀之"；《论语·述而》说："用之则行，舍之则藏"。

早期佛家未传入中国之前，诸子百家中儒家和道家仅是两个门派。同样是隐，儒有儒隐，道有道隐。儒隐是在养精蓄锐，蓄势待发；道隐是认知天地，寻求天地人合一，从道而顺应自然。当然，更多的人把隐分为大隐、小隐和中隐。最早的是小隐，就是遁世绝迹，隐居山林。典型案例就是伯夷和叔齐两个孤竹君的儿子，在武王伐纣时，他们联手拦住武王的马，据理力谏。待武王灭殷，他们不食周粟，隐居于首阳山，采薇为食，双双死于首阳山。这种持节尽忠之隐，也是在儒家思想雏形期的表现。忠成为隐的精神支柱和动力。老子隐于周朝皇城的守藏室史（图书馆管理员），庄子隐于蒙城漆园吏（公园园长），各安本分，图适生存，著书立说，因为思想而传世。他们两位同样是忠于王朝，却是致力于求道，开创了道家思想，算是道隐典范。

到了西汉，东方朔树立了大隐的榜样。他为了实现自己的政治抱负，一生围绕在汉武帝身边，从前期的滑稽求官到后期的直言切谏，所提之策都是农战强国之计，但是，始终未获得汉武帝的政治信任和重用，"官不过侍郎，位不过执戟"，还被人视如倡优，以喜剧人生开始，以悲剧人生结束。但是，他在波涛汹涌的朝堂之上，总结历史和人生的经验教训，开创并实践了大隐思想。大隐也被称为朝隐，即隐居在朝堂之上、天子身边。东方朔的大隐思想表现在他的《据地歌》和《诫子诗》中。《据地歌》道："陆沉于俗，避世金马门。宫殿中可以避世全身，何必深山之中，蒿庐之下？"朝堂虽险，也可避世全身，区区郎官可能就是全身之宝，不在树梢，不在风头，不在显要，甘于居小，甘于平庸，其实也是无奈，但正是这种处境才是大隐的真实环境和心境。《诫子诗》道："明者处世，无尚于中；优哉游哉，于道相从。首阳为拙，柳惠为工。饱食安步，以仕代农。依隐玩世，诡时不逢。才尽身危，好名得华，有群累生，孤贵失和。遗余不匮，自尽无多。圣人之道，一龙一蛇。形现神藏，与物变化，随时之宜，无有常家。"若前诗重避，此诗则重游，他提出"优哉游哉""依隐玩世"，而精神的家园，似乎已经偏离了儒家的精进，而是"于道相从""与物变化，随时之宜"。在诗中，他也明确否定了首阳山小隐的行为，认为那是拙劣之举。

到了魏晋南北朝时期，又是 380 多年的战争和短期安定交织。"竹林七贤"成为这个时代士人的写照。七人中以阮籍、嵇康、刘伶为代表，三人的结局不同，主要原因是他们的隐逸价值取向不同，阮为生而隐，嵇求道而隐，刘慕庄而隐。申华岑把隐逸行为分为七种，即道隐、身隐、心隐、朝隐、中隐、酒隐、壶天之隐等。阮籍继承东方朔的朝隐，嵇康继承孔子的道隐，刘伶则是继承庄子的心隐，但三人都以嗜酒、佯狂、任性、荒诞来隐身和隐心，只是每人从儒和道两家中汲取的营养成分不同，所隐的过程、程度、结果也就不同。（申华岑，简论竹林七贤的隐逸，焦作大学学报，2010 年 4 月第 2 期）

朝堂的短期安定，成就了部分人的朝隐大名。有人把石崇和潘岳奉为大隐典范，笔者不这么认为。因为石崇是大司马石苞的第六子，可见其出身名门。他从修武县令到徐州刺史和卫尉，一路畅通，是依附了贾皇后的外戚贾谧。石崇在任上劫掠致富，与晋武帝的舅父王恺斗富，挥金如土，虽在朝堂之上行儒家之事，却没有隐忍、含蓄之心。石崇在洛阳邙山建金谷园，极尽奢华，凿池筑台，亭阁楼宇，百花争艳，在园中挥霍无度，过着极其糜烂的生活。石崇集文学家、官员、富豪于一身，以他的园林为基地，形成圈子文化，即后来的朋党。这个圈子文化的中心是贾谧。贾谧是西晋开国功臣贾充的外孙韩谧，因为贾充无子，过继回门以延续贾家香火。贾充长女为齐王妃，二女为太子妃，于是，在惠帝即位后，贾太后专权。贾谧一跃成为秘书监，袭爵鲁公，广纳人才，时有二十四友，遂称为鲁公二十四友。二十四友分别是：石崇、欧阳建、潘岳、陆机、陆云、缪徵、杜斌、挚虞、诸葛诠、王粹、杜育、邹捷、左思、崔基、和郁、刘瑰、周恢、牵秀、陈眕、郭彰、许猛、刘讷、刘舆、刘琨。在文学上，论成就，陆机当仁不让，但得名稍晚；论文采，潘岳居胜；论时望，石崇为优。（王澧华，鲁公二十四友与西晋绮靡诗风，求索，2016 年 11 月）

二十四友风流倜傥，恃才自傲，在金谷园中风花雪月，吟诗作赋，因此成就了金谷雅集之名。这种雅集既有文人之间斗才和对体制的抱怨，也有官员之间斗心和富者之间斗富，然而，他们有共同心境：攀龙附凤。这不是隐，而是显，是露，是炫，是争，与隐的精神大相径庭。金谷园作为雅集场所，算是他们共同的精神家园，在此找到了共同的发泄场所。其实，他们大部分人也有各自的家和园，也难保他们在自己的家园中是一样的行径和作派。哪一种是隐，哪一种是显，哪一种是真，哪一种是假，都是面对社会纷乱时人格分裂的写照。二十四友有圈子文化，也是八王之乱诱因之一，随着贾太后和贾谧的毙命，二十四友烟消云散，近一半人因此而得祸，不得善终。

当时在仕与隐之间形成一种诗体，叫招隐诗和反招隐诗。现存十一首招隐反招隐诗，分别是左思《招隐诗二首》、陆士衡《招隐诗一首》、王唐琚《招隐诗》和《反招隐诗一首》、张华《招隐诗二首》、张载《招隐诗》、陆机《招隐诗二首》、闾丘冲《招隐诗》。招隐最初是劝人不隐，招唤隐士离开山林，回到现实生活，到朝中任职。后来发生了变化，走向反向，由最初的描写山水景色的险恶、招唤隐士的出仕，转为吟咏隐士生活、希企隐居；"招"字也背离原意，由劝仕变成访隐和求隐，后者则成为招隐诗的结局。最著名的当属左思的《招隐诗》：

《招隐诗》一

杖策招隐士，荒涂横古今。

岩穴无结构，丘中有鸣琴。

白云停阴冈，丹葩曜阳林。

石泉漱琼瑶，纤鳞或浮沉。

非必丝与竹，山水有清音。

何事待啸歌，灌木自悲吟。

秋菊兼粮粮，幽兰间重襟。

踌躇足力烦，聊欲投吾簪。

《招隐诗》二

经始东山庐，果下自成榛。

前有寒泉井，聊可莹心神。

峭蒨青葱间，竹柏得其真。

弱叶栖霜雪，飞荣流余津。

爵服无常玩，好恶有屈伸。

结绶生缠牵，弹冠去埃尘。

惠连非吾屈，首阳非吾仁。

相与观所尚，逍遥撰良辰。

陆机也有《招隐诗》：

明发心不夷，振衣聊踯躅。

踯躅欲安之，幽人在浚谷。

朝采南涧藻，夕息西山足。

轻条象云构，密叶成翠幄。

激楚伫兰林，回芳薄秀木。

山溜何泠泠，飞泉漱鸣玉。

哀音附灵波，颓响赴曾曲。

至乐非有假，安事浇淳朴。

富贵久难图，税驾从所欲。

招隐诗与山水诗存在明显的差异。山水田园诗是描写自然风光、乡间景物及安逸恬淡的隐居生活，描摹和赞美山水；招隐诗和反招隐诗则是描摹和贬低山水。招隐诗的主题意象分为隐士意象、自然意象和人文意象。隐士意象中提到人物依次有：庄子、原宪、河上丈人、黔娄、张仲蔚、渔父、浮丘伯、邵平、商山四皓、东方朔、严君平、郑子真、疏广、疏受、张挚、杨伦、袁家、孙登、田畴、谢安、周颐等；自然意象依次是云、泉、鸟、鱼、松、兰等；人文意象依次是琴、书、酒、丝竹。招隐诗与反招隐诗主题结构演变：从西汉淮南小山的招还隐士，到两晋时期左思、陆机的寻访隐士、与之同隐，再到王康琚的适性之隐。招隐分类有述隐、归隐、反归隐。（刘莎莎，招隐诗与反招隐诗的主题剖析，云南大学学报，2016年第15卷第2期）

招隐诗与反招隐诗以两晋最为繁富，但随后很快就消亡了，被游仙诗和田园诗所取代。原因就是题名对内容的制约性，使得主题单调泛味。（许晓晴，中古时期招隐诗兴盛与消亡的探究，南昌大学学报，2011年1月第1期）

中唐时期三教并重，儒、道、佛各有信众。文宗时期，佛家代表义休，道家代表杨弘元，儒家代表白居易，三人居然一起讨论三教优劣，称为"三教论衡"。唐以前三家经历了排斥、斗争、共存和互渗的历史阶段，到唐代，虽然排斥与斗争依旧，但对于个体来说，则更多地体现融合。既然有三家理论作为思想武器，中唐的帝王给予三家同存并治的机会、场所、环境，于是，士人在精神上就有了合法的支撑和选择权。经济上，两税法取代均田制，士族赖以生存的经济基础被毁，加速了庶族地主取代士族的进程。两税法作为一个分界点，把原来的力役地租形式转化为实物地租形式，于是，由自耕农分化出来的庶族地主，由于九品中正制的废除和科举制度的建立，而跻身于金字塔的上层。（晏晨，白居易中隐观与中隐园林，河南教育学院学报，2013 年第 6 期）

白居易正是在这种三教会盟的时候提出了中隐思想。当然，这种思想不仅是他个人的思想，还是所有这一阶层人的共同心思，他不过是一个代表。当然，他与历代宦海浮沉的人一样，经历了雄心壮志、锐意进取、扶摇直上的上升过程，也经历了尔虞我诈、互相倾轧、你死我活的平衡过程，更经历了得罪权贵、被围受击、一贬再贬的人生低谷。在第三阶段，白居易在儒家和道家思想影响下认清时务，脱离官场，独善其身的思想也就自然而然地萌芽。在政治上被边缘化之后，更多的时间可以因闲而赋，于是走向构建私园，再造自然，徜徉风景，卧看四季，关注环境，精致生活，品味人生。但是，这种生活的条件是经济基础。在政治上的退让旗帜，以权力谋职位，以职位保奉禄，这就形成了半官半隐的官野平衡、时空平衡和身心平衡。有职有位，有奉有禄，有妻有子，有山有水，有琴有鹤，白居易由游进派变成了保守派和守成派，他的《中隐》一诗，因此驰名至今：

大隐住朝市，小隐入丘樊。

丘樊太冷落，朝市太嚣喧。

不如作中隐，隐在留司官。

似出复似处，非忙亦非闲。

不劳心与力，又免饥与寒。

终岁无公事，随月有俸钱。

君若好登临，城南有秋山。

君若爱游荡，城东有春园。

君若欲一醉，时出赴宾筵。

洛中多君子，可以恣欢言。

君若欲高卧，但自深掩关。

亦无车马客，造次到门前。

人生处一世，其道难两全。

贱即苦冻馁，贵则多忧患。

唯此中隐士，致身吉且安。

穷通与丰约，正在四者间。

在退休洛阳之后，白居易在履道里购地造园，疏泉种树，构石楼香山，凿八节滩，自号醉吟先生。《池上篇序》和《池上篇诗》是白居易中隐思想的完美再现。序和诗中详细讲述了园林的选址、面积、布局、要素，以及他在园林中的活动，可以说是一篇设计说明书。全文如下：

都城风土水木之胜在东南隅，东南之胜在履道里，里之胜在西北隅。西闬北垣第一第，即白氏叟乐天退老之地。

地方十七亩，屋室三之一，水五之一，竹九之一，而岛池桥道间之。初乐天既为主，喜且曰："虽有台池，无粟不能守也"，乃作池东粟廪；又曰："虽有子弟，无书不能训也"，乃作池北书库；又曰："虽有宾朋，无琴酒不能娱也"，乃作池西琴亭，加石樽焉。乐天罢杭州刺史时，得天竺石一、华亭鹤二，以归；始作西平桥，开环池路。罢苏州刺史时，得太湖石、白莲、折腰菱，青板舫，以归；又作中高桥，通三岛径。罢刑部侍郎时，有粟千斛、书一车，泊臧获之习觉、磬、弦歌者指百，以归。先是，颍川陈孝山与酿法，酒味甚佳；博陵崔晦叔与琴，韵甚清；蜀客姜发授《秋思》，声甚淡；弘农杨贞一与青石三，方长平滑，可以坐卧。

大和三年夏，乐天始得请为太子宾客，分秩于洛下，息躬于池上。凡三任所得，四人所与，泊吾不才身，今率为池中物。每至池风春，池月秋，水香莲开之旦，露清鹤唳之夕，拂杨石，举陈酒，援崔琴，弹《秋思》，颓然自适，不知其他。酒酣琴罢，又命乐童登中岛亭，合奏《霓裳散序》，声随风飘，或凝或散，悠扬于竹烟波月之际者久之。曲未竟，而乐天陶然石上矣。睡起偶咏，非诗非赋，阿龟握笔，因题石间。视其粗成韵章，命为《池上篇》云。

十亩之宅，五亩之园。

有水一池，有竹千竿。

勿谓土狭，勿谓地偏。

足以容膝，足以息肩。

有堂有庭，有桥有船。

有书有酒，有歌有弦。

有叟在中，白须飘然。

识分知足，外无求焉。

如鸟择木，姑务巢安。

如龟居坎，不知海宽。

灵鹤怪石，紫菱白莲。

皆吾所好，尽在吾前。

时饮一杯，或吟一篇。

妻孥熙熙，鸡犬闲闲。

优哉游哉，吾将终老乎其间。

在洛阳龙门石窟边有一座山名香山，白居易在太和六年（832年）告老还乡后，捐资重修了香山寺，并撰《修香山寺记》："洛都四郊，山水之胜，龙门首焉。龙门十寺，观游之胜，香山首焉。"于是，自号香山居士。会昌五年（845年）春夏两季，白居易在家中先后举行两次聚会，第一次在春天，在座有七人，故称为香山七老会；第二次是同年夏天，在座有九人，故称九老会。九老分别是：白居易（74）、胡杲（89）、吉旼（88）、郑据（85）、刘真（87）、卢慎（82）、张浑（77）、李元爽（136）、僧如满（95）。香山九老会是白居易的晚年行为，在九老结社之前，聚会规模没有这么大。他们结社的目的也是远避党祸，静思谈禅，酌酒赋诗，性质还是服老、顺老和怡老。九老会之后才一年，他去世了。

中隐的"中"既有儒家的中庸内核，也有园林的空间结构，更有官职的经济保障，说是减少了权力，实是增加了自由；说是失去了往来如织的朋友，实是增加了患难与共的知己。中隐思想的产生，其内涵及其与士大夫命运的利害关系被刻画得淋漓尽致，与大隐小隐漫长时间发展形成鲜明对比。它标志着中古的隐逸主题——对于私人性，从拒斥公共性的负面加以界定，转向私人天地的创造。私人天地包孕在私人空间里，而私人空间既存在于公共世界之中，又自我封闭，不受公共世界的干扰。怪不得杨晓山说："中国遁世传统中这两种截然相反的趋向，在安身于私家园林的中隐身上虽然没能获得和谐，却达到了一种妥协：乡村和城市不再抵牾，精神的高洁与物质的舒适达到统一，社会责任与个人自由互相平衡。"

与白居易同时代的中唐士人，如元稹、韩愈、柳宗元、刘禹锡、裴度、李德裕、牛僧孺等，他们无论在政治上多么风光，在精神上的担忧和不安最后都落实在创建私家园林之中。白居易一生建有四园：渭上别墅、庐山草堂、履道里园、忠州东坡园。牛僧孺园以奇石为主，李德裕园以花木为主，可能他们在园林中的时间不长，但是，他们的诗词中有大量的园林诗文，以精神寄托而形成，说明了园林作为精神家园的功能伴随一生。

白居易虽为文学家，但同时也是造园家，他对园林的理解细致入微，一竿竹、一盆花、一泓泉、一片石、一只鹤都可以令其兴奋，"仰观山，俯听泉，旁睨竹树云石，自辰及酉，应接不暇。俄而物诱气随，外适内和，一宿体宁，再宿心恬，三突后颓然，嗒然，不知其然而然。"园林活动也很多，如饮酒、写诗、弹琴、品茶、弈棋，正如他的诗《小宅》中所说："庾信园殊小，陶潜屋不丰。何劳问宽窄，宽窄在心中。"由中隐闲适为目标的造园活动，并非以园林规模宏大和富丽堂皇为追求目标，而是以有城市里坊和适配家资为前提，从此，城市园林作为官员中隐的主要场所，成为后世滥觞。用地的局限和家资的差异，使庭院园林得以大行其道，写意山水园由城外回归城内，有天有地和以小见大成为审美的主要特征。在园中以儒为本、以道为养、以禅为机的三家精神组合得以完善。仕隐兼顾，以隐为高，以园为基，只有闲适才能得到精神的极大超越。

第4章　礼乐复合——宅园

第1节　礼乐复合

礼，从示，从豊（lǐ）。"豊"是行礼之器，在字中也兼表字音。本义是举行仪礼，祭神求福。礼的字义有四。其一，在社会生活中，由于道德观念和风俗习惯而形成的仪节，如婚礼、丧礼、典礼；其二，符合统治阶级整体利益的行为准则，如礼教、礼治和克己复礼；其三，表示尊敬的态度和动作，礼让、礼遇、礼赞、礼尚往来、先礼后兵；其四，表示庆贺、友好或敬意所赠之物，如礼物、礼金、献礼；其五，古书名，《礼记》的简称。

《说文》："礼，履也。所以事神致福也。"历史上有五礼、六礼和九礼之说。《虞书》："脩五礼。"马注："吉、凶、军、兵、嘉也。"《礼记·王制》："脩六礼以节民性。六礼：冠、昏、丧、祭、乡、相见。"《左传·昭公二十五年》把礼上升到天地人的层面："夫礼，天之经也，地之义也，民之行也。"《大戴礼记·本命》："冠、婚、朝、聘、丧、祭、宾主、乡饮酒、军旅此之谓九礼。"

礼的意义重大，它规范人事的体制和法度。《释名》曰："礼，体也。言得事之体也"。《庄子》曰："三王、五帝之礼义法度，其犹楂梨橘柚，虽其味相反，而皆可于口也。"《太公六韬》曰："礼者，理之粉泽"。《论语》甚至说："不学礼，无以立"。《诗》也道："相鼠有体，人而无礼；人而无礼，胡不遄死？"《礼记·乐记》认为器具和制度文章都有礼："簠（fǔ）簋（guǐ）俎豆，制度文章，礼之器也。升降上下，周旋裼袭，礼之文也"。《燕居》把礼上升到可以治事治国："礼者何也？即事之治也。君子有其事必有其治。治国而无礼，譬犹瞽之无相与，伥伥乎其何之！譬如终夜有求於幽室之中，非烛何见？若无礼，则手足无所措，耳目无所加，进退揖让无所制"。《曲礼》反面说无礼无异于禽兽："君子恭敬撙节，退让以明礼，曰：鹦鹉能言，不离飞鸟；猩猩能言，不离禽兽。今人而无礼，虽能言，不亦禽兽之心乎？"《曲礼》说可以渗透到生活的方方面面："道德仁义，非礼不成，教训正俗，非礼不备。分争辩讼，非礼不决。君臣上下父子兄弟，非礼不定。宦学事师，非礼不亲。班朝治军，莅官行法，非礼威严不行。祷祠祭祀，供给鬼神，非礼不诚不庄。是以君子恭敬撙节退让以明礼。"

《礼运》评价君子和小人的礼法："礼之於人也，犹酒之有蘖（niè）也。君子以厚，小人以薄"。《乐记》认为歌舞也有礼："乐者，非谓黄锺、大吕、弦歌、干杨也，乐之末节也，故童者舞之。铺筵席，陈樽俎，列笾豆。以升降为礼者，礼之末节也，故有司掌之。"《礼器》曰："君子之行礼也，不可不慎也，众之纪也，纪散而众乱。"

《礼器》又云："先王之立礼也，有本。忠信，礼之本也；义理，礼之文也。无本不立，无文不行"。《经解》曰不用礼则生乱："夫礼，禁乱之所由生，犹坊止水之自来也。故以旧坊为无所用而去之者，必有水败；以旧礼而无所用而去之者，必有乱患。"《礼运》曰："夫礼，先王以承天之道，以治人之情，故失之者死，得之者生。《诗》曰：'相鼠有体，人而无礼；人而无礼，胡不遄死？'是故礼必本于天，肴于地，列于鬼神，达于丧祭射御，冠昏朝聘。圣人以礼示之，天下国家可得而正也。"

《春秋说题辞》曰："礼者，体也。人情有哀乐，五行有兴灭，故立乡饮之礼，终始之哀，婚姻之宜，朝聘之表，尊卑有序，上下有体。王者行礼得天中和，礼得，则天下咸得厥宜。阴阳滋液万物，调四时，和动静，常用，不可须臾惰也。"《汉书·艺文志》曰："《易》曰：'有夫妇、父子、君臣、上下，礼义有所错。'而帝王质文，世有损益。至周曲为之防，事为之制，（言委曲防闲，每事为制也。）故曰'礼经三百，威仪三千'。"《汉书》曰：《乐》以治内而为同，《礼》以修外而为异。同则和亲，异则畏敬也。"《资治通鉴·

周纪·周纪一》:"夫礼,辨贵贱,序亲疏,裁群物,制庶事。非名不著,非器不形。名以命之,器以别之,然后上下粲然有伦,此礼之大经也。名器既亡,则礼安得独在哉?"

礼的特征为"别异"(《荀子·乐论》)或"辨异"(《礼记·乐记》)。春秋、战国和汉代强调用礼制维持等级制度和亲属关系上的社会差异,这点最能说明礼的含义和本质。荀子(见荀况)云:"人道莫不有辨,辨莫大于分,分莫大于礼。"又云:"故先王案为之制礼义以分之,使贵贱之等、长幼之差、知贤愚能不能之分,皆使人载其事而各得其宜。"《礼记》云:"礼者所以定亲疏,决嫌疑,别同异,明是非也。"又云:"亲亲之杀,尊贤之等,礼所生也。"韩非子(见韩非)云:"礼者……君臣父子之交也,贵贱贤不肖之所以别也。"董仲舒云:礼者"序尊卑、贵贱、大小之位,而差外内远近新故之级者也。"《白虎通德论》云:礼所以"序上下、正人道也。"礼是有差别性的行为规范,绝非普遍适用于一切人的一般规范。

《周礼》规定,舞蹈人数之礼,一佾(yì)八人。只有天子才能用八佾,诸侯顺减。而当鲁季氏以卿行天子之礼,命八佾舞于庭时,孔子认为非礼,愤慨地说:"是可忍也,孰不可忍也?"树塞门(设影壁)和反坫(诸侯宴会放空酒杯的夯土台)是国君所用的礼,管仲采用,受到孔子批评。冠、婚、丧、祭、乡饮等礼,都是按照当事人的爵位、品级、有官、无官等身份而制定的,对于所用衣饰器物以及仪式都有繁琐的规定，不能僭用。在家族中，父子、夫妇、兄弟之礼各不相同。"君臣上下父子兄弟非礼不定"（《礼记·曲礼上》），《礼记》说"以之居处有礼故长幼辨也，以之闺门之内有礼故三族和也，以之朝廷有礼故官爵序也，以之田猎有礼故戎事闲也，以之军旅有礼故武功成也。是故宫室得其度……鬼神得其飨，丧纪得其哀，辨说得其党，官得其体，政事得其施"，可见其范围之广，"君子无物而不在礼矣"。

儒家认为，人人遵守符合其身份和地位的行为规范，便可"礼达而分定"，达到孔子所说的"君君臣臣父父子子"的境地，贵贱、尊卑、长幼、亲疏有别的理想社会秩序便可维持了，国家便可以长治久安了。反之，弃礼而不用，或不遵守符合身份、地位的行为规范，便将如周惠王、襄王时代熟于古代的内史所说的："礼不行则上下昏"，理想社会和伦常难以为继，国家国将不国，故儒家提出以礼治国。孔子说："安上治民，莫善于礼"，《礼记》云："礼者君之大柄也……所以治政安君也"，可见礼是统治的重要工具。"为政先礼，礼其政之本欤！"儒家认为推行礼治即是为政。师服云："礼以体政"；孔子说："为国以礼"；晏婴说："礼之可以为国也久矣"；《左传》引君子曰："礼经国家，定社稷"；女叔齐云："礼所以守其国，行其政令，无失其民者也"；荀子云："国之命在礼"。从这些话里可以充分看出礼与政治的密切关系，国之治乱系于礼之兴废。所以荀子说："礼者治辨之极也，强国之本也，威行之道也，功名之总也，王公由之所以得天下也，不由所以陨社稷也"；《礼记》云：治国以礼则"官得其体，政事得其施"，治国无礼则"官失其体，政事失其施"，结论是："礼之所兴，众之所治也；礼之所废，众之所乱也"。放弃礼和礼治，儒家心目中的理想封建社会便无法建立和维持了。

儒家主张尊重原则、遵守原则、适度原则和自律原则的礼治，以差别性的行为规范即礼作为维持社会、政治秩序的工具，同法家主张法治，以同一性的行为规范即法作为维持社会、政治秩序的工具，原是对立的。《周礼》认为不孝为"乡八刑"之一。《孝经》云："五刑之属三千，而罪莫大于不孝。"北齐列不孝为重罪十条之一，犯者不在八议论赎之限。隋采用，并置十恶条，自唐迄清皆沿用。北周完全模仿《周礼》，法律全盘礼化。除八议、官当、十恶、不孝、留养、按服制定罪等条外，还有不少条文是来源于礼的。东汉廷尉陈宠疏中所云："礼之所去，刑之所取，失礼则入刑，相为表里者也"；明丘濬《大学衍义补》云："人心违于礼义，然后入于刑法"。

作为伦理道德的"礼"的具体内容，包括孝、慈、恭、顺、敬、和、仁、义等等。礼既是富于差别性、因人而异的行为规范，所以"名位不同，礼亦异数"（《左传·庄公十八年》）。

《礼记·乐记》："乐也者，情之不可变者也；礼也者，理之不可易者也。乐统同，礼辨异。礼乐之说，管乎人情矣。"孔颖达疏："乐主和同，则远近皆合；礼主恭敬，则贵贱有序。"《史记·孝武本纪》："维德菲薄，不明于礼乐。"《史记·封禅书》："自周克殷后十四世，世益衰，礼乐废，诸侯恣行，而幽王为犬戎所败，周东徙雒邑。"《吕氏春秋·孟夏》："乃命乐师习合礼乐。"高诱注："礼所以经国家，定社稷，利人民；乐所以移风易俗，荡人之邪，存人之正性。"唐杜甫《秋野》诗之三："礼乐攻吾短，山林引兴长。"《逸周书·本典》："今朕不知明德所则，政教所行，字民之道，礼乐所生，非不念而知，故问伯父。"清朱彝尊《文水县卜子祠堂记》："诗书礼乐，定自孔子，发明章句，始于子夏。"

第2节 《考工记》

《考工记》，是《周礼》的一部分。《周礼》原名《周官》，由"天官""地官""春官""夏官""秋官""冬官"六篇组成。西汉时，"冬官"篇佚缺，河间献王刘德便取《考工记》补入。刘歆校书编排时改《周官》为《周礼》，故《考工记》又称《周礼·考工记》（或《周礼·冬官考工记》）。《考工记》篇幅并不长，但科技信息含量却相当大，内容涉及先秦时代的制车、兵器、礼器、钟磬、练染、建筑、水利等手工业技术，还涉及天文、生物、数学、物理、化学等自然科学知识。全文7000多字，记述了木工、金工、皮革工、染色工、玉工、陶工6大类、30个工种，其中6种已失传，后又衍生出1种，实存25个工种的内容。书中分别介绍了车舆、宫室、兵器以及礼乐之器等的制作工艺和检验方法，涉及数学、力学、声学、冶金学、建筑学等方面的知识和经验总结。清代学者戴震著有《考工记图》，程瑶田著有《考工创物小记》等有关研究著作。《考工记图》为清戴震撰，二卷。初成书时，图后附有己说而无注；后来吸取东汉郑众、郑玄的注，再加考定，成为补注。对《考工记》中的宫室、车舆、兵器、礼乐等，分别列图说明，对文物、制度、字义等加以考证，是研究我国先秦文物制度的重要参考书，曾收刻于《戴氏遗书》，又被收入《皇清经解》。

首先把百工进行了定性，"审曲面执，以饬五材，以辨民器，谓之百工"，再对设计定性："知得创物，巧者述之守之，世谓之工。百工之事，皆圣人之作也。烁金以为刃，凝土以为器，作车以行陆，作舟行水，此皆圣人之所作也。天有时，地有气，材有美，工有巧，合此四者，然后可以为良。材美工巧，然而不良，则不时，不得地气也。"百工的审美原则是巧。

象天法地是设计的方法之一，《考工记》道："轸之方也，以象地也；盖之圜也，以象天也；轮辐三十，以象日月也；盖弓二十有八，以象星也；龙旂九斿，以象大火也；鸟旟七斿；以象鹑火也；熊旗六斿，以象伐也；龟蛇四斿，以象营室也；弧旌枉矢，以象弧也。""匠人建国，水地以县，置槷以县，眡以景，为规，识日出之景与日入之景，昼参诸日中之景，夜考之极星，以正朝夕。"

《考工记》在规市规划上的礼制道："匠人营国，方九里，旁三门。国中九经九纬，经涂九轨，左祖右社，面朝后市，市朝一夫。"《考工记》对夏商周三朝的建筑进行了对比，"夏后氏世室，堂修二七，广四修一，五室，三四步，四三尺，九阶，四旁两夹，窗，白盛，门堂三之二，室三之一。殷人重屋，堂修七寻，堂崇三尺，四阿重屋。周人明堂，度九尺之筵，东西九筵，南北七筵，堂崇一筵，五室，凡室二筵。"

《考工记》对尺度问题，明确了设计的参考依据是使用的器材尺度，"室中度以几，堂上度以筵，宫中度以寻，野度以步，涂度以轨，庙门容大扃七个，闱门容小扃三个，路门不容乘车之五个，应门二彻三个。"几、筵是家俱，寻是人之两臂间尺度。东汉许慎《说文解字》："度人之两臂为寻，八尺也。"郑玄笺："八尺曰寻。或云七尺、六尺。"《大戴礼记·主言》："舒肘知寻。"《小尔雅》："度寻舒两肱也。"《史记·张仪传》："蹄间三寻。"《索隐》（索隐即索引）载："七尺曰寻。按，程氏瑶田云，度广曰寻，度深曰仞。皆伸两臂为度。度广则身平臂直，而适得八尺；度深则身侧臂曲，而仅得七尺。其说精巧，寻仞皆以两臂度之，故仞亦或言八尺，寻亦或言七尺也。"步是以人两足行走步幅为度量的单位，长度单位，历代不一，周代以八尺为一步，秦代以六尺，为一步。《史记·秦始皇本纪》载："舆六尺，六尺为步。"《荀子·劝学》："骐骥一跃，不能十步。"

《考工记》道："内有九室，九嫔居之。外有九室，九卿朝焉。"可见九嫔是天子的妻妾数量，为满足九妻妾居住要求，故有九室。又道："九分其国，以为九分，九卿治之。""王宫门阿之制五雉，宫隅之制七雉，城隅之制九雉。"雉是古代计算城墙面积的单位。长三丈、高一丈为一雉。《公羊传·定公十二年》道："五堵而雉。"《左传·隐公元年》道："都城过百雉。"注："三堵曰雉。"《考工记·匠人》之"王宫门阿之制五雉"，注曰："长三尺高一丈。"

《考工记》道："经涂九轨，环涂七轨，野涂五轨。"《疏》道，南北之道谓之经，东西之道谓之纬。经涂，指南北向道路。《说文》道："轨，车辙也。"《考工记》道："门阿之制，以为都城之制。"门与屋顶的制度与都城的制度一致。郑玄注："阿，栋也。"贾公彦疏："栋也者，谓门之屋，两下为之，其脊高五丈。"两人的言不同。《考工记》道："宫隅之制，以为诸侯之城制。"环城四角建高大围屏是诸侯之制。"环涂以为诸侯经涂，野涂以为都经涂。"用天子都城环城大道的尺寸作为诸侯南北大道的尺寸，用王畿野地大道尺寸作为公和王子弟都城大道的尺寸。

《考工记》记载农业水利工程："匠人为沟洫，耜（sì）广五寸，二耜为耦。一耦之伐，广尺深尺，谓之甽；田首倍之，广二尺，深二尺，谓之遂。""九夫为井，井间广四尺，深四尺，谓之沟。方十里为成，成间广八尺，深八尺，谓之洫；方百里为同，同间广二寻，深二仞，谓之浍。"沟、洫、甽、遂、井、成、同、浍都是农业水沟的等级名词。每种都有尺寸，不得越制。"专达于川，各载其名。凡天下之地埶，两山之间，必有川焉，大川之上，必有涂焉。凡沟逆地防谓之不行。水属不理孙，谓之不行。梢沟三十里，而广倍。"

与园和景有关者如："凡行奠水，磬折以参伍。欲为渊，购句于矩。"凡疏导积停的水，沟渠曲直交错。欲使水成渊，弯曲度要大于直角。"凡沟必因水埶，防必因地埶。"凡开沟一定要顺水的流势，凡筑堤一定要顺地势。"善沟者，水漱之；善防者，水淫之。"善于开沟的人善于用水势冲去障碍物。善于筑堤的人善于利用水淤积的泥土增厚堤防。"凡为防，广与崇方，其朒参分去一。"堤防工程，下面基础宽度与高相同。上面比底面减三分之一。"大防外朒。"凡大的堤防工程，随着下基增宽厚而外侧向上减薄的比例增大。"凡沟防，必一日先深之以为式，里为式，然后可以傅众力。"凡做堤防工程，必要用一天的试作进度作为每天工作量的标准，再计算出完成一里所需的人数和天数。"凡任索约，大汲其版，谓之无任。"凡用绳束版，若束得太紧，则跟没有用绳束版一样。"茸屋参分，瓦屋四分，囷、窌、仓、城，逆墙六分，堂涂十有二分，窦，其崇三尺，墙厚三尺，崇三。"草屋屋脊高度是进深的三分之一，瓦屋屋脊高度是进深的四分之一。圆仓、地窖、方仓、城墙，墙顶厚度减为墙高的六分之一。堂阶前的路，中间高出的尺寸是两旁宽度的十二分之一。宫中水道深三尺。墙厚与墙高比是：墙厚三尺，高三倍（九尺）。"车人之事，半矩谓之宣，一宜有半谓之欘，一欘有半谓之柯，一柯有半谓之磬折。"车人制作器物的事，直角的一半叫作宜，一宜半的角叫作欘，一欘半的角叫作柯，一柯半的角叫作折。

　　从礼乐的本意上看是礼节和音乐，但是，在建筑、规划、园林、室内等空间和形态设计方面，乐就不仅仅是音乐的乐（yuè），而是游乐的乐（lè）。礼讲的等级差别规定很多，因此，建筑规范很多。但是，乐的规范只有五音，或称五声：宫、商、角、徵、羽。五声最早出现于《周礼·春官》："皆文之以五声，宫商角徵羽。"五音最早见于《孟子·离娄上》："不以六律，不能正五音。"古代的定音方法称三分损益法。将一个八度分为十二个不完全相同的半音的一种律制。各律从低到高依次为：黄钟、大吕、太簇、夹钟、姑洗、中吕、蕤宾、林钟、夷则、南吕、无射、应钟。十二律又分为阴阳两类，凡属奇数的六种律称阳律，简称律，属偶数的六种律称阴律，简称"吕"，故十二律又简称"律吕"。阳律六：黄钟、太簇、姑洗、蕤宾、夷则、无射；阴律六：大吕、夹钟、中吕、林钟、南吕、应钟。在司马迁的《史记》"律书第三"中写道："……九九八十一以为宫。三分去一，五十四以为徵。三分益一，七十二以为商。三分去一，四十八以为羽。三分益一，六十四以为角。"意思是取一根用来定音的竹管，长为 81 单位，定为"宫音"的音高。然后，将其长去掉三分之一，也就是将 81 乘上 2/3，就得到 54 单位，定为"徵音"。将徵音的竹管长度增加原来的三分之一，即将 54 乘上 4/3，得到 72 单位，定为"商音"。再去掉三分之一（三分损），72 乘 2/3，得 48 单位，为"羽音"。再增加三分之一（三分益），48 乘 4/3，得 64 单位，为"角音"。而这宫、商、角、徵、羽五种音高，就称为中国的五音。虽然五音十二律定音严格，但是组合成乐曲则可千变万化，不像建筑的尺寸规定后不能越制。

第 3 节　礼乐与园林

《礼记·乐记》说："乐者天地之和也；礼者，天地之序也。和，故百物皆化；序，故群物皆别。乐由天作，礼以地制。过制则乱，过作则暴。明于天地，然后能兴礼乐也。"中国园林都是宅与园的复合体。宅讲究的是建筑规范多且执行严格，而园讲究的规范少且执行宽泛。古代建筑规范有《木经》《营造法式》《营造则例》《营造法原》。古代的园林规范没有，若说有就是《园冶》。而《园冶》的原则是：巧于因借，精在体宜。虽由人作，宛自天工。一个"宜"字概括了一切，并没有规定多少为宜。如厅堂"妙在朝南"，并没有讲是正南还是偏南，于是，各地根据当地情况各有所制。现代的建筑规范更是繁杂，有消防规范、给排水规范、电力规范，有中小学设计规范、住宅设计规范、高层建筑设计规范、公共厕所设计规范，有总体规划规范、居住区规范，而园林的规范极少，只有风景区规划规范、公园设计规范、城市绿地系统规范，其他都称为规定，如海绵城市技术规定等。

宅在建筑里面，是人流集中，共同使用同一个区域的空间，故要解决人与人之间关系，礼也。礼的程度取决于与周围人合作、分工、理解的程度；园在建筑外面，面积远大于室内，虽然共同处于一个空间，但是，都是解决人与景的关系。乐也。乐的程度取决于对功能空间的利用程度和对景物意与境的理解程度。宅是永久性构筑，是静止的，冰冷的，主静，令人厌倦。园就固定的，但是景物有位置移动的动物，也有位置不动而随四季变化的植物，也有时刻变化的云烟流水，故园林主动，引人入胜，激发运动和遐思。宅区的建筑因为功能的相近和连接，而多使用最短路线交接和中轴对称等布局手法，故称为主理；而园林景物之间远近有序列，前后有层次，故显出自由浪漫，故称为主情。宅为了多数人同时使用和代代连续使用，故具有尊卑贵贱，显出等级森严的纵向关系。园主仁、爱，贫富老少无别，皆可醉游于此。

北京紫禁城的结构就是朝—寝—园的复合体。中轴线上，前朝中寝和后园彰显礼乐复合的理念。前朝为太和殿、中和殿、保和殿，中寝为乾清宫、交泰殿、坤宁宫，后园为御花园。紫禁城四个花园各有所属。皇后居坤宁宫，后面的御花园自然以皇后使用为主；建福宫花园是乾隆做太子时的居所，重建后主要供皇帝自己使用，死后各种收藏都封存于此，至民国都未移动；慈宁宫花园是皇太后和皇太妃们礼佛和休闲的地方，皇帝每日到此问安。乾隆为了退休做太上皇不与儿子争宫殿，重构宁寿宫，成为太上皇时的小朝廷，在西部也建有一个花园。由此可见，皇帝、皇后、皇太后、太上皇各有宫殿，各有后花园（图 4-1）。内乡县衙也是由前署、中寝、后园（菊苑）构成（图 4-2）。

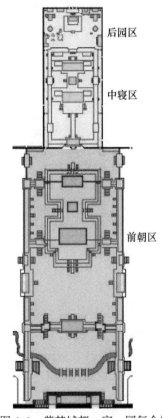

图 4-1　紫禁城朝 – 寝 – 园复合体

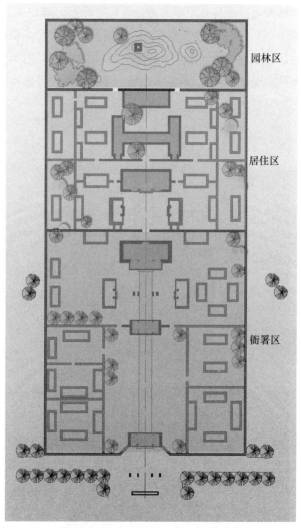

园林区

居住区

衙署区

图 4-2　内乡县衙署 – 寝 – 园复合体

私家园林也是，如拙政园前面（南面）的住宅有忠王府、张履谦宅、张之万宅，三家各有一路至三路不等。网师园东面是住宅万卷堂一路（轴线）三院落，狮子林的东面住宅为一路四进院落，西花园有庭院园林和花园园林两种，庭院园林由燕誉堂和小方厅以及后楼三进院落构成。耦园住宅有中间五路，东花园和西花园分别在东二路和西二路之前（南）。东一路和西一路各两个院落（天井），东二路和西二路各一个院落（天井）（图 4-3）。

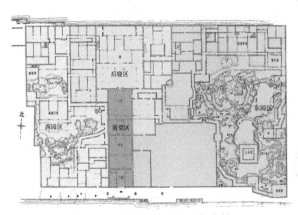

图 4-3　耦园堂寝 – 园 – 复合体

紫禁城的建筑空间要适应十分复杂的宫廷礼仪活动。依礼而制的办公区和居住区，依礼而行君臣之礼、父子之礼、夫妻之礼、同事之礼、妃嫔之礼，在活动上有婚嫁之礼、丧葬之礼、出生之礼、成人之礼、贺寿之礼、登基之礼、禅让之礼、加官之礼、进爵之礼、外交之礼、出征之礼、献俘之礼、国庆之礼、敬天之礼、祀地之礼、礼日之礼、拜月之礼、祭祖之礼，在建筑和空间上，有主次之礼、先后之礼、高低之礼、左右之礼、色彩之礼、尺度之礼、材料之礼、图案之礼、造型之礼、数术之礼、象天之礼、法地之礼。

民间的家族祠堂也是礼乐复合之地。天下第一家的孔府，前为府第，后为铁山园，据说是仿紫禁城之制。如梅州围龙屋，前有消防为主的池塘，后有龙息之地。最为豪华的是漳浦赵家堡，住宅的公共厅堂和家庙前有池塘为主的前花园，背后有山林为主的花园，左边是禹庙周边的花园，右边是以书院和武庙边的花园，四个方位，各有花园，全国仅有（图4-4）。

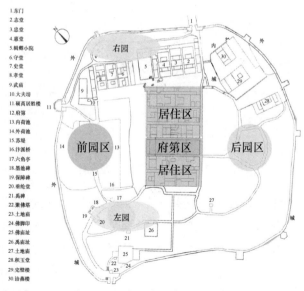

图4-4　赵家堡堂–寝–园复合体

寺院也是由寺区和园区构成。如皇家普宁寺，前为寺院，后为花园，内有北俱泸洲为中心构成山地园林。民间寺院如扬州大明寺，寺在东部三路，园在西部，有庭院园林的平山堂等，也有完整的园林（图 4-5）。书院中最为豪华的莫过于岳麓书院，它的中路是赫曦台、大成殿和御书楼，两厢有学斋。南面是时务轩、百泉轩、碑廊、碑亭、水池构成花园。

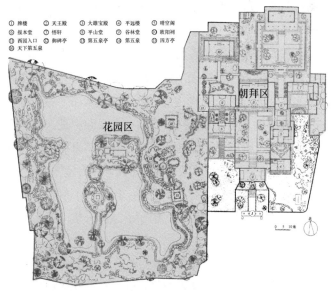

① 牌楼　② 天王殿　③ 大雄宝殿　④ 平远楼　⑤ 晴空阁
⑥ 报本堂　⑦ 憩轩　⑧ 平山堂　⑨ 谷林堂　⑩ 欧阳祠
⑪ 西园入口　⑫ 御碑亭　⑬ 第五泉亭　⑭ 第五泉　⑮ 四方亭
⑯ 天下第五泉

图 4-5　大明寺朝拜 – 花园复合体

前朝后寝本身就是一种礼，它反映了儒家先作后息的理念。中国人的游线设计，最前面的是入口广场，正中是办公行事空间，后面才是睡眠休息空间。紫禁城就是如此，省、府、州、县的衙门无不如此。现存在衙门河南衙署就是如此。

同样，前寝后园也是一种礼，中国人称花园为后花园，不管在住宅的东西南北，都是称为后花园。坤宁宫后面才是御花园。花园不可能放在太和殿前面，也不可能放在乾清宫前面。河南衙署园林也是放在办公区后面。拙政园的住宅在前面，留园也是如此。退思园的园林在住宅的东面，准确地说是东花园，但从游线来说，先进宅后进园，故也是后花园。耦园的东面和西面各有一个花园，也是先从中轴线进入住宅后，再进入东园或进入西园。网师园的花园也是北西两面。两条游线，一是主人家眷从住宅后先进入北面的园林梯云室、梯云楼，然后从北面曲廊进入西花园的五峰书屋、集虚斋和看松读画轩。而外宾只能从万卷堂办事后，在主人引导下，从西偏门进园，经琴室、蹈和馆、小山丛桂轩、殿春簃、看松读画轩、集虚斋、射鸭廊、五峰书屋，再进入北园的云窟、梯云室、梯云楼，最后从后门出园。

可以说，宅是礼制规范最多的全人工建筑和院落空间，礼制规范反映了建筑规范、规划规范、交通规范、上下水规范、照明规范、居住规范、生产规范、办公规范。园是礼制较少的半自然半人工空间山水和场地空间，以人工堆的山和人工理的水为骨架，适当地点缀亭台楼阁，用廊道连接。点景题名的意是人为的意，连堆山理水的格局也是人为的意。纵有象天法地之法，也是趋利避害地运用了对人类有利的吉地，并借景于周边的环境。自然风景区是礼制更少，以自然为骨架，点缀人文意念的亭台楼阁的半自然半人工空间。这些亭台的命名就代表了人类的意图。意是人的意，境是自然的境，故人境必须顺应自然之境。因为每天有人的进出，故就有了人为规定的游线，有了先后、范围、辖区等人类城市中遇到的问题。若要正常地旅游，体味最多最深的意境，则一定要遵循风景区旅游规范。

只有自然保护区才是无人区，没有人类的痕迹，没有人类的意图，人类的干扰为零，其境纯属野境。野境有沙漠、原始森林、无人岛等地。因为没有人的意，也就没有先后礼制。

沧浪亭的五百名贤祠东月洞门砖题："周规折矩"，这是儒家伦理道德式题咏，典出《礼记·玉篇》："周还中规，折还中矩。"规是画圆的工具，矩是画方的工具，在此比喻建筑五百名贤祠内供奉的五百名贤，皆能遵守儒家的礼仪法度。

留园的又一村有联："甘守清贫，力行克己；厌观流俗，奋勉修身"，说的是宁清贫而克己修身，而不愿同流合污。而作为孔子弟子的曾点和颜回，因严守儒道而得后世敬仰，网师园的濯缨水阁有联："曾三点四，禹寸陶分"，说的是曾点每日三省吾身,颜回一生恪守"四勿"。《论语·学而》曾点回孔子话:"吾日三省吾身……为人谋而不忠乎?"《论语·颜渊》道:"子曰:'非礼勿视,非礼勿听,非礼勿言,非礼勿动。'颜渊曰'回虽不敏,请事斯语矣。'"留园的贮云庵有一联:"儒者一出一入有大节,老僧不见不闻为上乘。"说的也是儒家的礼节,当然也把佛家与儒家相融和(王其亨、官嵬,礼乐复合制度之下的居住图式,松绘阴森绿映筵,可知风阙有壶天——清代皇家内廷园林研究,官嵬,天津大学硕士毕业论文)。

第**5**章 君子比玉——玉玲珑

第1节 玉五德、玉九德与玉十一德

玉不雕不成器,是说明玉石与玉器的关系。"宁为玉碎,不为瓦全",说明民族气节。"化干戈为玉帛"表示团结友爱。"润泽以温"的无私奉献品德;"瑕不掩瑜"的清正廉洁气魄。

玉的稀少和光泽的独特, 被赋予神圣的意义。首先就是玉图腾。《拾遗记》卷一《少昊》记载, 少昊的母亲皇娥在少女时乘木筏在西海之滨的穷桑之地, 吃了高达千寻的孤桑树的果实, 又遇到神童"白帝之子", 即"太白之精", 与他嬉戏海上。他们用桂树作旗杆, 将董茅草结于杆上作旗帜,用玉石雕刻成鸠鸟的形态, 装饰在旗杆顶上, 即"刻玉为鸠, 置于表端"。皇娥生下了少昊, 称号叫"穷桑氏", 也叫"凤鸟氏", 而且属少昊的各族有元鸟氏、青鸟氏、丹鸟氏、祝鸠氏、鸣鸠氏、鹘鸠氏。

传说炎帝时曾"有石磷之玉，号曰夜明，以之投水，浮而不下"，其实这是一种磷光效应，却被时人奉为圣德之兆。《拾遗记·轩辕黄帝》中记载他曾"诏使百辟群臣受德教者，先列圭玉于兰蒲，席上燃沈榆之香，舂杂宝为屑，以沈榆之胶和之为泥以涂地，分别尊卑华戎之位也。"黄帝已建立了圭玉制度。唐尧是圣德之主，传说他得到了刻有"天地之形"的玉版；夏禹治水，奏万古奇功，皆因他得到"蛇身之神"传授玉简。

由此可见，玉在早期文明中促进了社会的进步，玉器器形的发展也代表了玉文化的演化。玉的一些原始认识催化了国家意识的产生。玉器的考古发现和《山海经》和《尚书》的描述证明了玉图腾作为氏族和部落的象征，代表了一个群体共同意志。

玉是天地之精，能化生万物。《周礼正义》引郑注曰："货，天地所化生，谓之玉也。金玉并天地所化生，自然之物，故谓之货。"此外《白虎通义·考黜篇》《财货源统》和《玉纪》等均有相同论述。

古人认为玉具有超自然的力量，使用玉可以增加精神上和心理上的抵抗力量，防止邪气侵袭。《拾遗记·高辛》记载："丹丘之地有夜叉驹跋之鬼，能以赤马瑙为瓶盂及乐器，皆精妙轻丽，中国人有用者，则魅不能逢之"。同时古人认为玉有使人长生不老的功能，相信通过食玉和服用玉类可以永葆青春。道家有关于玉的专门法术，东晋葛洪著《抱朴子》的《仙药》卷道:"玉亦仙药,但难得耳。"又说:"服金者寿如金,服玉者寿如玉。"等等。

玉能代表天地四方及人间帝王,能够沟通神与人的关系,表达上天的信息和意志,是天地宇宙和人间福祸的主宰。在古文字中,"玉"字并没有一点,和帝王的"王"共用一个字。《说文解字》段注解释帝王的"王"字时,认为王者即"天下归往也。"董仲舒也说:"古之造文者,三画而连其中,谓之王。三者,天地人也。而参通之者,王也。"《说文解字》段注解释玉的字型为"三玉之连贯也",即三横一竖象征一根丝线贯穿着三块美玉。另"皇"字则是"白"和"玉"的组合。玉与帝王一样是成为主宰,它能沟通天、地、人三者,故《周礼·大宗伯》记载以玉作六器,以礼天地四方。

玉由于难得和稀有,成为当时人们为数不多的奢侈品之一,是权力、地位、财富的象征。为了得到这些东西,便开始了掠夺和占有。谁掠夺和占有的越多,谁的地位就越高。这个过程逐步演化,人与人之间就产生了奴役和被奴役的关系,于是就产生了统治与被统治的关系。随着采玉和凿玉技术的进步,用玉等级化越来越完善。春秋战国就有"六瑞"的使用规定,六种不同地位的官员使用6种不同的玉器,即所谓"王执镇圭、公执桓圭、侯执信圭、伯执躬圭、子执谷璧、男执蒲璧";从秦朝开始,皇帝采用以玉为玺的制度,一直沿袭到清朝;唐代明确规定了官员用玉的制度,如玉带制度。

《考工记》把玉分出镇圭、命圭、桓圭、躬圭等类型，并规定了具体的级别、类型和用法："玉人之事，镇圭尺有二寸，天子守之；命圭九寸，谓之桓圭，公守之；命圭七寸，谓之信圭，侯守之；命圭七寸，谓之躬圭，伯守之。天子执冒四寸，以朝诸侯。"《考工记》又规定了天子、上公、侯、伯、继子所用图案的差别："天子用全，上公用龙，侯用瓒，伯用将，继子男执皮帛。"

"天子圭中必，四圭尺有二寸，以祀天；大圭长三尺，杼上终葵首，天子服之；土圭尺有五寸，以致日、以土地；裸圭尺有二寸，有瓒，以祀庙；琬圭九寸而缫，以象德；琰圭九寸，判规，以除慝，以易行；璧羡度尺，好三寸，以为度；圭璧五寸，以祀日月星辰；璧琮九寸，诸侯以享天子；谷圭七寸，天子以聘女；大璋中璋九寸，边璋七寸，射四寸，厚寸，黄金勺，青金外，朱中，鼻寸，衡四寸，有缫，天子以巡守。宗祝以前马，大璋亦如之，诸侯以聘女。瑑圭璋八寸。璧琮八寸，以覜聘。牙璋中璋七寸，射二寸，厚寸，以起军旅，以治兵守。驵琮五寸，宗后以为权。大琮十有二寸，射四寸，厚寸，是谓内镇，宗后守之。驵琮七寸，鼻寸有半寸，天子以为权。两圭五寸有邸，以祀地，以旅四望。瑑琮八寸，诸侯以享夫人。案十有二寸，枣栗十有二列，诸侯纯九，大夫纯五，夫人以劳诸侯。璋邸射素功，以祀山川，以致稍饩。"中必、大圭、土圭、裸圭、琬圭、琰圭、璧羡、圭璧、璧琮、大璋、边璋、瑑圭璋、璧琮、牙璋、驵琮、大琮等都有各自用途。

　　许慎《说文解字》提出玉有五德:"玉, 石之美者, 有五德: 润泽以温, 仁之方也; 鰓理自外, 可以知中, 义之方也; 其声舒扬, 专以远闻, 智之方也; 不挠而折, 勇之方也; 锐廉而不忮, 洁之方也。"柔润、光泽而又温和, 如人之仁; 纹理如人之义; 声音舒缓悠扬如人之智; 宁断不曲如人之勇; 棱角而不伤人如人洁行。

　　《管子·水地》提出玉有九德, 道:"夫玉者之所贵者, 九德出焉。夫玉, 温润以泽, 仁也; 邻以理者, 知(即智)也; 坚而不蹙, 义也; 廉而不刿, 行也; 鲜而不垢, 洁也; 折而不挠, 勇也; 瑕适毕见, 精也; 茂华光泽并通而不相陵, 容也; 叩之其音清搏彻远纯而不杀, 辞也。是以人主贵之, 藏以为宝, 剖以为符瑞, 九德出焉。"在仁、智、义、洁、行、勇上, 增加精、容、辞。

　　《礼记·聘义》载, 子贡问于孔子曰:"敢问君子, 贵玉而贱珉者何也? 为玉寡而珉之多与?"孔子曰:"非为珉之多故贱之也, 玉之寡故贵之地。夫昔者, 君子比德于玉焉。温润而泽, 仁也; 缜密以栗, 知也; 廉而不刿, 义也; 垂之如坠, 礼也; 叩之, 其声清越以长, 其终绌然, 乐也; 瑕不掩瑜, 瑜不掩瑕, 忠也; 孚尹旁达, 信也; 气如白虹, 天也; 精神见于山川, 地也; 圭璋特达, 德也; 天下莫不贵者, 道也。《诗》曰:'言念君子, 温其如玉', 故君子贵之也。"孔子十一德与许慎五德和管子九德差异较大。仁、智、义三者相同，而增加礼与乐、忠与信、天与地、道与德，恰好是四对伦理范畴。

把君子与玉相配，源于《礼记·聘义》，"夫昔者君子比德於玉焉，温润而泽仁也。"荀子和管子与孔子在比德上一致，《荀子·法行》道："子贡问于孔子曰：'君子之所以贵玉而贱珉者，何也？'孔子曰：'恶！赐是何言也？夫君子岂多而贱之，少而贵之哉！夫玉者，君子比德焉。'"

在古代，"君子无故，玉不去身"，所谓君子，是指有道德、有担当、有社会责任感的"大人"。古代的君子之所以一定要佩玉，是因为玉不仅是大自然的精华，还具备君子一般的品德，所以古语说："君子比德于玉焉。"

玉文化包含着"宁为玉碎"的爱国民族气节；"化为玉帛"的团结友爱风尚；"润泽以温"的无私奉献品德；"瑕不掩瑜"的清正廉洁气魄。玉貌、玉体、玉女、玉容等形容为自己喜爱之物。又如仙人喝的饮品有"玉浆"之称，仙人的居处称"玉楼"，"玉皇""玉帝"则是指最高的天帝。月亮也因人间造化而有"玉轮"之誉；四季风调雨顺是应了人君德美，所以叫"玉烛"。

第2节　和氏璧与传国玉玺

战国刘向《战国策》记载："周有砥厄，宋有结绿，梁有悬愁，楚有和璞。"和璞即和氏璧，璞是没有经过琢磨的玉。和氏璧的最早记载，见于《韩非子》《新序》等书。说是在春秋时期，楚国有个叫卞和的琢玉能手，在荆山（今南漳县巡检山区玉印岩，传为卞和得玉处）得璞玉，去见楚厉王。厉王请王室的玉工检查后说是石头。厉王大怒，砍去卞和的左脚。厉王死，武王即位，卞和再次晋见，王室玉工执故说，卞和因此又失去了右脚。武王死，文王即位，卞和抱着璞玉在楚山痛哭三天三夜，泪化为血。文王得知后派人问询，卞和说：我并不是哭我被砍去了双脚，而是哭宝玉被当成了石头，忠贞之人被当成了欺君之徒，无罪而受刑辱。于是，文王命人剖开这块璞玉，见真是稀世之玉，命名为和氏璧。

战国时此玉被赵惠文王所得，此事为秦昭王得知，他表示愿用十五城换和氏璧。赵王因国力不如秦国而担忧，文臣蔺相如受使送玉换城。蔺相如到秦国大殿献璧后见秦王无意给城，就借指出和氏璧的瑕疵而抱玉欲撞墙，秦王才拿出地图随手指画十五城。蔺相如要求秦王斋戒五日后受玉，却于当晚派人自盗送回赵国，史称完璧归赵。秦王发现被戏弄然无可奈何，此事不了了之。

据《史记》记载，秦王统一天下，于九年以和氏璧制造了御玺，命丞相李斯篆书"受命于天，既寿永昌"八字，形同龙凤鸟之状，咸阳玉工王孙寿将和氏之璧精研细磨，雕琢为玺。代代相传，因此称为"传国玺"。刘邦灭秦得天下后，子婴将御玺献给了刘邦，御玺成为"汉传国宝"。王莽篡汉时，曾派人向自己的姑姑汉孝元太后王政君索要传国玉玺，当时王政君大怒将玉玺砸在地上，致使传国玉玺还崩碎了一角，后以金补之，从此留下瑕痕。到汉末献帝时，董卓作乱。孙坚率军攻入洛阳，兵士见宫中一井有五彩云气，遂使人入井，得传国玺。孙坚将玺秘藏于妻吴氏处。后袁术拘孙坚妻，夺玺。袁术死后，荆州刺史徐璆携玺至许昌，时曹操挟汉献帝在此，至此，传国玺又归汉室。220 年，曹丕篡权，逼献帝禅让，汉亡。曹丕使人在传国玺肩部刻下隶字"大魏受汉传国玺"。265 年，司马炎同样篡权，称晋武帝，传国玺归晋。311 年，前赵刘聪虏晋怀帝司马炽，玺归前赵。329 年，后赵石勒灭前赵，得玺，在右侧加刻"天命石氏"。350 年，再传冉魏，后冉魏乞求东晋军救援，传国玺为晋将领骗走，并以三百精骑连夜送至首都建康（今南京），这样，传国玺重归晋朝司马家。在南朝，传国玺历经了宋、齐、梁，陈的更迭。大隋一统华夏，传国玺遂入隋宫。618 年，隋亡。萧后携皇孙政道携传国玺遁入漠北突厥。

唐初，太宗李世民因无传国玉玺，乃刻数方"受命宝"、"定命宝"等玉"玺"，聊以自慰。唐贞观四年，李靖率军讨伐突厥，同年，萧后突然与皇孙政道返归中原，传国玺归于李唐。唐末，天下大乱，907 年，朱全忠废唐哀帝，夺传国玺，建后梁。923 年，李存勖灭后梁，建后唐，传国玺也随着到了后唐。

最后一个掌握"和氏璧"的皇帝是五代后唐末帝李从珂，936 年后晋石敬瑭攻陷洛阳前，他和后妃在宫里自焚，所有御用之物也同时投入火中。传国玺从发现和氏璧始，传至唐末，计一千六百余年，自此"和氏璧"神秘失踪，其下落众说纷纭，莫衷一是。

后周太祖郭威时，遍索全国不得，无奈自镌"皇帝神宝"等印玺两方。宋太祖"陈桥兵变"受禅后周。因传国玺是"天命所归""祥瑞之兆"，因此，在宋、元、明、清，均有"传国玺"不断问世。

宋哲宗绍圣四年（1097 年），咸阳县民段义在河南乡掘地得一宝印，色绿如蓝，温润而泽。次年正月送至京师，经蔡京等辨识，确认为秦制传国玺。三十年后，金俘徽宗、钦宗二帝，宝玺也被金人掳去。

元世祖至元年间，太师国王之孙、通政院使硕得死后，妻子病重，儿子只有九岁，家境艰难，遂以家藏的一块宝玉托御史台通事阔阔术拿到市上出售，因非寻常物制，无人敢买，后为权相伯颜命人购得。只见"乃黝玉宝符，其方四寸，螭纽交蟠，四可边际，中洞横窍，其篆画作虫鸟鱼龙之状"，经监察御史杨桓辨认，刻文为"受命于天，既寿永昌"。于是又被确认为秦玺。但伯颜曾将元朝收缴各国之历代印玺统统磨平，分发给王公大臣刻制私人印章。传国玉玺亦恐在其中而遭不测。

明初朱元璋得天下，闻道元顺帝携玉玺逃往大漠，遣徐达率兵数十万入漠北夺宝。大臣解缙还为此上表请罢兵戎，以利百姓生息。后来李文忠二次远征，俘虏了元后妃和诸王，也得到了诸多宋元玉玺，但却未见传国玉玺。

后来有位牧羊人在草原上发现玉玺，献给元顺帝的后人博硕克图汗，漠南的南蒙古察哈尔部林丹汗率二十万大军夺得玉玺。

明弘治十三年，鄠县（今户县）毛志学在泥河滨得传国玺，由陕西巡抚熊羽中呈献明孝宗皇帝。但孝宗疑其伪"却而不用"。明末，相传由元顺帝带入沙漠的传国玺竟被后金太宗于"上年八月得元代传国玺于元裔林丹汗之苏泰太后"，太宗由此"乃定立国计"，改"金"为"清"国号。清天聪九年（1635年），后金皇太极派他的弟弟多尔衮西征察哈尔，林丹汗之子额哲献传国玺投降。但皇太极得玺见文为"制诰之宝"四字。据考证是汉元帝命昭君和番时送给匈奴王的羊脂玉玺。但皇太极还是对外宣称得到传国玉玺，并正式改国号为清。清朝乾隆年间，紫禁城内交泰殿三十九颗玺，正中者篆刻着"受命于天，既寿永昌"八字。1746年乾隆皇帝钦定二十五宝时，把它确定为赝品。（《日下旧闻考》卷14《国朝宫室》）

近代辛亥革命推翻清朝，民国成立，清廷退位，民国十三年（1924年）11月，末代皇帝溥仪被冯玉祥驱逐出宫，带走"制诰之宝"玉玺。冯将军领鹿钟麟等人曾追索此镶金玉玺未得。溥仪从伪满洲国皇帝变成战犯押往前苏联，又转押回国，玉玺随身藏于皮箱的夹层中。直到抚顺战犯所，他才将宝玺交给了国家。遗憾的是这并不是那和氏璧所做成的玉玺。

第 3 节　玉之景——艮岳玉石到玉玲珑

园林用石与赏石文化始于何时？宋赵伯驹绘制的《汉宫图》显示，除太液池三神山外的宫殿外配置的山石，可能这就是最早的园林用石。《西京杂记》载梁孝王刘武的兔园"有百灵山，山有肤寸石、落猿岩、栖龙岫"等奇石。三国魏文帝芳林园则曾置有"五色大石"；《宋史·戴逵传》记载，南朝宋戴逵宅园是"聚石引水，植树开涧，少时繁密，有若自然"。《南史·齐文慧太子传》载南朝齐贵族"多聚异石，妙极山水"。梁武帝之华林苑曾陈设"长丈六尺"的"奇礓石"。而《渔阳公石谱》载江南陈后主有石"径长尺余，前耸三十六峰""中凿为研（按通砚），取名研（砚）山"，记录的则是南朝陈后主以异石为砚，将观赏和使用价值合并为一，移至殿内随时观赏。

唐代文人对奇石的歌咏，掀起了园林置石和赏石热潮。李白、杜甫、王维、韩愈、柳宗元、刘禹锡、皮日休、陆龟蒙、白居易等人都对奇石有赞咏，而以白居易最为突出。牛僧孺和李德裕都曾为相，搜罗各地名石布列于洛阳宅第别墅中［（唐）李德裕，《平泉山居诫子孙记》］，牛僧孺造园之后，特请白居易为之写园记，而白居易则以园林太湖石为题，写下《太湖石记》。此记从外形、质地及色泽的晴雨变化等方面对太湖石的观赏和描述，在社会上引起广泛影响，大开了中唐之后文人士大夫赏石和咏石的风气。李德裕在洛阳造平泉庄，采天下珍木怪石造自家园林之时，也曾进贡"大余之宝"（按：瑰奇之石）于唐武宗（841—846年）。[（宋）杜绾，《云林石谱》孔传题序] 李昭道《长安曲江图》所绘曲江池旁的皇苑独立太湖赏石。奇异之石成为继假山之后，在皇家宫苑中出现的新的单体观赏石。[韩光辉、陈喜波，皇家宫苑赏石文化流变研究，北京大学学报（哲学社会科学版），2004年9月第41卷第5期]

宋代《宣和石谱》和《云林石谱》以及与石料有密切关系的砚谱书的不断出现，表明宋代赏石成为文人园的普遍现象，地方官员和文人学士如米芾、苏轼、欧阳修、黄庭坚、范成大等喜好奇石，对奇石的兴趣益加浓厚。米芾的相石四字诀：秀、瘦、皱、透代表了当时观赏奇石的最高水平。在士大夫私家园林中叠置假山、布列奇石甚为盛行。宋徽宗亲自督建的艮岳，《艮岳记》载"按图度地，庀徒僝工，累土积石"，"取浙中珍异花木竹石以进，号曰花石纲，专置应奉局于平江，所费动以亿万计，调民搜岩，剔薮幽隐"，"斫山辇石，虽江湖不测之渊，力不可致者，百计以出之至，名曰'神运'。舟楫相继，日夜不断"，"大率灵璧、太湖诸石，二浙奇竹异花，登莱文石，湖湘文竹，四川佳果异木之属，皆越海度江凿城郭而至"。[（元）脱脱，《宋史·佞幸·朱勔传》] 因有"竭府库之积聚，萃天下之伎艺"和"真天造地设神谋化力，非人力所能为"之说，足见艮岳修造工程之大、耗资之巨。[（元）脱脱，《宋史·佞幸·朱勔传》]

祖秀《华阳宫记》记载，"筑岗阜，高十余仞，增以太湖灵璧之石，雄拔峭峙，巧夺天造"，道路左右林立巨石百余，均为徽宗"瑰奇特异瑶琨之石"以"神运昭功""敷庆万寿"名之。"神运昭功石"为太湖石，广百围，"高四丈，载以巨舰，役夫数千人，所经州县，有拆水门、桥梁，凿城垣以过"[（元）脱脱，《宋史·佞幸·朱勔传》]，立于道中，筑亭以庇之，并勒三丈碑，御制亲书纪文以记之。庆云万态奇峰则是安徽灵璧县进贡的一块高二十余尺的灵璧石。其余赏石或若群臣入侍，或战栗若敬天威，或奋然而趋，又若伛偻趋进，"怪状余态，娱人者多矣"。"其他轩榭亭径各有巨石，棋列星布，并与赐名。"艮岳中有品题的六十五块赏石，见于记载的有：朝升龙、万寿老松、衔日、吐月、坐狮、金鳌、叠翠、积雪、老人、玉京独秀等 [祖秀《华阳宫记》与蜀僧祖考《宣和石谱》，见（明）陶宗仪《说郛》卷 68 和卷 16]，除"神运昭功石"饰以金字外，其余观赏石皆以青黛画列其名。

宋徽宗首开以玉名石的先例，被他赐予玉名的艮岳奇石达十二，约占六分之一。"玉京独秀太平岩"概以秀而名，玉京形容京城如玉。"金鳌玉龟"，形似玉龟。"矫首玉龙"形容石如玉龙。"玉麒麟"形容石如玉麒麟。"玉秀"指如玉之秀,"玉窦"指如玉含孔洞。"溜玉"指石表光溜顺滑。"喷玉"指石形和纹理如喷涌之态。"蕴玉"指石内蕴藏着万千景象。"琢玉"指石表可见雕琢之痕。"积玉"指石形由若干景象堆积而成。"叠玉"指石体上下分层而叠。

靖康元年(1126 年),"周十余里,运四方奇花异石置其中,千岩万壑,麋鹿成群,楼观台殿不可胜记"[(清)毕沅,《续资治通鉴》卷 945《宋纪九十四》]的艮岳名园便因"围城日久,拆屋为薪,凿石为炮"(附录《金虏图经·京邑·宫室》)的战火而被破坏了。金海陵王"先遣画工写京师(按指汴京)。至于阔狭修短,曲画其数,授之左相张浩辈按图修之",迁都中都。金中都营建除"一依汴京制度",并"择汴京窗户刻镂工巧以往"(《说郛三种》,上海:上海古籍出版社,1988)及按《揽辔录》调诸路夫匠施工之外,"其屏窗牖皆破汴都辈至于此"琼华岛"踞太液池中,奇石叠垒而成,皆当时辇致艮岳之遗也"[(清)鄂尔泰,张廷玉,《国朝宫史》卷 16《宫殿·西苑下》,北京:北京古籍出版社,1987],"宸妃尝与主(按指章宗)同辇过御龙桥,见石白如雪,归而爱之,白国主,于苏山(《南迁录》作蓟山)至,筑岩洞于芳华阁(前),凡用工二万人,牛马七百乘,道路相望"[(宋)宇文懋昭,《大金国志校证》卷 19《章宗纪上》,崔文印校证,北京:中华书局,1986]。仁智殿前仍"有二太湖石，左曰'敷锡神运万岁峰'，右曰'玉京独秀太平岩'"[（元）脱脱，《金史》卷 25《地理志》，北京：中华书局，1977]。据《辍耕录》记载，元代琼华岛万岁山"皆垒玲珑石为之，峰峦隐映，松桧隆郁，秀若天成"。其他地方，如奎章阁有灵璧石，隆福宫和兴圣宫西均有假山，隆福宫假山南池畔多立奇石曰小蓬莱等。除琼华岛万岁山奇石集中外，宫苑各处亦按照空间点缀的需要分别置有各类观赏石和假山。原中都旧城宫苑区残存的观赏石及至元二年（1265 年）雕成的"渎山大玉海"储酒玉瓮和至元三年（1266 年）制成的"五山珍御榻"均被陆续集中放置到琼华岛及其宫殿中来。[（明）宋濂，《元史》卷 5《世祖纪》，北京：中华书局，1976]。至元初期成为金中都宫苑奇石向甚至到元成宗大德初，宫内广源库官员出售杂物，还发现有库存的"灵璧小峰，长仅六寸，高半之。玲珑秀润，所谓卧沙、水道、展摺、胡桃纹皆具。于峰之顶有白石正圆，莹然如玉"，上有宋徽宗御题"山高月小，水落石出"。[（清）于敏中，《日下旧闻考》卷 325《宫室》，北京：北京古籍出版社，1981] 明宣宗时王直《记略》记载："山下一石曰庆云，奇峰万变，盖艮岳之绝奇者。又有康干者；康干，国名。石乃松木入河，水浸渍久而成者，其木理宛然。"康干石是外国进贡硅化木化石，也是玉石的一种。按《朝鲜李朝实录中的中国史料》（第十一册）记载：乾隆四十五年（1780 年）四月，朝鲜使臣黄仁点曾目睹"五龙亭挟宫墙数里之间，左右堆积者，无非太湖石，石皆奇古，而玲珑嵌空，大小不一，一块非一车所可运。问诸彼人，则皆是新造寺观所装点之物"。

玲珑本意为娇小灵活，指物体精巧细致，也指人灵巧敏捷。玲珑二字皆从玉旁，喻物之如玉形态和品质。其一为玉之清越之声，其二为玉之明彻，其三为玉之精巧结构，其四为玉之内纹理和孔洞之空间连贯灵活。

以玲珑形容石者，最早的是《辍耕录》载元代琼华岛万岁山"皆垒玲珑石为之""灵璧小峰，长仅六寸，高半之。玲珑秀润"。清代按《国朝宫史》"永安寺为金源琼华岛（按实为元初命名，如前所述），踞太液池中，奇石垒累而成，皆当时辇致艮岳之遗也"，依然是"奇石万垒，岩壑玲珑"的景观。乾隆《御制白塔山总记》和《御制塔山南面记》，塔山"玲珑窈窕，刻峭摧，各极其致，盖即所谓移艮岳者也"（卷265《国朝宫室》、卷675《西苑六》）。《朝鲜李朝实录中的中国史料》记载的北海北岸太湖石，"石皆奇古，而玲珑嵌空"。《国朝宫史》，用玲珑形容太湖石。"漪澜堂之后，奇石万叠，岩壑玲珑，石洞攀援出山顶，有亭，为折扇形。"画舫斋之右，池上架石梁，构廊其上，曲折达于西室。匾曰："小玲珑"，室内匾曰："得真趣"，联曰："有怀虚以静，无俗窈而深。"又曰："雨后峰姿都渥若，风前竹韵特悠然。"御制赋得小玲珑诗（己卯）："洞房通窈窕，虚牖纳嶙峋。于小偏得趣，惟清不受尘。光含月淰淰，质拟玉璘璘。暮遇苏公买，仇池可结邻。"建福宫假山上"山左右有奇石"，西曰"飞来"，东曰"玉玲珑"。《日下旧闻考》形容琼华岛石洞，"拾级，左右各为洞，玲珑窈窕，刻峭摧嵝，各极其致，盖即所谓移艮岳者也"。"乾隆二十七年御制《雪中漪澜堂》诗：昨吟琼岛兆佳阴，喜罩祥霙塔影森。太液漪澜虽迟去声待，金山消息已侵寻是处肖浮玉为之，向有诗。千岩素镂玲珑窍，万木葩生清净林。"宫室元三载"直仪天殿后桥之北有玲珑石"。

班固《东都赋》："凤盖棽丽，龢銮玲珑。"李善注引《埤苍》："玲珑，玉声。"左思《吴都赋》道："珊瑚幽茂而玲珑"，指海中珊瑚石。李白《玉阶怨》道："却下水晶帘，玲珑望秋月"，形容水晶做的窗帘。因为玉的形、色、声、结构，因此衍发的玲珑之景亦多。唐贾岛《就峰公宿》诗："残月华晻暧，远水响玲珑。"扬雄《甘泉赋》："前殿崔巍兮，和氏玲珑。"李善注引晋灼曰："玲珑，明见兒也。"而此处指和氏璧的玲珑，第一次把玉与玲珑联系在一起。南朝宋鲍照《中兴歌》之四："白日照前窗，玲珑绮罗中。"玲珑指服装。唐邵楚苌《题马侍中燧木香亭》诗："树影参差斜入檐，风动玲珑水晶箔。"

沧浪亭之翠玲珑是一个小建筑，又名竹亭，顾名思义，环抱于竹林之中，南宋绍兴年间就有其名，取苏子美诗"秋色入林红黯淡，日光穿竹翠玲珑。"可见苏子美是第一个把竹与玲珑配对。玉有翠玉，以色、斑、纹而见爱。故竹名之玲珑，概以竹色之翠绿、竹影摇空、竹声之清越，得玉之形态。

　　清末水利部长麟庆是爱园之人，其北京宅园半亩园位于弓弦胡同。园中筑有玲珑池馆。"半亩园"几次易手，还曾被比利时天主教会怀仁学会占用。中华人民共和国成立后半亩园收为国有，为建楼房，于1984年被全部拆除。北京园博会中的园林博物馆，按麟庆的《鸿雪因缘图记》的半亩园图进行了复原，平面呈十字形亭，筑于叠石之上，四面有水，东西两端有桥与两侧建筑相通，其北面与云荫堂互为对景，南面可欣赏叠石、溪水。

　　拙政园之玲珑馆是枇杷园的主体建筑，坐东朝西（图5-1）。东面为庭院，院中一汪水池，池南为听雨轩。馆前（西）原置有玲珑剔透的太湖石峰，后不存。现在其北面假山之麓尚留存一些峰石，馆侧栽有凤尾细竹。与建造沧浪亭苏舜钦的诗"月光穿竹翠玲珑"之意境相合，馆即得名于翠竹美石。卵石铺地，环境清幽洁静，为闲居读书之佳处。故馆内正中悬有"玉壶冰"的横匾。匾名摘自南朝鲍照"清如玉壶冰"之诗句，以喻心境。馆内窗格纹样及庭院铺地均用冰裂纹图案，与竹影相映。玉壶冰额两侧为修复古园张之万题写的楹联："曲水崇山，雅集逾狮林虎阜；莳花种竹，风流继文画吴诗"。馆内还挂有晚清王文治所撰一联："林阴清和，兰言曲畅；流水今日，修竹古时"。

图 5-1　拙政园玲珑馆（作者自摄）

萃锦园之花月玲珑在方湖的北岸。五间轩馆，名为澄怀撷秀，也叫花月玲珑（图 5-2）。屋前有海棠数株，每年暮春海棠花开，主人带领全家到此赏花，故又名"海棠轩"。恭王府的海棠在京城十分有名，东耳房为"韬华馆"，西耳房已不存在。花月玲珑一指白天赏海棠花，二指晚上赏月亮。花玲珑，月也玲珑。

图 5-2　萃锦园花月玲珑（作者自摄）

余荫山房之玲珑水榭位于园林东部的正中（图5-3）。平面八角，以示八卦，八个方向各有景观。八角亭后金柱间装有透雕。亭周边环水，故称水榭，与国内长方形水榭的风格截然不同。前柱联云："每思所过名山，坐看奇石皴云依然在目；漫说曾经沧海，静对明漪印月亦足莹神"。

图5-3　余荫山房玲珑水榭（作者自摄）

玲珑，一指格局八面玲珑，二指奇石玲珑，三指印月玲珑，四指透雕玲珑。

《浪迹丛谈》所言小玲珑山馆等。清代著名藏书家马曰琯、马曰璐的藏书楼名。玲珑，玉声。取之于班固《东都赋》："和銮玲珑，天官景从。"又谓马氏因得甘泉县令龚鉴赠玲珑石而命名。因另一藏书家顾湘亦有玲珑山馆，马氏遂命名为"小玲珑山馆"。

马曰琯（1688—1755年），字秋玉，号懈谷，祖籍安徽祁门，迁居江都（今江苏扬州）。以盐业起家，成巨富。与弟马曰璐（字佩兮，号半槎）互相师友，俱以诗名，时人称之为"扬州二马"。宾礼海内贤士，慷慨好义，名闻四方，一时名流如厉鹗、全祖望、陈章、陈撰、金农等均馆于其家。或吟咏切磋，或借书抄读；两兄弟酷嗜典籍，家有丛书楼、小玲珑山馆以藏书。见古本秘籍必重价购之，或世人所未见者，不惜千金付梓，藏书甲大江南北。曾以数万金购得传是楼、曝书亭藏书，所藏达十余万卷，其书皆精装，聘善手数人写书脑，终岁不得辍。

马曰琯、马曰璐以藏书楼名。小玲珑山馆曾有十二景，马曰琯、马曰璐都有《街南书屋十二咏》的诗作，扬州地方文献多有记载。据马曰璐《小玲珑山馆图记》记载："近于所居之街南，得隙地废园，地虽近市，雅无尘俗之嚣，远仅隔街，颇适往还之便。竹木幽深，芟其丛荟，而菁华毕露，楼台点缀，丽以花草，则景色胥妍。于是，东眺蕃釐观之层楼高耸，秋萤与磷火争光；西瞻谢安宅之双桧犹存，华屋与山邱致慨；南闻梵觉之晨钟，俗心俱净；北访梅岭之荒戍，碧血永藏。以古今盛衰之迹，佐宾主杯酒之欢。"

其丛书楼藏有十万多册图书，有"藏书甲东南"之誉。小玲珑山馆原为街南书屋十二景之一，因为马氏兄弟经常在此招待文人墨客，煮酒论文，故街南书屋为其所掩，以致有人只知小玲珑山馆，而不知街南书屋。所谓玲珑石即太湖石，不加雕琢，就具备瘦、皱、透、漏之奇。何名"小玲珑山馆"？因苏州园林先有"玲珑山馆"，故以小名之，就像小秦淮、小金山一样，以别于南京的秦淮、镇江的金山。而阮元《淮海英灵集·马曰璐小传》却说："马曰璐得太湖石甚佳，建山馆置之，而以小玲珑名。适邻家不便其立，半查乃语兄止之。及山馆归汪雪礓，本石始立焉。"由此可见，玲珑石虽运到了街南书屋，但是马氏兄弟考虑到邻里关系并没有将它树立起来，反而将它埋于地下，后来，街南书屋归属汪雪礓，太湖石才破土而立。不过，所立太湖石只有原来的一半高。此玲珑石额部有四个阴刻篆书字："玉山高并"。腰部上侧有一行阴刻楷书："小玲珑山馆马氏清供"。扬州市政府已经启动修缮街南书屋工程，并将根据李斗《扬州画舫录》和张庚所绘《小玲珑山馆图》以及马曰璐所撰《小玲珑山馆图记》复建小玲珑山馆、看山楼等"街南书屋十二景"。

马曰璐《小玲珑山馆图记》曰："扬州古广陵郡，女牛之分野，江淮所汇流。物产丰富，舟车交驰，其险要扼南北之冲，其往来为商贾所萃：顾城仅一县治，即今之所谓旧城也。自明嘉靖间以防倭故，拓而大之，是以城式长方。其所增者，又即近今之所谓新城也。"

余家自新安侨居是邦，房屋湫隘，尘市喧繁，余兄弟拟卜筑别墅，以为扫榻留宾之所。近于所居之街南得隙地废园，地虽近市，雅无尘俗之嚣；远仅隔街，颇适往还之便。竹木幽深，芝其丛荟，而菁华毕露；楼台点缀。远仅隔街，颇适往还之便。竹木幽深，芝其丛荟，而菁华毕露；楼台点缀。丽以花草，则景色胥妍。于是，东眺蕃釐观之层楼高耸，秋萤与磷火争光；西瞻谢安宅之双桧犹存，华屋与山丘致慨；南闻梵觉之晨钟，俗心俱净；北访梅岭之荒戍，碧血永藏。以古今胜衰之迹，佐宾主杯酒之欢。余辈得此，亦贫儿暴富矣。于是鸠工匠，兴土木，竹头木屑，几费经营。掘井引泉，不嫌琐碎。从事其间，三年有成。中有楼二：一为看山远瞩之资，登之则对江诸山约略可数；一为藏书涉猎之所，登之则历代丛书勘校自娱。有轩二：一曰"透风披襟"，纳凉处也；一曰"透月把酒"，顾影处也。一为"红药阶"，种芍药一畦，附之以"浇药井"，资灌溉也。一为"梅寮"，具种"绿药阶"，媵之以石屋，表洁清也。阁一，曰"清响"，周栽修竹以承露。庵一，曰"藤花"，中有老藤如怪虬。有草亭一，旁列峰石七，各擅其奇，故名之曰"七峰草亭"。其四隅相通处，绕之以长廊，暇时小步其间，搜索诗肠，从事吟咏者也，因颜之曰"觅句廊"，将落成时，余方拟榜其门为"街南书屋"，适得太湖巨石，其美秀与真州之美人石相埒，其奇奥偕海宁之皱云石争雄。虽非娲皇炼补之遗，当亦宣和花纲之品。米老见之，将拜其下；巢民得之，必匿于庐。余不惜资财，不惮工力，运之而至。甫谋位置其中，藉作他山之助，遂定其名"小玲珑山馆"。适弥伽居十张君过此，挽留绘图。只以石身较岑楼尤高，比邻惑风水之说，颇欲尼之。余兄弟卜邻于此，殊不欲以游目之奇峰，致德邻之缺望。故馆既因石而得名，图以绘石之矗立，而石犹偃卧以待将来。若诸葛之高卧隆中，似希夷之蛰隐少室，余因之有感焉。夫物之显晦，犹人之行藏也。他年三顾崇而南阳兴，五雷震而西华显，指顾问事，请以斯言为息壤也。图成，遂为之记。

上海豫园玉华堂前的玉玲珑，与苏州瑞云峰、杭州绉云峰，并称江南三大名峰（图5-4）。潘允端自是对其钟爱有加，玉玲珑当年底部刻有"玉华"二字，取玉中精华之意，潘允端把自己读书进修的书斋，命名为"玉华堂"。在他生命的最后十六年，记有八卷《玉华堂日记》，现藏于上海博物馆。该石峰高约3米，宽约1.5米，厚约80厘米，重量3吨左右，具有太湖石的皱、漏、瘦、透之美。正面有孔四十余处，远望如蜂巢，以水烟灌之，则"百孔淌泉，百孔冒烟"。明代文学家王世贞有诗赞美："压尽千峰耸碧空，佳名谁并玉玲珑。梵音阁下眠三日，要看缭天吐白虹。"《上海县竹枝词》道："玉玲珑石最玲珑，品冠江南窍内通。花石纲中曾采入，幸逃艮岳劫灰红。"由此可见，玉玲珑之玲珑，指孔洞密布，灵窍互通。

图 5-4　豫园玉玲珑（作者自摄）

　　玉玲珑本为花石纲旧物，未及启运而遗留江南。先是上海浦东三林塘人、官至江西参议储昱把它纳入私人花园之中。万历年间，储昱之女嫁给尚书潘允端的弟弟潘允亮。后来潘家建造豫园时，便把"玉玲珑"移来。相传，船过黄浦江时，江面突然起风，舟石俱沉。潘家重金请善水者打捞上岸，而且同时又捞起了另一块石头，竟成玉玲珑之座。

第 6 章　行孝造园

第 1 节　孝道、孝经、二十四孝

　　中国最早的一部解释词义的著作《尔雅》对孝下的定义是："善事父母为孝"。汉代贾谊的《新书》界定为"子爱利亲谓之孝"。东汉许慎在《说文解字》中的解释："善事父母者，从老省、从子，子承老也"。孝作为伦理观念提出是在西周，其时含义为尊敬祖宗和传宗接代。

　　东周"礼崩乐坏"，孔子认为要稳定社会秩序必先稳定家庭，树立家长权威。其一，孔子的孝道是建立在敬的基础上，《论语·为政》：子游问孝，子曰："今之孝者，是谓能养。至于犬马，皆能有养；不敬，何以别乎？"可见敬是孝道的精神本质。其二，孔子把行孝与守礼结合在一起。《论语·为政》子曰："生，事之以礼；死，葬之以礼，祭之以礼。"无论父母生前或死后，都应按照礼的规定来行孝。其三，孔子把孝与悌结合起来，悌即敬兄。《论语》中多次以孝悌连用，《论语·学而》："弟子入则孝，出则弟。""其为人也孝悌，而好犯上者，鲜矣。不好犯上而好作乱者，未之有也"，"孝悌也者，其为仁之本与。"其四，孔子劝谏父母要委婉和多次，《论语·里仁》道："事父母几谏"。"几谏"的原则兼顾到孝敬与社会群体利益这两个方面，是微民主论。其五，孔子认为孝是仁的根源和基础，也是终极目标。《礼记·中庸》："仁者，人也，亲亲为大。"

曾子是孔门孝论的集大成者，曾子不仅以孝著称，而且发展了孔子的孝论。其一，曾子把孝道泛化，《大戴礼记·曾子大孝》说："民之本教曰孝……夫仁者，仁此者也；义者，义此者也；忠者，忠此者也；信者，信此者也；礼者，礼此者也；行者，行此者也，强者，强此者也"。其二，《大戴礼记·曾子大孝》："夫孝，置之而塞于天地，衡之而衡于四海……推而放诸东海而准，推而放诸西海而准，推而放诸南海而准，推而放诸北海而准"。其三，曾子把孝道与忠君联系起来，忠是家庭伦理孝的组成部分，而与血缘之行孝亦适于事君，把行孝上升为事君尽忠的政治高度。《大戴礼记·曾子大孝》："事君不忠，非孝也，莅官不敬，非孝也！"其四，曾子认为每日行孝是个人道德修养的操作层面，强调的"吾日三省吾身"，用内心的反省来检验自己的举止是否合乎道德的原则。

孟子是儒学巨擘，继承和发展孝道。他首先提出性善论，认为人人都能达到"仁"的主观因素，"人人皆可为尧舜"，完善孝道的哲学基础。其次，孟子提出亲亲原则，使孝悌成为五伦的核心。《孟子·离娄上》道："事孰为大，事亲为大"。《孟子·万章上》道："孝子之至，莫大乎尊亲"。事亲、尊亲成了人最高的道德表现。正因为孝成了人生最高的道德，所以《孟子·离娄上》才提出："不孝有三，无后为大"。《孟子·滕文公上》进而提出孝道五伦观："父子有亲，君臣有义，夫妇有别，长幼有序，朋友有信"。在这五伦中，孟子认为父子、君臣两伦最重要，"仁之实，事亲是也；父之实，从兄是也"《孟子·离娄上》，孝悌成了五伦的中心，所谓"人人亲其亲，长其长，而天下平"《孟子·离娄上》，"入则孝，出则悌，守先王之道"《孟子·滕文公下》，都将孝悌作为德性的最高表现。因此，孟子所最为推崇的圣人是尧舜，"尧舜之道，孝悌而已矣"《孟子·告子下》。

秦汉时期，孔曾门人创作了《孝经》，标志道儒家孝道理论的完成。《孝经》思想的主题或最大特点是孝的泛化、政治化，甚至神秘化。《孝经》将以孝治天下描绘成一幅诱人的图景，"先王又治理德之道，以顺天下，民用和睦，上下无怨。"《孝经·开宗明义》指出，假若能够以孝治天下，便会得到"万国之欢心""百姓之欢心"，达到"天下和平"，灾害不生，祸乱不作的地步。一部《孝经》，不足两千字，却多次讲到"治""顺"，行孝道，就能"治天下""顺天下"。

《孝经·开宗明义》："夫孝，始于事亲，中于事君，终于立身"，它十分明确地将行孝与"事君"结合在一起，把"事亲"与"事君"混同起来，"事君"成了孝道的不可或缺的内容，这是孝进一步政治化的表现。

《孝经》把孝分为"五等之孝""天子之孝""诸侯之孝""卿大夫之孝""士之孝""庶人之孝"，分五章讨论，体现了孝道的不同层次。

《孝经》还提出用刑罚来维护孝道，《孝经·五刑》道："五刑之属三千，而罪莫大于不孝；要君者无上，非圣人者无法，非孝者无亲，此大乱之道也。"不孝之人与要挟君主者和非议圣人者一样，都是大乱的祸根。

元代郭居敬把历代孝行人物故事编著成册，名《全相二十四孝诗选集》，简称《二十四孝》。孝道从不同角度、不同环境、不同遭遇行孝的故事，生动地描绘了孝道的方方面面。故事取材于西汉经学家刘向的《孝子传》，也有取材于《艺文类聚》《太平御览》等。元代学者谢应芳在《龟巢集·二十四孝赞》序中说的："常州王达善所赞《二十四孝》，以《孝经》一章冠于编首。"清代吴正修作《二十四孝鼓词》："论起这二十四孝，谁人不知，谁人不晓……"《二十四孝》之后，相继又出现《日记故事大全二十四孝》《女二十四孝》《男女二十四孝》等劝孝书籍。杨伯峻在《经书浅谈》考证说："元代郭守正将24位古人孝道的事辑录成书，由王克孝绘成《二十四孝图》流传世间；清末，张之洞等人将之扩编至《百孝图说》。应园先生邀请为其86岁父亲庆寿，陈少梅完全依照元代王克孝《二十四孝图》内容绘制了《二十四孝图》卷，与之相比，徐操创作的《二十四孝史》则更具个性化。"

二十四孝分别是：孝感动天（五帝虞舜）、戏彩娱亲（周朝老莱子）、鹿乳奉亲（春秋周郯）、百里负米（周仲由）、啮指痛心（周曾参）、芦衣顺母（周朝闵损）、亲尝汤药（西汉文帝）、拾葚异器（汉代蔡顺）、埋儿奉母（汉代郭巨）、卖身葬父（东汉董永）、刻木事亲（东汉丁兰）、涌泉跃鲤（东汉姜诗）、怀橘遗亲（三国陆绩）、扇枕温衾（东汉黄香）、行佣供母（东汉江革）、闻雷泣墓（魏王裒）、哭竹生笋（三国孟宗）、卧冰求鲤（晋王祥）、扼虎救父（晋扬香）、恣蚊饱血（晋吴猛）、尝粪忧心（南齐庚黔娄）、乳姑不怠（唐崔山南）、涤亲溺器（宋黄庭坚）、弃官寻母（宋朱寿昌）。

第2节　乾隆报恩——清漪园、慈宁宫花园、建福宫花园

造园行孝道分几层意思：一是为父母贺寿，如清漪园；二是为父母乐，如慈宁宫花园；三是为父母守制，如建福宫花园。清漪园就是乾隆为母亲大寿而建的。乾隆是有名的孝子。康熙五十年生弘历，即乾隆皇帝，雍正元年封为熹妃，雍正八年封为熹贵妃，雍正驾崩后，乾隆皇帝即位，尊为皇太后，上徽号曰崇庆皇太后，死于1777年3月2日（乾

隆四十二年正月二十三），一生享尽了荣华富贵，她寿数之高，86 岁，在清代皇太后中居于首位，在中国历史上皇太后中也是极为少见的。

其母钮钴禄氏，生于 1692 年 11 月 5 日，满洲镶黄旗人，四品典仪官凌柱之女，13 岁时入侍雍亲王府邸，号格格，为雍王胤禛藩邸格格，13 岁时被指配为四皇子胤禛。进雍亲王府时，她并没有正式的侧福晋名分，只被称作"格格"，算雍正的姬妾之一。钮钴禄氏比胤禛小 12 岁，胤禛已有嫡妻乌喇那拉氏，是正白旗内大臣、一等公费扬古之女，其家族十分显赫。胤禛在迎娶了乌喇那拉氏后，康熙又将选秀中的佼佼者李氏、年氏指给他为侧福晋。李氏的三子中，弘盼、弘昀均夭折，弘时虽然成人却又在雍正年间死得不明不白。而年氏的三个儿子连同一个女儿，都死于襁褓之中。康熙五十年八月十三日深夜，18 岁的钮钴禄氏在雍亲王府邸生下弘历，也就是未来的乾隆。

弘历从小长得气宇不凡，"隆准颀身"，一副福相，而且天资聪颖，六岁即能诵《爱莲说》，成为胤禛最得意的王子。康熙和弘历的祖孙会，也是雍正精心安排的。他提请父皇看看从未谋过面的两个孙子。康熙六十一年三月十二日，时值春天，圆明园的牡丹正是盛开，康熙见到他的孙子弘历。弘历从容地背诵古文，又谈吐不凡，令康熙当场赞誉："此子福过於予。"康熙又召见了钮钴禄氏。自此，康熙不论是去避暑，还是去狩猎，都要把弘历带在身边。对于弘历的教育他更是重视，让他在宫中读书。弘历也确实不负重望，无论是四书五经还是骑射功夫都远在其他皇孙之上。康熙"灼然有太王贻孙之鉴，而燕翼之志益定"，即因为看重弘历，而决定传位于胤禛。

乾隆孝道名扬天下。母以子贵，乾隆视其为国母，有言必遵。据史载统计，乾隆在位期间三次南巡，三次东巡，三次巡幸五台，一次巡幸中州，以及谒东陵、猎木兰，皆奉陪母亲同行，平日每天与其左右不离，遇万寿节必率王大臣行礼庆贺，六十、七十、八十庆典，一次比一次隆重。特别是太后八十大寿，年已六十的皇帝还仿老莱子彩衣娱亲的二十四孝典故，穿彩衣跳舞蹈，承欢膝下。乾隆的孝行令太后"福、禄、寿"终身。

康熙六十一年十一月，康熙在畅春园病倒了，命胤禛代行天子之职祭天。当月甲午，69 岁的康熙去世。胤禛即位，为雍正帝。雍正元年八月甲子日，雍正召见诸大臣，宣布已定下了储君，并将这道定储的诏书密封入锦匣，藏于养心殿正大光明匾额的后面。之后，雍正才开始册封后妃。同年十二年丁卯，册后妃的诏命下达，嫡妻乌喇那拉氏为皇后、年氏为贵妃，钮祜禄氏，得到了仅次于年贵妃的封号：熹妃。雍正元年（1723 年）十一月十三日，雍正在选派儿子代己前往康熙景陵致祭时，无视 20 岁的弘时，而选择了年仅 12 岁的弘历。年贵妃因其兄年羹尧权倾一时而得专宠。在年羹尧失势后，加上儿女频频夭折，年贵妃很快就在雍正三年病倒了。十一月，曾经宠冠后宫的年贵妃在绝望中病逝。雍正顾念旧情，为年氏上谥曰"敦肃皇贵妃"。雍正九年九月，雍正的元配嫡妻皇后乌喇那拉氏一病归天。钮祜禄氏成为雍正后宫的真正女主人，其时已晋封为"熹贵妃"。

雍正十三年八月十三日，58岁的雍正病逝于圆明园，弘历登基，改元乾隆。44岁的钮祜禄氏晋为"崇庆皇太后"，慈宁宫花园成为她的日常活动场所。杨剑利在《清代畅春园衰败述略》考证，乾隆三年（1738年）正月十一日，守制结束后，乾隆帝初幸圆明园，同时也奉崇庆皇太后居畅春园，并谕大学士曰："都城西郊，地境爽垲，水泉清洁，于颐养为宜。昔年皇祖皇考皆于此地建立别苑，随时临幸，而办理政务与宫中无异也。朕孝养皇太后，应有温清适宜之所，是以奉皇太后驻跸于此，不忍重劳民力，另筑园囿。朕即在圆明园，而敬葺皇祖所居畅春园，以为皇太后高年颐养之地。一切悉仍旧制，略为修缮，无所增加。"崇庆皇太后长寿，在做皇太后的四十余年，绝大部分时间居于畅春园。乾隆帝时常前往问视，悉心奉养，正如皇太后崩时遗诏所言："今皇帝秉性仁孝，承欢养志，克敬克诚，视膳问安，晨夕靡间。……皇帝每见予康健如常，喜形于色。"乾隆帝也说："朕自登极以来，即尊养皇太后于畅春园，迄今四十二年，视膳问安，承欢介景，所以奉懿娱而尽爱敬，为时最久。"

乾隆对母亲的孝顺简直难以置信，号称"以天下养"。

以全国财力，来奉养这一位老太太，真是令人惊心动魄。当然这也与他花钱如流水的人生观有密切的关系。乾隆一生，喜好游山玩水，而每次外出，他都一定要把皇太后带上，而且太后的车驾和座船也一定是最醒目的。钮祜禄氏在整个太后生涯中，"上每出巡幸，辄奉太后以行，南巡者三，东巡者三，幸五台山者三，幸中州者一。谒孝陵，狝木兰，岁必至焉。遇万寿，率王大臣奉觞称庆。乾隆十六年，六十寿；二十六年，七十寿；三十六年，八十寿：庆典以次加隆。先期，日进寿礼九九。先以上亲制诗文、书画，次则如意、佛像、冠服、簪饰、金玉、犀象、玛瑙、水晶、玻璃、珐琅、彝鼎、胔器、书画、绮绣、币帛、花果，诸外国珍品，靡不具备。太后为天下母四十馀年，国家全盛，亲见曾玄。"

乾隆模仿康熙五十大寿的做法，在太后由圆明园返回宫中时，让六十位六十岁老人在两边向母亲拜寿，赏赐这些老人达十万两银子。在钮钴禄氏 60 岁大寿前一年（1750年）四月，乾隆在北京圆明园边的瓮山明代好山园旧址大兴土木，建"清漪园"，并将瓮山更名为"万寿山"，山前建起为母亲祈福的"大报恩延寿寺"。山顶建大报恩寺塔，建成之后听风水术士之言而拆建为佛香阁。佛香阁高 41 米，八面，三层，四重檐，八字形台阶，八面高台达 20 米，阁形体按六和塔设计。山顶建智慧海，因采用无梁结构，故称无梁殿，谐音无量殿，外殿砌上千尊小佛。阁上层榜曰：

式延风教，中层榜曰：气象昭回，下层榜曰：云外天香。北门曰：澄莹心神，南门曰：导养正性。

当年乾隆陪母亲下江南，对杭州六和塔极为喜爱，于是决定按六和塔及南京报恩寺延寿塔建九层高塔。《日下旧闻考》载汪由敦奉旨书写的乾隆十六年（1751 年）《御制万寿山大报恩延寿寺碑记》："钦惟我圣母崇庆慈宣康惠敦和裕寿皇太后，仁善性生、惟慈惟懿、母仪天下、尊极域中。粤乾隆辛未之岁，恭遇圣母六裘诞辰，朕躬率天下臣民举行大庆礼，奉万年觞，敬效天保南山之义，以瓮山居昆明湖之阳，加号曰万寿，刌建梵宫，命之曰大报恩延寿寺。殿宇千楹，浮图九级，堂庑翼如，金碧辉映，香灯函贝叶，以为礼忏祝嘏地。朕为人子，之于亲恩冈极，则思报之心与为冈极，而报恩之分恒不能称其思报之愿，凡所谓祝厘颂嘏，修香光之业，开法喜之筵于申报，曷能以毫髮数亦，随时随地致其爱慕。诚恫云尔，我圣母至仁广被，如大云起雨，一切卉木药草随分受润，慈心善质自足以缉纯嘏集遐福，盛德之致，福永年固，有不求而至焉。而兹复以祇陀布金之园，为灌佛报恩之举，金盘炫日则光照云表，宝铎含风则音出天外，法鼓洪响偈颂清发，于以欢喜赞诵，不更有以广益福利绵远增高，为圣母上无量之寿哉。自今伊始，其以慈寺为乐林、为香国，万几之暇，亲奉大安辇随。喜于此，前临平湖则醍醐之海也，后倚翠屏则阿耨之山也，招提广开，舍利高矗，则琉璃土而玉罌台也，散华葳蕤流芬飞榹栴檀之香，遡风而闻，迦陵之鸟送音，而至我圣母仁心。为质崇信净业登斯寺也，必有欣然合掌喜溢慈颜者，亦足为承欢养志之一助。且山容清净、贞固恒久、宝幢金刹、日月常新，藉慈山之命名，申建寺之宏愿，春晖寸草之心与俱永焉。爰为之记，并依般若四声作祝颂。曰：佛言慈善根，广受诸利益。如缫能藉玉，如磁解吸铁，又言布施力指期得果报如尼拘类树。岁收实数万洪惟我圣母。圣善实性生，至仁荫世界。慈氏再出世，譬犹黍谷吹葭管纔一动。万物尽和煦蔼然游春温，以此无量德，致彼无量福。五福寿最先，寿量不可说。我欲报罔极，亦复何以加？宝篆镂精璆，琼册镌华玉。繄闻香光业，供养利人天。堪以无碍施广益无量寿。遂效呼嵩祝耆阇崛移来更辟甘露场祇树园，布就青鸳大兰若，堂殿八九重。铁锁界百道，铃铎半空响。后有舍利塔直上凌虚空，高悬金露盘。去地百余丈，中为无垢地，处处白银阶。涂壁百品香，窣地七宝饰。堂堂莲花座，宝相何庄严？涌现白毫光，圆容规满月。其余大菩萨、罗汉及金刚金，缕伽梨衣，各各端正。在宝刹初告成，圣寿聿届临。彩幢华盖中处修佛顶，会以何备供养新鲜五茎花，摩勒果万枚，伊蒲馔千斛，又何备供养五彩毡氍毹新罗紫金钟，祇洹青玉钵环绕礼法忏，膜拜腹呗诵，牟尼一串珠徧翻榆檽函轰轰法鼓震琅琅铜钹响。蒼卜散馥郁慧灯发光明。维时十方界，无不生欢喜；龙天八部中，一声齐赞叹。天女散香花，众花纷纷下。拈花虔顶礼，敬上无量寿。亦

有大迦叶，如闻紧那弦。起作小儿舞，敬上无量寿。最后
如来佛降自忉利天，手持千叶莲，敬上无量寿。圣寿本无
量，更有无量加。无量复无边，万万千千载。以兹福德地，
常作快乐园。时驾紫罽车，来此一随喜。喜林大葱郁，乐
树高婆娑。四望种福田，三界选佛地。朝朝承圣欢，岁岁
奉慈辇。延此无量寿，敬报罔极恩。"

全文含标点一千字，用寿十三处，用无量十一处，用
报九处，用恩五处。"朕为人子，之于亲恩罔极，则思报之
心与为罔极，而报恩之分恒不能称其思报之愿，凡所谓祝
厘颂嘏，修香光之业，开法喜之筵于申报，曷能以毫髪数
亦，随时随地致其爱慕。""而兹复以祇陀布金之园，为灌
佛报恩之举"，"为圣母上无量之寿哉。""自今伊始，其以
慈寺为乐林、为香国，万几之暇，亲奉大安辇随。""以兹
福德地，常作快乐园。时驾紫罽车，来此一随喜。喜林大
葱郁，乐树高婆娑。四望种福田，三界选佛地。朝朝承圣
欢，岁岁奉慈辇。延此无量寿，敬报罔极恩。"在乾隆十六
年（1751 年）"御制昆明湖记"中，他遍陈修昆明湖是为
水利之用，但最后一句，还是把行孝报恩祝寿之因呼应了，
"湖既成因赐名万寿山，昆明湖景仰放勋之，迹兼寓习武之
意，得泉瓮山而易之曰万寿，云者则以今年恭逢皇太后六
旬大庆，建延寿寺于山之阳，故尔。"尽管从乾隆二十六年
（1761 年）全部建成，但是乾隆却在三年之后的甲申春（1764
年）作"万寿山清漪园记"，解释了三年来反省"夫既建园

矣，既题额矣，何所难？而措辞以与我初言有所背，则不能不愧于心"。"所谓君子之过，予虽不言能免天下之言之乎？""以临湖而易山名，以近山而创园囿，虽云治水谁其信？"最后，还请后世能谅解他，"自失园虽成，过辰而往逮午而返，未尝度宵，犹初志也。或亦有以谅予矣。"

环绕玉泉山构建静明园也是乾隆建立的功绩。山顶矗立的玉峰塔，乾隆定为燕京八景之一：玉峰塔影。乾隆十八年（1753年）御制玉峰塔影诗："浮图九层，仿金山妙高峰为之，高踞重峦，影入虚牖。窣堵最高处，岩岩霄汉间。天风摩鹳鹤，浩劫镇瀛寰。结揽八窗达，登临一晌间。俯凭云海幻，揭尔忆金山。"玉峰塔结构外形是在1750年仿镇江金山慈寿塔之制，也是为其母祈寿之意。乾隆二十年（1755年）《雨后万寿山》诗句写道："塔影渐高出岭上，林光增密锁岩阿"，乾隆在前句后注释：山前建延寿塔今至第五层，已高出山顶矣。乾隆二十二年（1757年）《万寿山即景》有句"隔岁山容忽入夏，阅时塔影渐横云"，乾隆在句后注释：时构塔已至第八层尚未毕工。乾隆二十三年（1758年8月9日）档案记载：万寿山延寿塔工程遵旨停修。工程原估银四十六万四千八百三十四两九钱七分四厘，拆毁八层塔身值银十五万二百四十九两九钱四厘，其中堪用木料砖石等值银九万二千六百二十八两三钱五分五厘，实际拆毁塔身值银五万七千六百二十一两五钱四分九厘。乾隆二十三年（1758年）"御制大报恩延寿寺志过诗"一首，内有"南北况异宜, 窣堵建未妥"之句。乾隆二十五年 (1760年春季) "新春游万寿山报恩延寿寺诸景即事杂咏"诗句"宝塔初修未克终, 佛楼改建落成工", 乾隆诗句后注: 先是欲仿浙江六和塔式建塔为圣母皇太后祝厘, 工作不臻而颓。因考《春明梦余录》历载京城西北隅不宜高建窣堵乃罢, 更筑之议就其基改建佛楼, 且作诗纪实, 题曰"志过云"。乾隆二十五年 (1760年7月) 档案记载: 万寿山八方阁成, 作悬山、佛像等工程需用银十五万两, 奉旨: "向广储司领用"。本来乾隆造园贺寿, 百官百姓已有微辞, 又拆塔建阁, 费15万两白银, 令其不得不反省。

　　乾隆三十年 (1765年), 乾隆为皇太后的慈宁宫花园重修主体建筑咸若馆, 添建慈荫楼、吉云楼、宝相楼、含清斋和延寿堂。其中慈荫楼居咸若馆正北, 表明得其母慈荫。吉云和宝相二楼都是佛楼, 为其母礼佛之用。延寿堂是为其母祈寿之用, 乾隆经常来此向其母问安, 命太医给太后号脉问诊, 而他自己则临时停留于含清斋, 沐浴更衣以示诚心。慈宁宫是古代中国宫殿建筑之精华, 始建于明代嘉靖十五年 (1536年), 明朝慈宁宫为前代皇贵妃所居。清朝的前期和中期是慈宁宫的兴盛时期, 当时的孝庄文皇后、孝圣宪皇后都先后在这里居住过。顺治皇帝、康熙皇帝、乾隆皇帝三帝以孝出名, 慈宁宫经常举行为太后庆寿的大典。寿康宫为清代太皇太后、皇太后居所, 太妃、太嫔随居于此, 皇帝每隔两三日即至此行问安礼。乾隆朝崇庆皇太后（孝圣宪皇后）、嘉庆朝颖贵太妃（颖贵妃）、道光朝孝和睿太后(孝和睿皇后)、咸丰朝康慈皇太后(孝静成皇后)都曾在此颐养天年，慈禧太后晚年也曾在此小住。孝圣宪皇后去世后，乾隆皇帝仍于每年圣诞令节及上元节前一日至寿康宫拈香礼拜，瞻仰宝座，以申哀慕之情。这里的三宫、四所等宫殿供太妃太嫔等居住。寿康宫常驻大夫，备有常见药材，有厨师和卫士。清代皇太后身边宫女为 12 人，太后每年可得 20 两黄金、2000 两白银、124 条名贵兽皮、400 颗银纽扣等，这是后宫中的最高待遇。

乾隆二年（1737 年），弘历把畅春园澹泊为德行宫改名为春晖堂，其后寝殿叫寿萱春永，作为皇太后常年居所，皇太后有时也在畅春园的凝春堂、集凤轩和蕊珠院居住。教圣皇太后于乾隆三年正月住进畅春园后，隐节庆日移住圆明园长春仙馆外，其余日子大多居住在畅春园。乾隆四十二年（1777 年）正月孝圣皇太后在圆明园去世后，灵柩安放在畅春园的九经三事殿。(赵连稳，畅春园衰落原因新探，中国文化研究，2015（4）)

乾隆四十二年，一向身康体健的钮祜禄氏步入 85 岁高龄。正月辛巳，正在圆明园过冬的钮祜禄氏偶感风寒，14 天后的正月二十五，她安然逝于长春仙馆。第二天，乾隆赐她谥号为"孝圣宪皇后"，并普免天下钱粮一次。67 岁的乾隆不顾群臣劝阻，坚持每天前往灵堂祭奠行礼。四月癸丑日乾隆往谒雍正泰陵，而同一天"孝圣宪皇后"钮祐禄氏的棺木也由北京城运抵泰东陵。灵柩所过之地，该年赋税均减十分之七。五月，钮祐禄氏的牌位奉入太庙。其后谥号不断增加，从乾隆年间的"崇德慈宣康惠敦和裕寿纯禧恭懿安祺宁豫皇太后"，一直到嘉庆年间的"孝圣慈宣康惠敦和诚徽仁穆敬天光圣宪皇后"。在去逝前一个月乾隆还决定为其母建一座金发塔，盛放她生前梳落的头发，八个月后，金发塔落成，共用六成金三千零九两九钱八分，塔高四尺六寸，底二尺二寸。十一月初三日将金发塔安放于寿康宫东佛堂。

钮祐禄氏的去世，乾隆本应在建福宫花园中守制。乾隆登基才第五年（1740 年），就将他十六岁大婚时雍正赐予他的紫禁城乾西五所（乾清宫西北五所院落的称谓，原为明代皇子皇孙养育之地）中的两所升格改造为重华宫，三所重装为重华宫的厨房，四所和五所合并改造为建福宫花园（贾立新"叠石为假山植桧称温树——试论建福宫花园园林景观的复原"）。建福宫初建时拟为乾隆皇帝"备慈寿万年之后居此守制"之用，在太后去世后，他想在此守制。但是，另一首诗的"当年结构意，孤矣不堪思"探知他违背初志，并未在此守制。乾隆帝十分喜爱建福宫，《建福宫赋》《建福宫红梨花诗》即写此园。守制是封建时代的丧礼名。父、母死，正在穿孝期间须遵守儒家的礼制，谓之守制，俗称守孝，亦称读礼。其家门门框的堂号上贴一蓝纸（或白纸，或米色纸）条子，上书守制。守制期间，孝子须遵礼做到如下几点：不得参加科举考试；现任官则须离职。不娶不聘，夫妻分居不合房。不举行庆典。新年不给亲友、同僚贺年，并在门口贴上"恕不回拜"的字条（有过"破五"方往贺，但不拜叩的）。汉人过年时，在门楣上贴上蓝灯花纸的挂签，贴蓝对联，上书哀挽行孝之词，如"未尽三年孝，常怀一片心"。有门心的一律贴蓝纸，上书"思齐思治，愚忠愚孝"，以代替"忠厚传家、诗书继世"之类的对联。

杨剑利在《清代畅春园衰败述略》中考证，崇庆皇太后去世后，"遵例于慈宁宫办理丧仪"，但乾隆帝考虑到"奉安梓宫于陵寝地宫，诹吉鸠工，尚需时日"，"与其另择暂安奉殿，自不若畅春园为皇太后颐和娱志之地，神御所安，最为妥适"。于是，正月二十九日，移皇太后梓宫于畅春园九经三事殿安奉。为此，九经三事殿"易盖黄瓦"。乾隆帝则居住于畅春园之无逸斋，"以便朝夕侍奠几筵，用伸哀悃"。直到四月十四日，皇太后的梓宫奉安东陵地宫之前，乾隆帝几乎每天前往九经三事殿祭奠。圆明园之长春仙馆亦曾为皇太后居住之处，于是乾隆帝又命将长春仙馆正殿、偏殿都改为佛堂，同时将畅春园内现供佛座移往供奉，并添设佛像。

在办理崇庆皇太后丧事的过程中，为避免后人仿效自己，乾隆帝对畅春园、圆明园的功能定位做了制度化的规定。乾隆帝谕军机大臣曰："今日奉移大行皇太后梓宫于畅春园之九经三事殿，妥侑圣灵，盖缘畅春园乃皇祖旧居。雍正九年，皇妣孝敬宪皇后丧仪，即在此安奉。朕恭奉圣母皇太后颐和养志四十余年，于畅春园神御所安，最为怡适。是用易盖黄瓦，敬设几筵，奉移成礼，所谓礼缘义起，行乎心之所安也。若圆明园之正大光明殿，则自皇考世宗宪皇帝爰及朕躬，五十余年莅官听政于此，而门前内阁及各部院朝房，左右环列，规模远大，所当传之奕禩子孙，为御园理政办事之所。恐万年后，子孙有援九经三事之例，欲将正大光明殿改换黄瓦者，则大不可。且观德殿及静安庄所建殿宇宫门，体制闳整，以之移奉暂安，足以备礼尽敬，何必别议改作乎？至园内之长春园，及宫内之宁寿宫，乃朕葺治，为归政后所居，将来我子孙有绍美前休、耄期归政者，亦可留为憩息之地，均不宜轻事更张。若畅春园，则距圆明园甚近，事奉东朝，问安视膳，莫便于此，我子孙亦当世守勿改。著将此旨录写、封贮尚书房、军机处各一分，传示子孙，以志毋忘。"

第 3 节　时奉老亲——《豫园记》

上海豫园，也是一个因孝而建的园林。园主潘允端（1526—1601 年），字充庵，上海人，其父潘恩（1496—1582 年），字子仁，号湛川，更号笠江，南直隶上海县（今上海市）人。嘉靖二年进士，授祁州知州，调钧洲，累迁山东副使，坐试录忤旨，下狱谪官。数迁为浙江布政司左参政。御倭有功，旋以右副都御史巡抚河南，制止徽、伊两王不法行为。官至左都御史，著有《笠江集》。潘恩于嘉靖二年（1623年）中进士，与扳倒严嵩的著名内阁首辅徐阶同年（徐阶探花及第）。徐阶是松江府华亭县人，豫园片区当年属松江府上海县，除了同年，他们还是同乡，关系自是不一般，自不得严嵩之爱。潘家在明朝时是上海的名门望族，潘恩与其长子潘允哲、次子潘允端皆为进士，有"一门三进士"的美称。

潘允端造园为孝道，在《豫园记》灼然字里行间："余舍之西偏，旧有蔬圃数畦。嘉靖己未（1559年），下第春官，稍稍聚石凿池，构亭艺竹，垂二十年，屡作屡止，未有成绩。万历丁丑（1577年），解蜀藩绶归，一意充拓。地加辟者十五，池加凿者十七。每岁耕获，尽为营治之资。时奉老亲，觞咏其间，而园渐称胜区矣。"

嘉靖己未（嘉靖三十八年，1559年），潘允端殿试落榜，失意而归，在自家住宅世春堂西面几十亩果菜地里，"聚石凿池，构亭艺竹"，始建豫园。三年后，潘允端终于金榜题名，中了进士。自此开始宦海沉浮十五年，无暇顾及建园林。万历丁丑（万历三年，1577年），潘允端辞官归隐，开始一心一意建造园子。

彼时，他的父亲潘恩也已告老还乡，园林命名为"豫园"，即"取愉悦老亲意也"。园记中用了八处"老亲"，有"时奉老亲""愉悦老亲""娱奉老亲""请于老亲""老亲不及一视""老亲命以征阳""老亲守祁州""老亲命余兄弟祀之"，可见老亲对其意义之重。五可斋和征阳楼是请其父亲所赐。祁阳土神之祠是为纪念其父守祁州时梦神托二桂二子而后得生其两兄弟。不仅园子命名为豫园，整个园子布局也是以"娱奉老亲"的"乐寿堂"为中心。"乐寿"二字取自《论语》"知者乐、仁者寿"，即希望双亲快乐长寿的意思。乐寿堂即现在的三穗堂（图6-1），记中描写乐寿堂："巨石夹峙若关，中藏广庭，纵数仞，衡倍之，甃（zhòu）以石如砥，左右累奇石，隐起作岩峦坡谷状，名花珍木，参差在列；前距大池，限以石阑，有堂五楹，岿然临之，曰'乐寿堂'，颇擅丹雘（huò）雕镂之美。"然而，"嗟嗟，乐寿堂之构，本以娱奉老亲，而竟以力薄愆期，老亲不及一视其成，实终天恨也。"

图6-1　豫园三穗堂（作者自摄）

潘恩于万历十年（1582年）驾鹤西去，未能亲眼见乐寿堂建成。"豫园"、"时奉老亲，觞咏其间"和"实终天恨也"，足见潘氏之孝心。此时距潘允端初建园林已二十三年，距其"解蜀藩绶归，一意充拓"亦去五年，可见规模之大，工夫之深，耗费之多。"其右室曰五可斋，则以往昔待罪淮漕时，苦于驰驱，有书请于老亲曰：不肖自维有亲可事，有子可教，有田可耕，何恋恋鸡肋为。比丁丑岁首，梦神人赐玉章一方，上书'有山可樵，有泽可渔'，而是月即有解官之命，故合而揭斋焉。"

彼时乐寿堂右室是"五可斋"，五可斋道出潘允端辞官归隐的原由。他把做官比做鸡肋：有亲可事，有子可教，有田可耕，有山可樵，有泽可渔，为什么要贪恋鸡肋呢？"每岁耕获，尽为营治之资。""嗜好成癖，无所于悔。"终于在万历十八年（1590年），建成"东南名园冠"和"奇秀甲于东南"的宅园。此时距其父去世已八年，可谓倾其半生。

建建停停、停停建建30余年，园景众多。"循塘东西行，得堂曰'玉华'，前临奇石，曰玉玲珑，盖石品之甲，相传为宣和漏网，因以名堂。""乐寿堂之西，构祠三楹，奉高祖而下神主，以便奠享。堂后凿方塘，栽菡萏，周以垣，垣后修竹万挺，竹外长渠，东西咸达于前池，舟可绕而泛也。"

潘泰鸿是潘允端的四子，与书画家董其昌是儿女亲家。董其昌游园后作"乐寿堂歌为潘泰鸿寿"：

森梢嘉树成溪径，突兀危峰出市廛。

　　白水朱楼相掩映，中池方广成天镜。

　　刷羽凫鹥迎向人，馋嚼游鱼波不定。

　　水北楼台照碧霄，桂为栋兮兰为榱。

　　邀宾盈百犹虚敞，歌吹数部仍寥寥。

　　水南岚翠何缥缈，雕琢云根成天矫。

　　磴道周遮洞壑深，游人往往迷幽讨。

　　飞梁百尺亘长虹，别有林扉接水穷。

　　名花异药不知数，经年瑶圃留春风。

　　与乾隆"御制清漪园记"一样的咏叹、后悔、感慨、辩白，以至告诫。"豫园记"文末叹曰："第经营数稔，家业为虚，余虽嗜好成癖，无所于悔，实可为士人殷鉴者。若余子孙，惟永戒前车之辙，无培一土，植一木，则善矣。"曾经"每岁耕获"的蔬圃，成为"家业为虚"的根源。潘允端在世时已勉为其难，他辞世后，其子孙即使想"培一土，植一木"也已无能为力。因园子管理修缮耗费巨大，潘家入不敷出，不得不变卖田产，至其孙辈，豫园已易张姓（其兄之孙婿张肇林，明末任通政司参议）（无色生香，"那个四百年前的园子啊——读明潘允端《豫园记》"，简书网）

　　附《豫园记》：

　　余舍之西偏，旧有蔬圃数畦。嘉靖己未，下第春官，稍稍聚石凿池，构亭艺竹，垂二十年，屡作屡止，未有成绩。万历丁丑，解蜀藩绶归，一意充拓。地加辟者十五，池加凿者十七。每岁耕获，尽为营治之资。时奉老亲，觞咏其间，而园渐称胜区矣。园东面架楼数椽，以隔尘市之嚣，中三楹为门，匾曰"豫园"，取愉悦老亲意也。入门西行可数武，复得门曰"渐佳"，西可二十武，折而北，竖一小坊，曰"人境壶天"。过坊得石梁，穹窿跨水上，梁竟而高墉中陷，石刻四篆字，曰"寰中大快"。循墉东西行，得堂曰"玉华"，前临奇石，曰"玉玲珑"，盖石品之甲，相传为宣和漏网，因以名堂。堂后轩一楹，朱槛临流，时饵鱼其下，曰"鱼乐"。由轩而西，得廊可三十武，复得门曰"履祥"，巨石夹峙若关，中藏广庭，纵数仞，衡倍之，甃（zhòu）以石如砥，左右累奇石，隐起作岩峦坡谷状，名花珍木，参差在列；前距大池，限以石阑，有堂五楹，屹然临之，曰"乐寿堂"，颇擅丹腹（huò）雕镂之美。堂之左室曰"充四斋"，由余之名若号而题之，以为弦韦之佩者也。其右室曰"五可斋"，则以往昔待罪淮漕时，苦于驰驱，有书请于老亲曰：不肖自维有亲可事，有子可教，有田可耕，何恋恋鸡肋为？比丁丑岁首，梦神人赐玉章一方，上书"有山可樵，有泽可渔"，而是月即有解官之命，故合而揭斋焉。嗟嗟，乐寿堂之构，本以娱奉老亲，而竟以力薄愆期，老亲不及一视其成，实终天恨也。池心有岛横峙，有亭曰"凫佚"。岛之阳峰峦错叠，竹树蔽亏，则南山也。由"五可"而西，南而为"介阁"，东而为"醉月楼"，其下修廊曲折可百余武。自南而西转而北，有楼三楹曰"征阳"，下为书室，左右图书可静修。前累武康石为山，峻赠秀润，颇惬观赏。登楼西行为阁道，属之层楼，曰"纯阳"，阁最上奉吕仙，以余揽揆，偶同仙降，故老亲命以征阳为小字。中层则祁阳土神之祠，盖老亲守祁州时，梦神手二桂、携二童至曰：上帝因大夫惠泽覃流，以此为子。已而诞余兄弟，老亲尝命余兄弟祀之。语具祠记中。由阁而下为"留春窝"，其南为葡萄架。循架而西，度短桥，经竹阜，有梅百株，俯以蔽阁，曰"玉茵"。玉茵而东为"关侯祠"。出祠东行，高下纡回，为冈、为岭、为涧、为洞、为壑、为梁、为滩，不可悉记，各极其趣。山半为"山神祠"，祠东有亭北向曰"挹秀"，挹秀在群峰之坳，下临大池，与乐寿堂相望，山行至此，借以偃息。由亭而东，得大石洞，宦窥深覯（gòu），几与张公、善卷相衡。由洞仰出为"大士庵"，东偏禅室五楹，高僧至止，可以顿锡。出庵门奇峰矗立，若登虬，若戏马，阁云碍月，盖南山最高处，下视溪山亭馆，若御风骑气而俯瞰尘寰，真异境也。自山径东北下，过"留影亭"，盘旋乱石间。转而北，得堂三楹，曰"会景堂"，左通"雪窝"，右缀水轩。出会景，度曲梁，修可四十步，梁竟即向之所谓广庭，而乐寿以面之胜尽于此矣。

第4节　板舆流览——两座莱园

历史上有两座莱园，都是取材自二十四孝的老莱子彩衣娱亲的典故。春秋时，楚国隐士老莱子七十岁还在父母面前穿花衣服，学小儿啼哭，讨父母欢心。后遂以"老莱娱亲"表示孝养父母，亦借指孝养父母的子女。《艺文类聚》卷二十引《列女传》："老莱子孝养二亲，行年七直，婴儿自娱，着五色彩衣。尝取浆上堂，跌仆，因卧地为小儿啼。"此事亦见于《太平御览》卷四一三引师觉授《孝子传》。曹植《灵芝篇》谓："伯瑜年七十，彩衣以娱亲。"此或借老莱子事言韩伯瑜之孝。韩伯瑜孝顺父母未见有彩衣娱亲事的记载。《说苑·建本》："伯俞有过，其母笞之，泣。其母曰：'他日笞子，未尝见泣，今泣何也？'对曰：'他日俞得罪，笞尝痛，今母之力不能使痛，是以泣。'"韩伯瑜孝顺父母事，今见戴者只此。王应麟《困学纪闻》引曹植上诗后谓，彩衣娱亲，"今人但知老莱子，不知伯瑜。"说或未当。后人征引，俱为老莱子事。

上海的莱园是明代万历名臣许缵曾的私园。许缵曾（1627—1696 年），清江南华亭（今上海松江）人，字孝修，号鹤沙，徐光启的曾外孙。自幼受洗礼，信奉天主教，教名巴西略。顺治年间进士。康熙初为河南按察使，时值河南传播天主教，曾特建新堂，教务大兴。后因杨光先修历法弹劾汤若望等人，株连革职归里。汤案得白，康熙九年复起为云南按察使，到滇未及一年，便辞职归养，康熙十一年归里，是年冬吴三桂反，人服其有先见之明。自此，他在家造园，二十余年不出，在家著有《宝纶堂稿》《滇行记程》《育婴编外》《三奇记院》等书，辑刻有《太上感应篇图说》。

他在《宝纶堂稿》的自序中道："年四十五，以母老陈情，由日南万里归里门。吾母犹强饭，喜可知也。吾母为沪城相国之孙女，居家勤俭，喜施舍，生平无他嗜好。思所以娱亲者不可得，乃以敝庐之后别构亭台，疏泉脉，植嘉树，以备板舆流览。"从此可知，他辞归那年正值壮岁，年四十五，于是因感母之慈而造园"娱亲"，构亭台泉树，以供其母"板舆流览"。晋潘岳《闲居赋》："太夫人乃御板舆，升轻轩，远览王畿，近周家园。"板舆是古代一种用人抬的代步工具，多为老人乘坐。同时也用来代指官吏在任迎养父母，这里指其母已老，不能走动，要靠板舆才能遍览全园。

曹汛先生根据许缵曾的"莱园晓起"诗，从其诗集中考其园胜，有后乐堂、水镜山房、定舫。莱园中有一座水假山，在堆成十年后倒塌。许在"园中石山再圮以唁之"两首，诗云："闲居泉石久相亲，乍听崩雷震远邻。十亩南塘疑水沸，一林北苑失山岈。初期薜荔年年绿，岂意巉岏岁岁新。不见匡庐真面目，独怜辜负种树人。""青山洑傍柴扉，忽遇狂飚卷翠微。真倒松杉横碧岸，陆沉冈阜埒鱼矶。巨灵掌劈层岩圮，秦帝鞭驱石壁飞。对此长吟复长叹，十年陵谷世间稀。"

台湾雾峰林家的林文钦在山坡上亦建有莱园，与台南吴园、新竹北郭园及板桥林本源邸园合称台湾四大名园。清光绪十九年（1893年），林文钦乡试中举，筑莱园于雾峰之麓，奉觞演剧侍其母罗太夫人以游。雾峰莱园今存夕佳亭、朱雀池和飞觞醉月亭等。莱园十景著称。梁启超曾于1911年访台期间题诗十二首咏赞莱园景致，后人称为"莱园名胜十二绝句"。现为明台中学校园。莱园十景是：木棉桥、捣衣涧、五桂楼、小习池、荔枝岛、万梅崦、望月峰、千步蹬（凌云蹬）、夕佳亭、考槃轩。木棉桥是旧时通往莱园之入口，原为横跨擣衣涧之木桥；因四周的木棉树命名。于1930年（昭和五年）改建为水泥桥。捣衣涧指妇女把织好的布帛，铺在平滑的砧板上，用木棒敲平，以求柔软熨贴，好裁制衣服，称为"捣衣"。多于秋夜进行，以此赞叹母亲的辛劳与伟大。五桂楼改建于1906年，以门前五棵桂树得名。一楼为罗太夫人（林奠国夫人）起居之用，二楼是罗夫人看戏的地方。梁启超访莱园时曾下榻此处。小习池是仿襄阳习池而名。习家池是东汉襄阳侯习郁仿春秋末越国大夫范蠡养鱼之事，在白马山下筑一长六十步、宽四十步的土堤，引白马泉水建池养鱼。西晋永嘉年间镇南将军山简镇守襄阳时，常来此饮酒，醉后自呼"高阳酒陡"，故习家池又名"高阳池"。东晋时，习郁后裔习凿齿在此临池读书著史，留下《汉晋春秋》，更使习家池益负盛名。明代《园冶》有"构拟习池"之句即指此园，此园仍存。荔枝岛建于小习池中之土台，上有供罗太夫人欣赏戏曲的歌台，后改建为飞觞醉月亭。夕佳典出于陶渊明《饮酒诗》中"山气日夕佳，飞鸟相与还"句，兰州和北京都有夕佳楼（图6-2）。

图 6-2　莱园飞觞醉月亭

　　清初徽州（今黄山市）唐模许以诚，在苏浙皖赣一带经营当铺，发展到 36 家，时称 36 典，富甲一方。待其发迹，其母却年老体衰，行动不便。许以诚欲带其母前往"人间天堂"的杭州西湖，却力不能行。于是许以诚斥重资，按西湖构局，在村边购地挖塘，筑堤堆岛，模拟西湖之景致，修筑亭台楼阁、水榭长桥，湖堤遍植檀花和紫荆，供母颐养，园内也有三潭印月、湖心亭、白堤、玉带桥等胜景，恰是一处小型西子湖，人称孝子湖。取《诗经》"坎坎伐檀兮，置之河之干兮"之意而名曰檀干园，形容母亲的劳作就像"坎坎伐檀"一样，日复一日。园林位于全村水口之位，与村口的门楼、同胞翰林坊一道，成为开放式公共园林，而不是封闭于私家宅院之中。

145

第7章　书院园林文化

第1节　格物致知与书院

据《尚书·舜典》记载，虞时即设有学官，管理教育事务，如命契为司徒"敬敷五教"，即负责对人民进行父义、母慈、兄友、弟恭、子孝五种伦理道德的教育；命夔"典乐"，即负责对人民进行音乐和诗歌教育。《礼记·学记》云："凡学之道严师为难。严师然后道尊，道尊然后民知敬学。"教育最难的是尊师，只有尊师，才能重道；只有重道，才能使人重视学习。荀子在《礼记》阐述了教师的地位和作用，把天地、先祖、君师三者相提并论，认为君师是治理国家的根本，"国将兴，必贵师而重傅；国将亡，必贱师而轻傅，"由此得出："有师法者，人之大宝也；无师法者，人之大殃也。"后来，唐代的韩愈又在《师说》里具体指出教师的作用在于"传道、授业、解惑"，强调只要有知识和真理存在，也就有教师的存在。这些思想影响了社会风气，促成了重视教育的传统。孔子之所以在封建社会具有全局性的影响，也正是历代尊师的缘故；而封建社会隆重的尊孔祭孔活动，也包含了尊师的意义在内。开学之初的"释菜""释奠"之礼，祭祀先师先圣。"释菜"，即只供奉蔬菜，礼比较轻；"释奠"，即又供奉牲牢布帛，礼比较重。不管哪一种，都表示"为学，尊师在前"。

格物致知是儒家思想的重要概念，乃儒家专门研究事物道理的一个理论，源于《礼记·大学》八目——格物、致知、诚意、正心、修身、齐家、治国、平天下——所论述的"欲诚其意者，先致其知；致知在格物。物格而后知至，知至而后意诚"。但《大学》文中只有此段提及"格物致知"，却未在其后作出任何解释，也未有任何先秦古籍使用过"格物"与"致知"这两个词汇而可供参照意涵，遂使"格物致知"的真正意义成为儒学之谜。自宋儒将《大学》由《礼记》独立出来成为《四书》的一部后，"格物致知"的意义也就逐渐为后世儒者所争论，南宋朱熹认为"格物致知"就是研究事物而获得知识、道理。《全唐文》六百三十七卷解释如下，曰："敢问'致知在格物'何谓也？"曰："物者万物也，格者来也，至也。物至之时，其心昭昭然明辨焉，而不应於物者，是致知也，是知之至也。知至故意诚，意诚故心正，心正故身修，身修而家齐，家齐而国理，国理而天下平。此所以能参天地者也。"

　　尽管争论其义，但是，如何实现格物致知，孔子在杏坛下讲学，成为后世的典范，也成为私学的肇始。其造就了七十二贤人，成为春秋时规模最大的私学。他变"学在官府"为"学在四夷"。诸侯养士之风为私学培养提供了强大的需求，私学"从师"之风盛极一时，以至出现"百家争鸣"的局面。

　　而书院名称始于唐代官方修书、校书和藏书的场所，如丽正修书院（后改集贤殿书院），建于唐玄宗开元十一年（723年），书院主管人员的职责是"掌刊辑古今之经籍，以辨明邦国之大典，而备顾问应对"，兼作皇帝的侍读，"以质史籍疑义"。唐代私人读书讲学之所亦称书院，如在江西吉水县皇书院，为唐通判刘庆霖建以讲学；在福建漳州府的松州书院，为唐陈与士民讲学处；在江西德安县的义门书院，唐义门陈衮即居左建立，聚书千卷，以资学者，子弟弱冠，皆令就学；在江西奉新县的梧桐书院，唐罗静、罗简讲学之处。书院盛于宋初。唐末五代时期，由于连年战乱，官学废弛，教育事业多赖私人讲学维持，宋初的统治者仍在忙于军事征讨，无暇顾及兴学设教，于是私人讲学的书院遂得以进一步发展，形成影响极大、特点突出的教育组织。

　　书院在中国古代教育史上占有重要的地位。它以传道济世、兼容并蓄、自由讲学为特征，形成了中国古代教育史上一种极具特色的制度。《论语·里仁》："士志于道而耻恶衣恶食者，未足与议也。""士志于道"表明作为文士和武士的人生旅途就是道，创办和主持书院的士人将儒家的"道"作为追求目标。士人将自我道德完善的人文追求与经邦济世的社会关切结合在一起，为实现治国、平天下的理想，大多数书院都将"德业"与"举业"统一起来。德业指个人修养，即终身教育。《后汉书·杨震传》："自震至彪，四世太尉，德业相继。"《北齐书·王昕传》："杨愔重其德业，以为人之师表。"唐杜甫"暮秋将归秦留别湖南幕府亲友"诗："大府才能会，诸公德业优。"清《睢阳袁氏（袁可立）家谱序》："若其诗文根本六经，德业师模三代，蠕言蠕动，俱无愧于汝南家法。"清魏源《默觚上·学篇一》："世有自命君子而物望不孚，德业不进者，无不由于自是而自大。"方东树《答叶博求论古文书》："周秦及汉，名贤辈出，平日立身，各有经济德业。"举业就是科举之业，科举时代指专为应试的诗文、学业、课业、文字，也指八股文。

"德业"是目的，"举业"是手段。重科举轻德行的书院目标虽屡被诟病，但仍为大众所趋从。今天唯升学率就是举业之陋习。南宋湖湘学派的奠基人胡宏在"碧泉书院上梁文"道："干禄仕以盈庭，鬻词章而塞路，斯文扫地，邪说滔天"。

儒家强调道的信仰必须建立在知识追求的基础之上，所以书院成为宋代以后新儒家学者探讨高深学问的地方。历代对高深学问有不同界定，以阐释人的意义、社会的和谐、天下的治理为核心的经、史、子、集之学是古代中国的高深学问。求道与求学是统一的。程朱新儒学通过重新阐释儒家经典，打破汉唐经师对儒家经典解释的垄断地位；王湛新儒学则是试图突破程朱新儒学的"支离"，提出了"心即理""致良知"的学术主张。

"白鹿书院揭示"道："熹窃观古昔圣贤所以教人为学之意，莫非使之讲明义理以修其身，然后推以及人……圣贤所以教人之法具存于经，有志之士，固当熟读深思而问辨之，苟知其理之当然，而责其身以必然，则夫规矩禁防之具，岂待他人设之而后有所持循哉！"学规认为义理是教学的首要任务，而义理是蕴含在儒家经典之中的，需要书院学者通过潜心研究才能体悟到。

宋代，著名的书院有河南商丘的应天书院、湖南长沙的岳麓书院、江西庐山的白鹿洞书院、河南登封太室山的嵩阳书院、湖南衡阳石鼓山的石鼓书院、江西上饶的鹅湖书院。粤秀书院是康熙四十九年清廷御批的官办学院，为清代四大书院之首。

书院与园林结合，以利于学习效率的提高。孔子在杏坛底下讲学就是书院园林的开始。校园由校与园共同构成。校以理论教学为主，而园则以观察体验为主，更可休息和调节教与学的气氛和心态。书院以教学部分的讲堂为主；其次是馆藏经典的藏书楼、尊经阁、文渊阁为主，因怕水而有池相依，如天一阁的天一池和嘉业藏书楼的环形水池；

再次是以纪念先贤的文庙、泮池、泮桥、棂星门、候仙台、洗心池、德配天地坊、玉振金声坊等；最后是以庭院为主的园林，或依自然山水的风景。左庙右学成为文庙与学宫组合体的标准配置。

历代书院除了祭孔的大成殿或享堂外，还有题刻经典的碑廊、碑亭，在院内或院外开凿泮池。泮池来源于孔子家乡曲阜的泮水。既有纪念意义，也有防火功能，还有调节小气候的功效。另外，文昌阁、文笔塔、文笔峰、尊经阁、藏经楼等建筑的崇文现象，更起到了寓教于乐的作用。

书院园林把儒家的仁山智水融入园林，形成自然山水园和人工山水园，见第 2 章第 4 节"仁智观与山水园"。白鹿洞书院建于五老峰下，四面环山，形若洞天。岳麓书院建于岳麓山的抱黄洞下，背岭面江。嵩阳书院建在太室山下。

寓教于屋，寓教于景，寓教于植，寓教于养也是儒家的教育观。书院中所有建筑都题有儒学意义的有匾额、对联、雕刻（石雕、木雕、砖雕）、彩绘，以至于种植的植物和养殖的动物都与儒学经典有关。乐之园与乐之景，都礼制化、点题化。

崇文表现在几方面：一是把书院园林化，二是书屋园林化，三是园林书屋化，四是藏书楼园林化，五是武士园林的文士化。

第2节　书院园林化——岳麓书院

　　书院园林化一指书院：嵩山的嵩阳书院、长沙的岳麓书院、庐山的白鹿洞书院、南昌的青云谱、黄山的竹山书院、儋县的东坡书院、铅山的鹅湖书院；二指藏书楼：杭州的文渊阁、宁波的天一阁、南浔的嘉业藏书楼；三指书屋：苏州的苔华书屋、曲梅书屋、匠门书屋、绍兴的梅花书屋、嘉定染香书屋、吴江曲江书屋、广州的碧琳琅馆。

　　岳麓书院地处岳麓山清风峡口，三面环山，前临湘江。名山美水，前依后托，自然景观与人文景观融为一体。从湘江西岸的牌楼口，直往山巅，早有古道联通，形成风景轴线，岳麓书院就建在此中轴线上的中点。书院海拔约100米，现占地2.5万余平方米，其中建筑面积7000余平方米。院前有天马、凤凰两山分峙两旁，俨若天然门户，古代其前后有朱张渡、柳堤、梅堤、咏归桥、翠微亭等景点相伴；院后沿中轴线而上，有爱晚亭、舍利塔、古麓山寺、白鹤泉及近代修建的蔡锷墓、黄兴墓等著名景点相托，其他景点星布于中轴线的两侧。院前有二亭（风雪亭、吹香亭）、二池（饮马池、黉门池），院后有古树名木、茂林修竹。清人所辟的书院八景有：柳塘烟晓、桃坞烘霞、风荷晚香、桐荫别径、曲涧鸣泉、碧沼观鱼、花墩坐月、竹林冬翠（图7-1）。

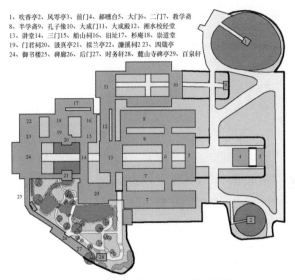

1、吹香亭2、风雩亭3、前门4、郝曦台5、大门6、二门7、教学斋
8、半学斋9、孔子像10、大成门11、大成殿12、湘水校经堂
13、讲堂14、三门15、船山祠16、旧址17、杉庵18、崇道堂
19、门君祠20、汲真亭21、拟兰亭22、濂溪祠23、四箴亭
24、御书楼25、碑廊26、后门27、时务轩28、麓山寺碑亭29、百泉轩

图 7-1　岳麓书院平面图（作者自绘）

　　岳麓书院坐西朝东，包括讲学、祭祀、藏书、游憩四大部分。讲学部分包括讲堂、半学斋和教学斋。讲堂又名忠孝廉节堂，墙壁题有儒家思想的忠、孝、廉、节四字，为书院的主体建筑。半学斋和教学斋分别位于南北两侧，用回廊联系。半学斋为历代书院山长（书院教师）、高等学堂负责人的居所。中轴线最后的御书楼，处于最高地坪上，前临两个水池，左右回廊联系，中部构亭，三层重檐楼式建筑，黄色琉璃瓦覆顶，主体漆以栗色和黑色。北部为文庙，又称孔庙、圣庙，由照壁、棂星门、大成门、两庑、大成殿、崇圣祠、明伦堂等组成。大成殿始于曲阜孔庙的大成门和

大成殿，《孟子》云："孔子之谓集大成"，于是，宋徽宗以此典给曲阜孔庙重名，之后，各地文庙皆以此为主殿之名。南部为园林区，以水池为中心，池边有轩榭亭廊。

岳麓书院大门宋代曾名"中门"，因江岸建有石坊，名为"黉门"。现存大门为清同治七年（1868年）重建，采用南方将军门式结构，建于十二级台阶之上，五间硬山，出三山屏墙，前立方形柱一对，白墙青瓦，置琉璃沟头滴水及空花屋脊，枋梁绘游龙戏太极，间杂卷草云纹，整体风格威仪大方。门额"岳麓书院"为宋真宗字迹，系因北宋大中祥符八年（1015年），宋真宗以岳麓书院办学很不错，又闻山长周式以德行著称，特别召见周式，拜为国子监主簿，请他留在京城讲学做官，但周式心系岳麓，仍请归院，皇帝就亲赐"岳麓书院"御匾悬挂于大门正上方，并赐经书等物，岳麓书院从此名闻天下，前来求学者络绎不绝，成为北宋四大书院之一。大门两旁悬挂有对联"惟楚有材；于斯为盛"，上联出自《左传·襄公二十六年》，下联出自《论语·泰伯》。

岳麓书院二门，位于大门之后，宋元时为礼殿所在。明代嘉靖元年（1527年）扩建文庙于院左，始改建为二门。五间单檐悬山，中三间开三门，花岗石门框，左右各辟过道通南北二斋。抗日战争期间被日本侵略者炸毁，1984年重建。门额正上方悬有"名山坛席"匾，原为清同治七年（1868年）所置，抗日战争期间被炸毁。现匾为1984年复制, 集清代著名湘籍书法家何绍基字而成。两旁有对联"纳于大麓; 藏之名山", 上联出自《尚书·舜典》, 下联出自《史记·太史公自序》, 撰联人为清末湖南高等学堂监督程颂万。二门过厅两边有清代山长罗典所撰的对联:"地接衡湘, 大泽深山龙虎气; 学宗邹鲁, 礼门义路圣贤心"。二门背面有"潇湘槐市"匾, 原为清代学监程颂万撰书, 毁于抗战, 之后原全国人大常委会副委员长、民盟中央主席楚图南补书新匾。"潇湘"泛指湖南, "潇湘槐市"是说岳麓书院是湖南文人、学者聚集的场所, 引申为岳麓书院人才之盛, 有如汉代长安太学槐市之盛。

讲堂是学院的核心部分, 是教学重地和仪典场所。北宋开宝九年 (976 年) 岳麓书院创建时即有"讲堂五间"。檐前匾曰: 实事求是, 为民国初期湖南工专校长宾步程撰, 源于《汉书·河间献王刘德传》; 大厅中央悬挂两块鎏金木匾, 一为"学达性天", 由康熙皇帝御赐, 意在张扬理学, 加强修养; 二为"道南正脉", 由乾隆皇帝御赐, 是对传播理学的最高评价。讲堂壁上还嵌碑刻十数方, 如由朱熹手书、清代山长欧阳厚均刻的"忠孝廉节"碑, 由清代山长欧阳正焕书、欧阳厚均刊立的"整齐严肃"碑, 清代山长王文清撰文的《岳麓书院学规碑》《读书法》等。讲堂屏壁正面刻有《岳麓书院记》, 为南宋乾道二年 (1166 年) 书院主教、理学家张栻所作, 是岳麓书院培养人才的基本大纲, 对书院教育有重大影响, 该文由湖南大学校友、湖南省书法家协会主席周昭怡1983年书。屏壁背面刻有麓山全图，摹自《南岳志》，把风景图放在讲堂正中，弘扬天人合一思想。

讲堂两旁有南北二斋，分别为教学斋和半学斋，均为昔日师生居舍，过去学生大量的活动时间就是在这里自修。书院建斋舍历史悠久，自宋太祖开宝九年（976年）始建斋舍52间，现存建筑为光绪二十九年（1903年）改学堂时改建，始定名教学斋、半学斋，以适应教学、办公的需要。"教学斋"斋名出自《礼记·学记》，"半学斋"斋名源出《尚书·说命下》。

湘水校经堂现存建筑位于讲堂左侧，原名成德堂，亦为书院讲堂，始建于明嘉靖六年（1527年）。清道光十一年（1831年），湖南巡抚吴荣光创办湘水校经堂，设于今船山祠处，并亲题门额。湘水校经堂在岳麓书院内办学前后共45年，清光绪元年（1875年）从岳麓书院迁到城南天心阁附近。原堂址改建为船山祠，并将吴荣光亲题的"湘水校经堂"堂额留于明德堂以作纪念。

书院明伦堂始建于明正德二年（1507年），守道吴世忠仿郡县学官，拆书院大成殿，扩建文庙与院左，于大成殿后建明伦堂，后毁。明嘉靖年间重建，嘉靖十八年（1539年）知府季本聘熊宇为山长，讲学明伦堂，次年庚子科考，中式者十人，一时科甲大盛。后又毁。清代重建，顺治九年（1652年）刊立"卧碑"，置于明伦堂左，作为书院学规，后又废。今复原明伦堂与文庙大成殿后，现为书院硕士生、

博士生上课学习之所。(以上资料源于：岳麓书院，岳麓山风景名胜区)

藏书楼是体现中国古代书院讲堂、藏书、祭祀三大功能之一的藏书功能的主要场所，岳麓书院创建伊始即在讲堂后建有书楼，宋真宗赐书后更名"御书阁"，元明亦称"尊经阁"，位置有所变动，至清康熙二十六年（1687 年），巡抚丁思孔从朝廷请得十三经、二十一史等书籍，建御书楼于今址。清代中期，岳麓书院御书楼已发展成为中国民间一座较大型的图书馆，藏书 14130 卷。今天的御书楼仍然作为古籍图书馆供书院教研人员使用，藏书数量已逾五万册，大型工具书如《四库全书》《续解四库全书》《四部丛刊》《四部备要》《古今图书集成》等均有珍藏。

文庙位于书院左侧，自成院落。由照壁、门楼、大成门、大成殿、两庑、崇圣祠、明伦堂等部分组成。岳麓书院祭祀孔子始于书院初创时期，北宋时期曾建礼殿于讲堂前，内塑先师十哲像，画七十二贤。南宋乾道元年（1167 年）改为宣圣殿，"置先圣像于殿中，列绘七十子"。明弘治十八年（1505 年），改名大成殿。正德二年（1507 年）迁于院左今址。天启四年（1624 年）重修，正式称为文庙，其规格与各郡县文庙相当。

濂溪祠专祀周敦颐（1017—1073 年）。周敦颐是北宋五子之一，北宋儒学的开山之宜，其所提出的无极、太极、阴阳、五行、动静、主静、至诚、无欲、顺化等理学基本概念，为后世理学的重要内容。清嘉庆十七年（1812年）始建于六君子堂基地，二十五年（1820年）迁于今址，祠内悬有"超然会太极"匾，祠内壁上有《移建濂溪祠碑记》石刻，原《濂溪祠记》碑，仍留于今六君子堂内。

崇道祠又称"朱张祠"，专祀朱熹、张栻，两人继承二程理学，为南宋中流。元延祐元年（1314年）建诸贤祠于讲堂左侧，合祀朱张及书院建设有功之臣。明弘治七年（1494年），始建于讲堂后，后毁。清乾隆四十一年（1776年），布政使觉罗敦福重建于今址。现恢复古代祭祀，祠内匾曰："斯文正脉"，刻朱、张二人像。"朱张会讲"传为佳话之后，两人同游南岳，朱熹在株洲与张栻告别，张栻赋"送元晦尊兄"诗赠朱熹，朱以诗作答。塑像背后就是朱诗："我行二千里，访子南山阴。不忧天风寒，况惮湘水深……"

慎斋祠，又名罗山长祠，专祀岳麓书院山长罗典。乾隆四十七年（1872年）聘罗典为岳麓书院山长，主持岳麓书院共27年，对岳麓书院的人才培养、基本建设作出了重大贡献。慎斋祠初建于咸丰年间，位于屈子祠之侧。旋废。现恢复于船山祠北侧。祠内悬罗典画像。横匾书"勤传教化"，两侧对联："湘江北去源流远；衡岳南来地脉长"。罗典在书院里书有两副对联："地接衡湘，大泽深山龙虎气；学宗邹鲁，礼门义路圣贤心"，"不为子路何由见；非是文公请退之"，全面地概括了其教学宗旨和求学要求。

四箴亭专祀程颢、程颐。程颢、程颐均为北宋教育家、理学的奠基人，曾问学于周敦颐，世称"二程"。明天启四年（1642年），推官林正亨重修，改名"四箴亭"，自此专祀二程。清嘉庆二十三年（1818年）迁建于今址。亭内现存清刻程氏"视""听""言""动"四箴碑。"箴"是规劝、告诫。孔子曾言："非礼毋视，非礼毋听，非礼毋言，非礼毋动"，程颐对此做进一步阐发，二程把它阐发为视、听、言、动四箴，人称程子四箴。

视箴：心兮本虚，应物无迹；操之有要，视为之则。蔽交于前，其中则迁；制之于外，以安其内。克己复礼，久而诚矣。听箴：人有秉彝，本乎天性；知诱物化，遂亡其正。卓彼先觉，知止有定；闲邪存诚，非礼勿听。言箴：人心之动，因言以宣；发禁躁妄，内斯静专。矧是枢机，兴戎出好；吉凶荣辱，惟其所召。伤易则诞，伤烦则支；已肆物忤，出悖来违。非法不道，钦哉训辞！动箴：哲人知几，诚之于思；志士励行，守之于为。顺理则裕，从欲惟危；造次克念，战兢自持；习与性成，圣贤同归。

六君子堂始建于明嘉靖五年（1526年），此后多次迁移，又屡有所毁。清嘉庆十七年（1812年）重建于今址。三间硬山建筑，与崇道祠连成一片。祠内嵌有《改建六君子堂碑记》，所祭祀的六位对书院发展和建设有功的先儒分别为：朱洞、李允则、周式、刘珙、陈钢、杨茂元。

船山祠专祀明末著名学者王夫之（1619—1692年）。祠庙原为清道光十三年（1833年）创建的湘水校经堂。光绪元年（1875年）湘水校经堂迁往河东办学，于是辟为船山祠。祠内悬王夫之画像，横匾书"遗经在抱"。两侧对联："六经责我开生面；七尺从天乞活埋"，是王夫之自题画像联。表明了他凛然大义的崇高气节以及对中华传统文化继往开来的历史责任感。两侧抱柱联："训诂笺注，六经周易犹专，探羲、文、周、孔之精，汉宋诸儒齐退听；节义文章，终身以道为准，继濂、洛、关、闽而起，元明两代一先生"，系统地介绍、评价了王夫之的治学专长、人品、文章及学术地位。

麓山寺碑亭位于园林南侧，明成化五年（1469年）知府钱澍始建，现存建筑为1962年重建。亭内就是著名的"麓山寺碑"，"麓山寺碑"四字为近人黎泽泰于1962年书。麓山寺碑是中国现存碑刻中影响较大者，由唐开元十八年（730年），著名书法家李邕撰文、书丹并镌刻，因文、书、刻三者俱佳，故有"三绝碑"之称。碑侧碑阴有宋代大书法家米芾的题刻。

百泉轩始建于北宋之初，地处岳麓山清风峡谷口，溪泉荟萃，乃岳麓书院风景绝佳之地。历代山长爱溪泉之妙，筑轩而居，享尽自然的天籁之音。南宋乾道三年（1167年），朱熹访院，与山长张栻"聚处同游岳麓"，"昼而燕坐，夜而栖宿"，都在百泉轩中，相传二人曾在此论学三昼夜而不息。

碑廊中嵌立历代遗碑13方及新制的岳麓书院文献史料碑刻27方。在这些碑刻中，朱熹手书的"道中庸""极高明"等碑，是书院的重要遗存。

自卑亭位于书院东面 200 米。清康熙二十七年（1688年），长沙郡丞赵宁在路旁建自卑亭，供行人歇足之用。嘉庆十七年（1812 年）院长袁名曜改建于路中，民国时扩建马路于亭侧，形成现存格局，现存建筑为清咸丰十一年（1861 年）建造。"自卑亭"三字为清代山长车万育题书，亭内嵌有"自卑亭记"等碑刻。

时务轩百泉轩隔池相望，是为纪念清末维新派创办的学校时务学堂而筑。轩内现嵌有梁启超"时务学堂故址"碑，该碑字迹为民国二十四年梁启超重游时务学堂旧址所书，另有李肖聃"跋"、李况松"跋"、陈云章"记"、黄曾甫"时务轩记"等碑刻。

赫曦台是南宋乾道三年（1167 年），朱熹、张栻观日于岳麓山顶，曾筑"赫曦台"，朱熹题额。在"云谷山记"文中说："余名岳麓山顶曰赫曦。"张筑台，朱熹题额"赫曦台"，后废。明代王守仁有"隔江岳麓悬情久，雷雨潇湘日夜来，安得轻风扫微霭，振衣直上赫曦台"诗句。清乾隆五十五年（1790 年），山长罗典建前亭于院前，又改名前台。道光元年（1821 年），为存故迹，山长欧阳厚均改前台名为"赫曦台"。在台的左右内壁上有丈余高的"福""寿"二字，台的顶部雕饰有八卦图、蝙蝠、寿字图案。

山斋旧址位船山祠右。南宋乾道元年（1165 年），安抚使刘珙始建，取名"山斋"，供山长（院长）居住。张栻主教时朱熹来访，曾寓居此屋，两人作同题诗《山斋》。南宋后期，山斋被战火所毁。清道光二十年（1840年），山长欧阳厚重建，题额"山斋旧址"。

杉庵是岳麓书院创建之前，东晋荆江州刺史陶侃（259—334年）任驻长沙，勤慎吏职之余，常乘舟到岳麓山游览，并在山中建庵读书，修养性情，因庵前遍种杉树，人称杉庵。清道光十八年（1838年），其后裔、岳麓书院著名学生、两江总督陶澍，为纪念先祖开创岳麓文教之功，特重建"陶桓公杉庵"，摹刻家藏宋拓本"麓山寺碑"嵌于庵内。2001年修复杉庵于文庙后，将陶刻"麓山寺碑"又移嵌庵内。

第3节　藏书楼园林化——天一阁、文津阁、嘉业藏书楼

藏书楼，中国古代供藏书和阅览图书用的建筑。中国最早的藏书建筑见于宫廷，如汉朝的天禄阁、石渠阁。宋朝以后，随着造纸术的普及和印本书的推广，民间也建造了藏书楼。

明清藏书楼有：浙江宁波天一阁、浙江余姚五桂楼、浙江瑞安玉海楼、徐家汇藏书楼、山西太原籍塾阁。为了馆藏《四库全书》，乾隆要求手抄七部，分别藏于七阁之中：北京紫禁城文渊阁、京郊圆明园文源阁、奉天文溯阁、承

德避暑山庄文津阁、镇江文宗阁、扬州文汇阁、杭州文澜阁。文宗阁、文汇阁、文源阁先后遭兵火，只有文渊阁、文津阁、文溯阁和文澜阁屹立。四大藏书楼：在全国各地的众多古藏书楼中，常熟瞿氏铁琴铜剑楼与山东聊城杨氏"海源阁"、浙江归安陆氏"皕宋楼"、浙江钱塘丁氏"八千卷楼"合称为全国四大藏书楼。

　　宁波市海曙区的天一阁，建于明朝嘉靖四十年（1561年），由当时退隐的明朝兵部右侍郎范钦主持建造，是中国现存最古老的藏书楼，也是亚洲现有最古老的图书馆和世界最早的三大家族图书馆之一。占地面积 2.6 万平方米，已有 400 多年的历史，是中国藏书文化的代表之作（图 7-2）。

图 7-2　天一阁池假山（作者自摄）

　　天一阁为面宽六间的两层楼房，楼上按经、史、子、集分类列柜藏书，楼下为阅览图书和收藏石刻之用。建筑南北开窗，空气流通。书橱两面设门，既可前后取书，又可透风防霉。范钦在翻阅碑帖时，看到揭傒斯书写的"龙虎山天一池记"，该帖上有"天一生水，地六成之"一句，范钦从中得到启发，决定按照源自《易经·系辞》的这句话的含义建造藏书楼，并将藏书楼命名为"天一阁"，并在建筑格局中采纳"天一地六"的格局，楼上一大间，楼下成六间。楼外筑水池以防火，"以水制火"。因范钦名东明，故名池为明池。池水经暗沟与藏书楼旁边的月湖连通，如遇意外，便能引水灭火。康熙四年（1665年），范钦的曾孙范光文又绕池叠砌假山、修亭建桥、种花植草，使整个的楼阁及其周围初具江南私家园林的风貌。园林以"福、禄、寿"作总体造型，用山石堆成九狮一象。池西有半亭，池南山中建真隐馆。1933年，东墙倒塌无力维修，鄞县文献委员会委员长冯孟颛募资修园，又将尊经阁移入阁北，并集中各地赠予宁波府学的石碑，合为明州碑林。1923—1925年秦氏支祠于天一阁南建成。1963年陈从周考察天一阁并规划东园，1986年建成。池南为大假山，东、西各有一亭。池西为曲廊，池东为林泉雅会馆、凝晖堂、百鹅亭。1997年建成南园，亦为池与太湖石假山。

　　五桂楼建于清嘉庆十二年（1807年），是浙江余姚人黄澄量所建私人藏书楼，位于宁波市梁弄镇学堂弄。因其周围有四明山七十二座山峰环绕，又名"七十二峰草堂"。据黄氏宗谱记载，后唐时黄定远在梁弄安家，传至第六代孙黄远美时，生有八子，其中黄必腾等五个儿子先后于1159—1170年间登科中举，过去中举叫"蟾宫折桂"，因此号称"五桂"，一时名声大噪。宋高宗赞为"经济之才，宏博之学"，后来五子同时衣锦荣归，高宗赠予"五子还乡"诗，诗中有"仙籍桂子香"之句。至明朝时流传为"五桂传芳"。黄澄量建楼时，为纪念五位祖宗，定名为"五桂楼"，匾额上所题"五桂楼"三个大字，为清代书法家胡芹所书。楼中藏书最多达到6万余卷，其中《明文类体》在清朝文字狱时期保存了明代四百多家文集奏议，最为史家看重。五桂楼聚书五万余卷，有"浙东第二藏书楼"之称。建筑占地面积107平方米，坐北朝南，三间二层楼，通面宽10.30米。勾连搭屋顶，呈众字形，有暗间起防漏作用，风火山墙分隔。楼前有庭院，进深8.6米，四周围以高墙。楼西有书房"爱吾庐"，后扩为梦花书屋，为居住、会友、写书之所。五桂楼建筑蓝图详记在一根固定在众字形屋顶内的长竹竿上。1981年部分屋顶塌落，按原样修复。

　　玉海楼，坐落在浙江省瑞安古城东北隅，是中国东南的著名藏书楼之一。清光绪十五年（1889年）太仆寺卿孙衣言创建，庋藏古籍甚富。孙氏因慕宋王应麟博极群书，遂以其巨著《玉海》名斯楼。孙衣言把自己的藏书楼取名"玉海"，包含"以水克火"这层意思。以外，楼名"玉海"，孙衣言还是另有深意的。这在他的《玉海楼藏书记》里说得很清楚："宋时深宁王先生，以词科官至法从。生平博极群书，著书至六百余卷，其最钜者为《玉海》二百卷，'玉海'云者，言其为世宝贵而又无所不备也。"原来，"玉海"是南宋王应麟的书名，王氏对自己著作《玉海》二百卷十分自豪，自诩"如玉之珍贵，若海之浩瀚"。衣言孙诒让为清末朴学大师，在此潜心著述三十年，玉海楼含孙诒让故居和百晋斋，原占地面积约 8000 平方米，其三面环水，前后两进。1996 年被国务院列为全国重点文物保护单位。

玉海楼左临湖滨公园，与绿荫蔽天的古榕遥相辉映，三面环以池塘，前后凡两进，面阔各五间，楼有廊，前后相通。大门有清李文田书"玉海书藏"匾，左右嵌以郭沫若书的"玉成桃李""海涌波澜"青石联，前后厅堂分别悬以郭沫若和潘祖荫书的"玉海楼"匾额。楼西首有"园厅"名"恰受航"，取杜甫"小航恰受两三人"诗意；又称"百晋陶斋"，厅前有园曰"颐园"，相传毁，园有荷花池，年年盛开。

乾隆三十七年（1772 年）正月，清高宗乾隆自称"稽古右文"，要"彰千古同文之盛"，下诏搜访遗书，十二月就开始纂修《四库全书》，次年二月成立"四库全书馆"，任命皇室郡王及大学士十六人为总裁，六部尚书及侍郎为副总裁，下设总纂官、总校官等三百余人，如当时著名学者纪昀、陆锡熊、戴震、邵晋涵、周永年、朱筠、姚鼐、翁方钢、王念孙等人均任编修要职。另配缮写人员达四千余人，可谓人才济济，盛时兴文之壮观。历时十年，至乾隆四十六年十二月（1782 年 1 月）第一部《四库全书》编写完毕，庋藏于文渊阁。后其他六阁全书相继完成。

《四库全书》刚修编时，乾隆意于宫中构藏书楼阁以"籍资乙览"。其《文渊阁记》道："'凡事预则立'，书之成，虽尚需时日，而贮书之所，则不可不宿构，宫禁之中，不得其地，爰于文华殿后建文渊阁以待之。"北四阁建成后，又"因思江浙为人文渊薮"，决定再续写三部藏于江南三阁。乾隆四十七年七月初八谕："朕稽古右文，究心典籍，近年命儒臣编辑《四库全书》，特建文渊、文溯、文源、文津四阁，以资藏庋。现在缮写头分告竣，其二、三、四分，限於六年内按期藏事，所以嘉惠艺林，垂示万世，典至钜也。因思江浙为人文渊薮，……其间力学好古之士，愿读中秘书者，自不乏人。兹《四库全书》允宜广布流传，以光文治。如扬州大观堂之'文汇阁'，镇江口金山寺之'文宗阁'，杭州圣因寺行宫之'文澜阁'皆有藏书之所，著交四库馆再缮《全书》三分，安贮各该处，俾江浙士子得以就近观摩誊录，用昭我国家藏集美富，教思无穷之盛轨。"

古之藏书多毁于兵火和家火，而天一阁历久仍存。康熙间大儒黄宗羲《天一阁藏书记》道："尝叹读书难，藏书尤难，藏之久而不散，则难之难矣。……天一阁书，范司马所藏也。从嘉靖至今，盖已百五十年矣。"嘉庆学者阮元在其《宁波范氏天一阁书目序》中也赞其曰："海内藏书之家最久者,今惟宁波范氏天一阁岿然独存。其藏书在阁之上,阁通六间为一,而以书厨间之。其下乃分六间,取'天一生水,地六成之'之义。乾隆间,诏建七阁,参用其式且多。"

乾隆因"办《四库全书》卷帙浩繁,欲仿其藏书之法,以垂久远。"乾隆"文源阁记"道:"藏书之家颇多,而必以浙之范氏天一阁为巨擘,因辑《四库全书》命取其阁式,以构庋贮之所。"乾隆三十九年(1774年)六月二十五日谕:"浙江宁波府范懋柱家所进之书最多,因加恩赏《古今图书集成》一部,以示嘉奖。闻其家藏书处曰'天一阁'纯用砖甃,不畏火烛。自前明相传至今,并无损坏,其法甚精。著传谕寅著亲往该处,看其房间制造之法若何?是否专用砖石,不用木植。并其书架款式若何?详细询察,烫成准样,开明丈尺,呈览。"寅著遵旨至范氏家查看后"即行覆奏":"天一阁在范氏宅东,坐北向南。左右砖甃为垣。前后檐,上下俱设窗门。其梁柱俱用松杉等木。共六间:西偏一间,安设楼梯。东偏一间,以近墙壁,恐受湿气,并不贮书。惟居中三间,排列大橱十口,内六橱,前后有门,两面贮书,取其透风。后列中橱二口,小橱二口,又西一间排列中橱十二口。橱下各置英石一块,以收潮湿。阁前凿池,其东北隅又为曲池。传闻凿池之始,土中隐有字形,如'天一'二字,因悟'天一生水'之义,即以名阁。阁用六间,取'地六成之'之义。是以高下、深广,及书橱数目、尺寸俱含六数。特绘图具奏。"于是,乾隆即仿其式分建内廷四阁,以及江南三阁。从此，"天一生水"之义与七阁的命名结下了不解之缘。

因"'天一生水，地六成之'为厌胜之术，意在藏书。"乾隆不仅仿其式，并借其名，渊、津、源、溯、汇、澜六名皆含水，意在"以水克火"，"以垂久远"。而文宗阁，一说可以写成"文淙阁"；一说镇江历年水患，四面临江，"虽镇江文宗，外似独异，而细籀其涵谊，则固寓'江河朝宗于海'之意。"乾隆释"文"如水，在《文源阁记》中道："文之时义大矣哉！以经世，以载道，以立言，以牖民，自开辟以至於今，所谓天之未丧斯文也。以水喻之：则经者文之源也，史者文之流也，子者文之支也，集者文之派也。派也，支也，流也，皆自源而分。集也，子也，史也，皆自经而出。故吾於贮四库之书，首重者经，而以水喻文，愿溯其源。且数典'天一'之阁，亦庶几不大相径庭也夫。"又在其《文溯阁记》中阐发："权舆二典之赞尧、舜也，一则曰文思，一则曰文明，盖思乃蕴於中，明乃发於外，而胥藉文以显。文者理也，文之所在，天理存焉。文不在斯乎？孔子所以继尧、舜之心传也。世无文，天理泯，而不成其为世，夫岂铅椠简编云乎哉？然文固不离铅椠简编以化世，此四库之辑所由亟亟也。""文之所在，天理存焉"，又"数典天一之阁"，从"水"而立义，"天一生水"而克火，以求阁书永存，实求"文"之永存。《高宗御制诗五集：趣亭》（卷四十，页三十）曰："书楼四库法天一"句下注云："浙江鄞县范氏藏书之所，名'天一阁'，阁凡六楹，盖义取'天一生水，地六成之'为厌胜之术，意在藏书。其式可法，是以创建渊、源、津、溯四阁，悉仿其制为之"。

七阁的建设，因地点、环境及各种因素条件的不同，分别进行了新建、改建和扩建等工程的实施，相继完成，但均仿"天一阁"构建之制。首先藏工者，则为热河避署山庄之文津阁及圆明园之文源阁。《高宗御制诗》之《月台诗》曰："天一取阁式，文津实先构。"注云："命仿浙江范氏天一阁之制，先於避署山庄构文津阁，次乃构文源阁於此。"

文津阁位于承德避暑山庄，乾隆三十九年（1774年）秋动工，次年夏建成。阁环绕于水中，坐北朝南。北为庭院叠石如龟蛇，以示北方玄武之水性，南为水池及环池石构假山，西南高亭，西面御碑亭。院南还构筑曲水流觞亭，以得诗文之趣。

文源阁位于京郊圆明园，乾隆三十九年进行改建，在圆明园北部原有建筑"四达亭"的基础上"略为增葺为文源阁"（《高宗御制诗五集：题文源阁诗》），次年继文津阁之后建成，为北四阁中建成之第二阁；文渊阁建于乾隆四十年（1775年），第二年完工建成。文源阁坐落在圆明园"水木明瑟"景区的北面，与"舍卫城"隔湖相望。乾隆皇帝《御制文源阁记》记载："藏书之家颇多，而必以浙之范氏天一阁为巨擘。因辑《四库全书》，命取其阁式，以构庋贮之所。……于是就御园中隙地，一仿其制为之，名曰文源阁。"文源阁四面为水，东面堆山。南接水木明瑟，西临柳浪闻莺。阁额及阁内"汲古观澜"匾、楹联等皆乾隆御书。阁南向而立,前方凿挖曲池,并放养金鱼于其中,鱼大可盈尺。池南为怪石嶙峋的假山。池中还竖有一巨大太湖石,名"石玲峰",高逾六米,玲珑剔透,环孔众多。正视之,则石如乌云翻卷;手叩之,音色如铜。石宽盈丈,四周俱镌有名臣诗赋,是当年圆明园中最大最著名的一块太湖石,与颐和园乐寿堂前的"青芝岫"齐名。阁东侧为御碑亭,碑上勒有御制《文源阁记》。

文渊阁位于紫禁城内文华殿组群最后一进,阁名沿袭明代文渊阁之称,乾隆四十一年(1776 年),文华殿后之皇宫藏书楼建成,乾隆皇帝赐名文渊阁,用于专贮第一部精抄本《四库全书》。藏贮着四库馆完成的第一部《四库全书》;文渊阁自乾隆四十一年(1776 年)建成后,皇帝每年在此举行经筵活动。四十七年(1782 年)《四库全书》告成之时,乾隆帝在文渊阁设宴赏赐编纂《四库全书》的各级官员和参加人员,盛况空前。内玉带河穿入主敬殿和文渊阁之间的庭院,形成长方形水池,中间架桥。阁北用房山石堆构假山,阁东构御碑亭。

文溯阁在北四阁中建造最晚,于乾隆四十六年(1781 年)动工,次年竣工。它位于盛京(今沈阳)故宫的西部。由南至北前部是扮戏房、戏台、嘉荫堂、文溯阁、仰熙斋。文溯阁也是外二层、内三层的楼式建筑,黑色琉璃瓦绿剪边,门、窗、柱都漆成绿色,外檐彩画也以蓝、绿、白相间的冷色调，不用行龙飞凤，而是"白马献书""翰墨卷册"等。面阔五间，加西侧楼梯间为六间，形成偶数开间，意"地六成之"。阁下层均出檐廊。阁内为三层，在下层顶板下的空间，东、北、西三面各以回廊的形式增加一层，俗称"仙楼"，两侧各一间之地，正面两米多宽，使正中三间形成二层空间的敞厅，下层靠北以隔扇分出近两米宽的过道。《四库全书》和《古今图书集成》书架分排于阁内各层。

乾隆每次东巡盛京（今沈阳）时都要亲自查阅翻检，体味读书之乐。乾隆四十八年（1783 年）九月，73 岁高龄的乾隆第四次到文溯阁，题长诗："老方四库集全书，竟得功臣莫幸如。京国略钦渊已汇，陪都今次溯其初。源宁外此园近矣，津以问之庄继者。搜秘探奇力资众，折衷取要意廑予。唐函宋苑实应逊，荀勒刘歆名亦虚。东壁五星斯聚朗，西都七略彼空储。以云过洞在滋尔，敢日络民合是钦。敬免天聪文馆辟，必先敢懈有开余。"此诗仍高悬于文溯阁中。乾隆帝又御笔亲题两楹联："古今并入含茹万象沧溟探大本；礼乐仰承基绪三江天汉导洪澜"，横批："圣海沿回"。南侧的一副是："由鉴古以垂模敦化川流区脉络；本绍闻为典学心传道法验权舆。"

文宗阁位于江苏镇江金山寺，建于乾隆四十四年（1779 年），中经嘉庆、道光两朝，毁于咸丰三年（1853 年），历时 74 年，以收藏《四库全书》和《古今图书集成》而闻名海内外。

据《金山志》记载:"文宗阁在竹宫之左"。当时的竹宫之左就是现在金山公园内园林办公室、照相馆一带。当时的金山四面江水环绕,文宗阁朝南坐北。隔庭院有门楼3间与阁相对,两侧均有廊楼各十间,将文宗阁联成四合院的形状,阁前银涛雪浪,气势滂沱,阁后山崖陡峭,峰巅浩伏。文宗阁是由驻扬州的两淮盐运使督造的,落成时,盐运使呈请乾隆为阁提名。乾隆亲笔御书《文宗阁》匾额。乾隆于乾隆四十五年(1780年)春第五次南巡,驻金山行宫,曾赋诗说:"百川于此朝宗海,是地诚应庋此文"。镇江背倚奔腾浩荡的长江,上达川鄂,下抵江浙,柱南北之冲,扼东西之要,更有金、焦二山孤峙江心,百川朝宗,形势雄险,景色壮观,是庋藏《四库全书》的胜地。文宗阁复建工程投资2000余万元,2010年3月开工,于2011年10月26日竣工开放。复建后的文宗阁建筑总面积1286平方米,依旧时格局有门厅、御座房,还有藏书楼、回廊等,组成了两进古典院落,院内有香樟、银杏、假山、海棠、红枫、翠竹、亭阁回廊。

文澜阁在杭州西湖孤山南麓,文澜阁始建于乾隆四十七年(1782年),告竣于四十九年(1784年),是因"玉兰堂"改建而成。《办理四库全书档案》上册记载,乾隆四十七年七月初八日谕:"杭州圣因寺后之玉兰堂,著交陈辉祖(浙江巡抚)盛住(浙江布政使)改建文澜阁,并安设书格备用。伊龄阿(两淮盐政)、盛住於文渊等阁书格式样,皆所素悉,自能仿照妥办。"《杭州府志:西湖图说》亦云:"近复於行宫之左建阁,储藏《四库全书》,赐名文澜;东壁光昭与西泠渊映,永资津逮於靡涯矣。"(邵晋涵纂,乾隆四十九年刻本,卷一,页四十四)又《题文澜阁诗》末联云:"范家'天一'於斯近,幸也文澜乃得双"(《高宗御制诗五集》卷六,页四)。

据时人记载:"阁在孤山之阳(南麓),左为白堤,右为西泠桥,地势高敞,揽西湖全胜。外为垂花门,门内为大厅,厅后为大池,池中一峰独耸,名'仙人峰'。东为御碑亭,西为游廊,中为文澜阁"。咸丰十一年(1861年)文澜阁焚毁,部分藏书散失。光绪六年(1880年)开始重建,并把散失、残缺的书籍收集、补抄起来;辛亥革命后又几经补抄,文澜阁的《四库全书》才恢复旧观。

中华人民共和国成立以后,书阁经过多次修缮,面貌一新。文澜阁是一座典型的江南庭院建筑,园林布局的主要特点是顺应地势的高下,适当点缀亭榭、曲廊、水池、叠石之类的建筑物,并借助小桥,使之互相贯通。园内亭廊、池桥、假山叠石互为凭借,贯通一起。主体建筑仿宁波天一阁,是重檐歇山式建筑,共两层,中间有一夹层,实际上是三层楼房。步入门厅,迎面是一座假山,堆砌成狮象群,上建月台和趣亭,山下有洞壑。穿过山洞是一座平厅,厅后方池中有奇石独立,名为"仙人峰",是西湖假山叠石中的精品。东南侧有碑亭一座,碑正面刻有清乾隆帝题诗,背面刻有颁发《四库全书》上谕。东侧亦有碑亭一座，碑上刻有清光绪帝题"文澜阁"三字。平厅前有假山一座，上建亭台，中开洞壑，玲珑奇巧。方池后正中为文澜阁，西有曲廊，东有月门通太乙分青室和罗汉堂。全部建筑和园林布局紧凑雅致，颇具特色。

文汇阁位于扬州天宁寺西园，一名御书楼，根据《扬州画舫录》记载，天宁寺西园又称御花园，正殿名大观堂，文汇阁设于大观堂旁。《高宗御制诗五集》（卷四，页十九）《文汇阁叠庚子韵》："天宁别馆书楼耸，向已图书贮大成，"注云："此阁成於庚子（乾隆四十五年）亦仿范氏'天一阁'之式为之。"咸丰四年（1854 年），太平军攻入扬州，文汇阁及其藏书一起毁于战火之中。造园家麟庆在《鸿雪因缘图记》描绘："文汇阁在扬州行宫大观堂右……阁下碧水环之，为卍字。河前建御碑亭，沿池叠石为山，玲珑窈窕，名花嘉树，掩映修廊。"他入阁读书时，恰"庚子（1840 年）三月朔，偕沈莲叔都转、宋敬斋大使，同诣阁下。亭榭半就倾落，阁尚完好，规制全仿京师文渊阁。回忆当年充检阅时，不胜今昔之感。"

嘉业藏书楼在浙江南浔小莲庄侧，光绪二十八年（1902 年）始建，建成于民国十三年（1924 年），是建成最晚的园林式藏书楼。园主是"浙江四象"之首的刘镛的孙子刘承干。刘承干酷爱读书，在辛亥革命前后大量购书。宣统曾赐予"钦若嘉业"的匾额，他以此为荣，故以"嘉业"命名。楼呈口字形走马楼，整幢楼共计 52 间。全园占地 20 余亩，建筑为回字形走马楼，楼南为水池，池中有岛，池左右构亭。整个花园和藏书楼皆环绕于水渠之中，为池中有池，防火功能远胜于他处。刘承干有《嘉业藏书楼记》："余少席先芬，习向庭洁，缅怀乡先，窃抱斯志……乃归鹧鸪溪畔。筑室为藏书计。糜金十二万，拓地二十亩。庚申之冬，断于甲子之岁"。"而疱涺移圃花宫诸制，无不备焉。庭前凿池，池左右各有亭一，中磊石为岛屿状，蟆跂龟状，通以略彴，而明瑟居其上，临流睥睨，为鼎足之势。周之四环以溪水。平临块莽，直视无碍。"（图7-3）"春花秋月，梅雪荷风，景物所需，取供悉办。灵瞩莹发朝暮，尤胜人家，历历半往斜阳，林影幢幢，如耸危塔，庭石孤啸，橹声一鸣，负手微吟，诗境亦故。千桑万海之中，踽天踽地之境，比年以来，以为最适。"

图7-3　嘉业藏书楼荷花池（作者自摄）

第4节　园林书屋化——四知书屋、四宜书屋、五峰书屋

白居易在《池上篇并序》中说他退休后建的履道里园"虽有子弟，无书不能训也，乃作池北书库。"在私家园林中曾遍设书屋，上海课植园把全园分成以读书为主的课园和以种植为主的植园。课园有一个二层楼名书城，一层读书，二层藏书。北京宁寿宫花园有抱素书屋、畅春园有澹宁居和青溪书屋、承德避暑山庄有四宜书屋、清漪园有澹宁堂、圆明园有四宜书屋、藏园有池北书屋、南京煦园有印心石屋、苏州沧浪亭有见心书屋、网师园有五峰书屋、水木明瑟园有潭上书屋、芳草园有二虞书屋、尧峰山庄有梨花书屋、遂初园有拂尘书屋、畅园有桐华书屋、吴县端园有友于书屋和海棠书屋、常熟半亩园有古春书屋、昆山逸我园有溪南书屋、南通啬园有待吟书屋、上海日涉园有传经书屋、奉贤兴园有养正书屋、松江复园有松玕书屋、青浦清城隍庙行宫有凝和书屋、嘉定秦家花园有权酌书屋、兰陵小筑有兰芬书屋、藤花别墅有乐琴书屋、天津帆斋有矣乃书屋、水西庄有澹宜书屋、寓游园有枣香书屋、广州磊园有临沂书屋、顺德清晖园有红蕖书屋和惜阴书屋、南京琴隐园有十二古琴书屋、薛庐有吴砖书屋、福州石林园有茧屋（书屋）、芝石山斋有桂香书屋、台北板桥花园有汲古书屋、陆川谢鲁山庄有树人书屋，以及翕县十亩园、吴县春熙堂、上海

惠园、南京韬园、上海龙华园都设有书屋。

1. 三味书屋

三味书屋是晚清绍兴府城内的著名私塾，位于都昌坊口 11 号，是鲁迅 12 岁至 17 岁时求学的地方，塾师寿镜吾，是一位方正、质朴和博学之人。他的为人和治学精神，给鲁迅留下难忘的印象。寿镜吾在这里坐馆教书达 60 年，从房屋建筑到室内陈设以至周围环境，基本保持当年原面貌。三味书屋是三开间的小花厅，本是寿家的书房，坐东朝西，北临小河，与周家老台门隔河相望，寿家台门是鲁迅的塾师寿镜吾先生家的住屋。

寿镜吾（1849—1930 年），名怀鉴，字镜吾，号镜湖，是一位学问渊博的宿儒。他品行端正，为人质朴，性格耿直，博学多才，教学认真，然一生厌恶功名，自考中秀才后便不再应试，终身以坐馆授徒为业。他曾对鲁迅说过："周树人，希望你继续努力。"鲁迅在《朝花夕拾》"从百草园到三味书屋"中赞之："本城中极方正、质朴、博学之人"。

寿家台门由寿镜吾的祖父峰岚公于嘉庆年间购置，总建筑面积 795 平方米，前临小河，架石桥以通，西有竹园，整幢建筑与周家老台门隔河相望，闻名中外的三味书屋就在寿家台门的东侧厢房。

三味书屋是鲁迅先生幼年读书的地方。他于 12 岁那年到这里上学。第二年秋后，因祖父下狱，少年鲁迅离家去绍兴农村——皇甫庄、小皋埠避难，故学业中断。1894年夏回家，仍返三味书屋。这样一直到大约1898年往南京水师学堂学习前半年才离开，首尾竟达六年。然而一切依旧如鲁迅的回忆："从一扇黑油的竹门进去，第三间是书房，中间挂着一块匾：三味书屋；匾下面是一幅画，画着一只很肥大的梅花鹿伏在古槐下。"匾和画，解放前曾散失，解放后找回。鲁迅的同学解放初还有周梅卿、章祥耀、王福林三位健在，按照这三位老同学的回忆，座位11个，鲁迅的座位排在北墙边，是一张带抽屉的长方形桌子，桌子后面放着一张略低些的椅子。这里光线很暗，空气也很潮湿。书桌右角刻着一寸见方的"早"字，刀法简朴挺直，是少年鲁迅读书的态度。

堂屋匾额上有"三味书屋"四个楷体字，堂屋中有抱联：至乐无声唯孝悌，太羹有味是诗书，皆为杭州书法家梁同书所书。梁性耿介，工书，晚年名满天下，终年93岁，著有《频罗庵遗集》。1962年秋天，郭沫若曾到三味书屋瞻仰，并题诗纪念，诗云：我亦甘为孺子牛，横眉敢对千夫怒。三味书屋尚依然，拈花欲上腊梅树。

三味书屋的大堂前第二进称为大堂前，是祖宗忌日和红白喜事时贵宾的聚会地，额云：思仁堂，联云："品节泰山乔岳，襟怀流水行云"。后金柱联云："道义嘉谟见风骨，箴言懿德泽桑梓。"为寿镜吾所题，提倡道义行事和德行乡里。穿过天井，即第三进后楼，寿镜吾先生卧室。

　　小堂前是接待亲朋好友之处。退堂屏额匾曰：重游泮水，为寿镜吾中秀才（1928年）其侄寿孝天敬贺的。鲁迅离开绍兴之后，与寿镜吾先生一直有书信往来。1906年鲁迅曾回绍兴也是在此见面的。寿镜吾的卧室里放置着架子床、衣柜、箱柜、木躺椅、衣架、盥洗架等物品。由于寿镜吾先生教学很严谨，每年只收八名学生，他认为多收了教不过来，所以他的教学收入很有限，家具行装也简朴。

　　从第三进往东的东厢房，分南、北两部分。北边的厢房即为鲁迅的读书处——三味书屋。鲁迅在文章中写过屋后有院子，腊梅的花香沁人心脾。寿镜吾的书房是典型的塾师之家的书房布置，设有《二十四史》专用书柜、普通书柜、文房用具等。匾曰：三余斋。三余取义于《三国志》裴松之注，即魏人董遇所言："为学当以三余，冬者岁之余，夜者日之余，阴雨者晴之余。"也有考证"三余"为"公余、饭余、茶余"，总之都是提醒人们要利用一切空余时间发奋学习。

　　关于三味，诸多解语。寿镜吾次子寿洙邻道："三味是以三种味道来形象地比喻读诗书、诸子百家等古籍的滋味。幼时听父兄言，读经味如稻粱，读史味如肴馔，读诸子百家味如醯醢（xī hǎi）（醢系肉或鱼剁有酱）。但此典出于何处，已难查找。"典出宋代李淑《邯郸书目》所言："诗书味之太羹，史为折俎，子为醯醢，是为三味。"此意与楹联"至乐无声唯孝悌，太羹有味是诗书"之味统一在一起。

寿镜吾之孙寿宇道:"这样的解释淡化了祖先对清王朝的反叛精神。"其文亦道:"我不止一次地从我祖父寿镜吾的口中,听到解释三味书屋的含义。祖父对'三味书屋'含义的解释是'布衣暖,菜根香,诗书滋味长'。""布衣暖"就是甘当老百姓,"菜根香"就是满足于粗茶淡饭;"诗书滋味长"就是认真体会诗书的深奥内容。"这第一点'布衣暖'非常重要,这是我祖先峰岚公、韵樵公的思想核心,产业有失败,使他们看清了清王朝的腐朽本质,他们认为在祸国殃民的清王朝当官就是为虎作伥,是害人害己。于是,把三味书屋的办学方向也作为子孙的人生指南,不许自己的子孙去应考做官,要甘于布衣暖,菜根香,品尝诗书的滋味。"寿宇忆寿镜吾之言:"这'三味'的含义不能对外人说,也不能见诸文字,这是祖先韵樵公定的一条家规,因为'三味'精神有明显的反清倾向,一旦传出去可能要招来杀身之祸。"

佛教亦有三昧,也称三昧:定、正受、等持,诵经之前神思安定专注;领悟经义态度必须端正虔诚;学习过程中要专心始终。后来三昧逐渐引申为对事物本质精神意义的概括,如"个中三昧""得其三昧"等,喻领悟学问的精确与深刻。

历代画论中有游戏三味。王维《山水诀》:"手亲笔砚之余,有时游戏三味。"李成《山水诀》:"不迷颠倒回还,自然游戏三味。"李澄叟《画山水诀》:"不迷颠倒回环,自然游戏三昧。"唐志契《绘画发微》在"写意"篇中道:"写画亦不必写到,若笔笔写到便俗。落笔之间若欲到而不敢到便稚,唯习学纯熟,游戏三昧,一浓一淡,自有神行,神到写不到乃佳。"方薰在《山静居论画》道:"昔人云:'游戏亦有三昧'"。华琳《南宗抉秘》"此固精能之极,然后能遗貌取神,以成此游戏三昧之诣,非貌为怪诞也。"

2. 四知书屋

清代热河避暑山庄澹泊敬诚殿北为四知书屋,建于康熙五十年(1711年),康熙皇帝题有"依清旷"匾悬于内檐。乾隆皇帝感到外檐空荡,于是在乾隆五十三年(1788年)题写了"四知书屋"匾。四知语出《易经》:"君子知微、知彰、知柔、知刚,万夫之望。"乾隆深刻理解其刚柔相济、恩威并施的内涵。乾隆皇帝在《四知书屋记》道:"盖微柔阴也,彰刚阳也,阳动而阴静,动无不由静,彰无不由微,刚无不由柔。然而柔能制刚,微能掩彰,静能制动,此乃圣人扶阳抑阴之本义,正心敕政,以及用兵不可不深知所几而作,不俟终日者何如? 其凛凛哉。"

根据嘉庆初年宫中《陈设档》,四知书屋面阔五间。中间一间为过道。东稍间为休息更衣之所,东次间是接见少数近臣的地方。西间为两开间,是皇帝"小朝"的地方。屋北的游廊与万岁照房(十九间房)相连接,两侧的配房各五间,以此为界,南为前朝,其北即为后寝烟波致爽。

西三间为宝筏喻,是乾隆时期的佛堂,为皇后礼佛祭祀之地。

西山墙悬有一幅乾隆帝御题的字轴《戏题兰》,轴宽88.5 厘米,高 22 厘米,此诗作于乾隆十九年(1754 年),诗文是:"泽兰自者拟骚人,南国移术塞地新。水土不谙风月异,芳菲强弄鲜精神"。诗后有"乾隆宸翰""陶冶性灵"两方印。泽兰本为热带植物,被移至北方之后,虽水土不服,也得强作欢笑,为人妆容。东山墙上有嘉庆十三年(1808 年)手书帖落:"刚柔相济政胥协,藏显咸孚治允宜",显示了嘉庆对乾隆"四知"的理解、推崇和继承。

四知书屋的西间,决策了许多重大事件。乾隆三十六年(1771 年)刚刚从伏尔加河流域长途跋涉历尽艰险回归祖国的土尔扈特部首领渥巴锡与策伯克多尔济、舍楞等赶到承德朝觐。乾隆在澹泊敬诚接见了渥巴锡一行后,又在四知书屋内单独召见了渥巴锡并与之亲切长谈,听取了渥巴锡的悲壮陈述。乾隆四十五年(1780 年),六世班禅不远万里来到承德为乾隆皇帝祝贺七十寿辰,乾隆不但赏赐大量物品,还敕巨资修建了班禅行宫——须弥福寿之庙供其居住讲经。在澹泊敬诚举行隆重万寿庆典时,乾隆皇帝和班禅携手同登宝座,接受蒙古王公、扈从大臣和外国使节的庆贺。仪式完毕,乾隆皇帝又引班禅至四知书屋落座。六世班禅的觐见对藏区统一起到重要作用。乾隆皇帝还多次在四知书屋接见重要的王公大臣、少数民族首领和西藏政教领袖,以示恩崇之意。

乾隆五十二年（1787年）台湾林爽文起义，乾隆皇帝感到"斯事体大"，在四知书屋谋划对策，"命重臣发劲兵"。福康安受命赴台，很快把起义镇压下去。四知书屋还是皇帝"勾到之处"。每年复审京城死刑案件的"朝审"和复审各省死刑案件的"秋审"都在秋季呈送皇帝决定。此时正是清帝木兰秋狝，驻跸山庄之时，故慎理刑名也成为皇帝的政务。除四知书屋，勾到之处还有紫禁城的懋勤殿、圆明园的洞明堂、香山勤政殿后的致远斋东，以及避暑山庄的依清旷。

3. 四宜书屋

四宜书屋是圆明园四十景的第二十八景，在圆明园中有两处，一处位于圆明园的廓然大公东北面，为乾隆所建；一处位于绮春园西南面，为嘉庆所建。前者亦在西峰秀色以东，有东西船坞各两所，北岸即为四宜书屋，有殿堂五间，正殿称安澜园，东南为莳经馆，又南为采芳洲，其后为飞睇亭，东北为绿帷舫。西南为无边风月之阁，又西南为涵秋堂，北为烟月清真楼。楼西稍南为远秀山房，楼北渡曲桥为染霞楼。四宜书屋本为雍正所建，匾额亦为清世宗雍正所书，年久失修后，乾隆南巡幸海宁陈家隅园，觉其结构相似，于是回京后改建而成，列入四十景图。图7-4所示为四宜书屋平面图。

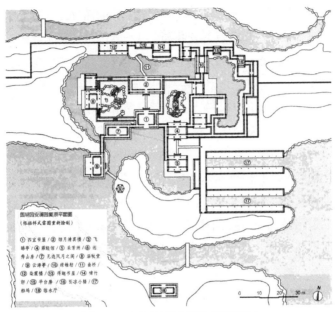

图 7-4 四宜书屋平面图（贾珺绘）

因乾隆六次南巡，四次巡幸海宁，驻跸陈元龙的隅园。安澜园在海宁城西北隅，原为南宋安化郡王王沅的宅园，明万历年间，陈与郊在其原址上扩建为隅园。与郊后人陈元龙历仕康雍两朝，赐阁老。元龙改建隅园为遂初园，占地面余亩，时称浙西园林之冠，雍正赐堂额：林泉耆硕。乾隆二十七年（1762 年），乾隆第三次南巡，初到海宁游遂初园，感其雅致，赐名安澜园，以示钱塘两岸风平浪静，百姓安宁。还请画师绘制安澜园图，收于《南巡盛典》图录之中。回京后第二年，乾隆即对失修的四宜书屋按安澜园进行改造，颜正堂为安澜园，并作《御制安澜园记》以说明："安澜园者，壬午（乾隆二十七年）幸海宁所赐陈氏隅园之名也。陈氏之因何名御园？盖喜其结构至佳，图以归，园既成，爰数典而仍其名也。就四宜书屋左右前后略经位置，即与陈园曲折如一无二也。"又道："予缱念塘工，旬有报而月有图，所谓鱼鳞土备，南坍北涨诸形势，无不欲悉。安澜之愿实无时不廑于怀也，由其亭台则思至盐官者，以筹海塘而愿其澜之安也。"《日下旧闻考》记载："是则于之以安澜名是园者，固非游情泉石之为，而实蒿目桑麻之计，所谓在此不在彼也。"园建成后至去世的二十五年间，乾隆题安澜园的诗达百余首。其大多诗都心系海塘安危，时海潮北延，有突破海宁大堤之势，苏、杭、嘉、湖都有水泽之虞。

四宜书屋（安澜园）有十景：莳经馆、采芳洲、飞睇亭、绿帷舫、无边风月之阁、涵秋堂、烟月清真楼、远秀山房、染霞楼、四宜书屋，除此外还有得趣书屋、挹香室、引凉楼、涵雅斋等景。其中莳经馆仿陈氏藏书楼，无边风月之阁仿安海宁的风月，乾隆诗序道："界域有边，风月无边。轻拂朗照中，吾不知为在御园，在海宁矣。"烟月清真楼仿竹堂月阁，乾隆诗序有云："四宜书屋之后，管卡楼高敞，不施厨障，为烟月契神处，又似在陈氏竹堂月阁间。"飞睇亭仿陈园之山顶笠亭，乾隆《飞睇亭》道："有颇学陈家列假山，山巅亭笠俯孱颜。设云飞睇于何处？祇在盐官左右间。"后乾隆又在别一首《飞睇亭》（乾隆二十八年）道仿杭州西湖龙井的龙泓亭："翼然亭子冠岭崎，规仿龙亭式创为。飞睇宁论千万里，直如朝中朗吟时。"

图 7-5　四宜书屋（《圆明园四十景图》）

圆明园在北京西山之东，多处景点利用堆山和构楼顺势借景西山。乾隆三十三年《再题安澜园十咏》的远秀山房诗中道："山房西向见西山，爽气西山襟袖间。"次年《再题安澜园十咏》道："山顶三间户向西，西山爽气袖襟携。"乾隆三十一年的《再题安澜园十咏旧作韵》"染霞楼"诗道："书楼近水耸飞甍，映带烟霞上下清。"又道："池上书楼号染霞，凭窗揽景不须赊。"

乾隆九年，乾隆题《四宜书屋》的序解释了此景区的功能："春宜花，夏宜风，秋宜月，冬宜雪，居处之适也。冬有突夏，夏室寒些，骚人所艳，允矣兹室，君子攸宁。"其诗云："秀木千章绿阴锁，间间远峤青莲朵。三百六日过隙驹，弃日一篇无不可。墨林义府足优游，不羡长杨与馺娑。风花雪月各殊宜，四时潇洒松竹我。"长杨是秦代宫殿的名称，汉代再事修饰作行宫之用，因宫内有垂杨数百而得名。馺娑是汉代建章宫内宫殿名，馺娑本意为迅马飞奔，以此命宫名，言宫之大，迅马也得行一日方可遍游此宫也。"潇洒松竹我"，松，言松柏之有心；竹，言竹箭之有筠；两者皆比"我"心之潇洒，是从苏东坡"与谁同坐，明月清风我"化出。

四宜书屋的书屋功能主要表现在藏书和读书。葄经馆就是藏书楼，乾隆二十九年（1764年）的《葄经馆》诗序道："入园门朴室三间，背倚峰屏，右临池镜，颜曰葄经，不减陈氏藏书楼也。"乾隆五十二年（1787年）《安澜园十景咏》之《葄经馆》诗云："芸厨贮有六经存，礼义之门道原"说明藏有六经。染霞楼也是书斋，乾隆在诗中道："池上书楼号染霞"（乾隆二十九年），"书楼近水耸飞甍"（乾隆三十一年），"朴斵书楼绿水涯"。

虽叫安澜园，还是延续四宜书屋的读书之用，延展了书屋的安民之本、治国之术。乾隆二十八年《题葄经馆》道："书馆信攸宁，新名曰葄经。无忘惟好学，有暇每来亭。"二十九年《葄经馆》道："恒年默记复潜神，那拟班家戏答宾。枕籍亦非耽博古，欲推实政善安民。"三十四年《葄经馆》道："士不通经岂足用，虽然当年异书生。三谟二典多无语，披对能忘愧多情。"另一诗云"假予学易难穷奥，勤政且从谟典寻"。二典指《尧典》和《舜典》，三谟指《尚书》之大禹谟、皋陶谟和益稷。四十九年《四宜书屋》中道："髦龄以屋古稀岁，实与简编手未离。四库新看编纂就，抽翻无有不宜时。"古稀之年的乾隆，眼看《四库全书》编成，爱不释手，不时翻看。二十九年《得趣书屋》道："书斋日得趣，借问趣若何？春附茸芳草，夏池馥净荷。月竹秋玲珑，雪树冬婆娑。四时趣如此，此亦何足多。伊余别有托，趣不在研摩。宣尼为君难，三字垂金科。诚觉其趣长，躬行励切磋。"诗中"四时得趣"与四宜之较，研摩出"为君之难"。（以上资料来源：憨痴呆，圆明园四十景之二十八景：四宜书屋，个人图书馆）

绮春园生冬室西南的四宜书屋建成于嘉庆十年（1805年），为绮春园春夏秋冬四景之一，是皇太妃寝所之一。四宜书屋东侧建筑，今为北京 101 中学。四宜书屋四面环山，四面绕水，溪流从西北流入、东南流出，河道从北、东、西三面环绕基地。在南面案山之南为湖泊，湖上又有岛屿及亭子与四宜书屋呼应。

四宜书屋是一个园中园。它由围墙围合而成。广场最南为六方形夕霏榭，正门三间，题四宜书屋。格局是中轴对称，三进院落，前后落通宽，中落分成东西跨院。

绮春园有春夏秋冬四季景点敷春堂、清夏斋、涵秋馆、生冬室，嘉庆《绮春园记》道："北即敷春堂，春者仁也，物之生也，上天敷春而生庶物……西为清夏斋，殿宇宏敞……后湖东偏即涵秋馆……别有虚榭回廊，板桥曲沼可达生冬室，因以室内名。夫贞下起元，一阳来复，万物始生，皆基于冬也……故堂、斋、馆、室，以春、夏、秋、冬命名之。"也有学者认为春景应是春泽斋。除此之外，还仿圆明园四宜书屋的风花雪月，没有新意。

乾隆好藏书读书，在清漪园中建的澹宁堂就是一处书屋。澹宁堂位于万寿山东邻惠山园（今谐趣园），背南山临北湖，坐南朝北。乾隆十九年（1754年），乾隆认为此处"澹泊水之德，宁静山之体"，具有诸葛亮《出师表》之"澹泊宁静"之境，且他十二岁见康熙后随祖父读书于畅春园的澹宁居，于是以怀旧为主题，构建了这处引景点。前厅名五间云绘轩，是乾隆做皇子时的读书处，仿建于此。厅左右有厢房五间。主体建筑澹宁堂，高两层，面阔十一间，东西有五间配殿。乾隆有诗《澹泊宁静》："青山本来宁静礼，绿水如斯澹宁容。"澹宁堂二楼名夕霭朝岚，联云：动趣后阶临水白，静机前地山青。随安室也是乾隆做皇子时在紫禁城重华宫的书房名。即位后寝宫养心殿"东室为寝宫，西室匾曰随安室，联曰：无不可过去之事，有自然相知之人。"漱芳斋、养性殿、乐寿堂、西苑瀛台、清漪园澹宁堂、避暑山庄、大新庄行宫、圆明园保合太和殿、林虚桂静、蓬岛瑶台等十二处，皆有随安室。乾隆青年时诗"随安者，取其随所遇而安之义"，此后"志与青年异，题斯触处观"，转化为"今则四海之广，兆民之众，无不欲其随时随地而安"。随安室也成为乾隆的印章堂号之一，在书画中使用频率最高。

4. 五峰书屋

五峰书屋位于网师园的撷秀楼北，是一个园中院。其主体建筑五峰书屋坐北朝南，两层建筑。硬山顶，哺鸡脊，面阔五间。前出檐廊，东通半亭，西出竹外一枝轩，南围成院，叠太湖石成峰，北院狭长，立太湖石为峰。前后院石峰都有五老之形，然不准确，在似与不似之间，见图 7-6 五峰书屋。南院植青柏、腊梅、海棠、青枫及山茶名品"十三太保"等花木互相掩映配植。屋北庭院植紫薇、芭蕉，点缀湖石，以赏夏景为主，营造了适宜读书的幽闭之境。

图 7-6　五峰书屋（作者自摄）

书屋为二层楼房，不设楼梯，而是靠东西室外楼梯连通。西借集虚斋有楼梯，东借梯云室的西南太湖石假山蹬道，如此巧妙，与东莞可园的狮子上楼台、避暑山庄的云山胜地楼相近。

五老峰地处庐山东南，因山有绝顶被垭口所断，分成并列的五座山峰，仰望俨若席地而坐的五位老翁，俗称五老峰。根连鄱阳湖，峰尖凌云，海拔1436米，虽略低于大汉阳峰，但其雄奇却有过之而无不及，为全山形势最雄伟奇险之胜景。古代研经传道有五老，在史话被称为天神或天尊，在星象卦说之中，他们分别是青灵始老天尊，代表东方、木、青色；丹灵真老天尊，代表南方、火、红色；黄灵元老天尊，代表中方、土、黄色；浩灵素老天尊，代表西方、金、白色；一灵玄老天尊，代表北方、水、黑色。山上五老祠所祭的正是这五老天神。角度不同，形态不同，有像诗人吟咏，有像武士高歌，有像鱼翁垂钓，有像老僧盘坐。海会寺望五老峰最为真切：第三峰最险，奇岩怪石千姿百态，雄奇秀丽；第四峰最高，峰顶云松弯曲如虬。其下有五小峰，即狮子峰、金印峰、石舰峰、凌云峰和旗竿峰，往下为观音崖、狮子崖，背后山谷有青莲寺。

李白在天宝十五年（756年）曾经筑室于庐山五老峰下的屏风叠，作《望五老峰》，诗云："庐山东南五老峰，青天削出金芙蓉。九江秀色可揽结，吾将此地巢云松。"写出了庐山五老峰的险峻秀丽。先秦时代的匡俗屡逃征聘，结庐于此山之后，历代均有许多著名的高士隐居此山，成为中国隐士最集中的名山。王思任《游庐山记》所描绘的"无山不峰，无峰不石，无石不泉也。至于彩霞幻生，朝朝暮暮，其处江湖之界乎，此所谓山泽通气者矣"，正适宜隐士隐居。白居易于宪宗元和十二年（817 年），在庐山筑有草堂，写有《草堂记》，道："春有锦绣谷花，夏有石门涧云，秋有虎溪月，冬有炉峰雪"，可使"外适内和,体宁心恬""庐山以灵性待我，是天与我时，地与我所，卒获所好，又何以求焉！"

以五老命名园景的不止网师园，还有留园的五峰仙馆，点出五老是神仙。上海古猗园的逸野堂侧，用太湖石环绕堂西，形如五老弹琴。两座厅堂虽大，都不是用于读书之所。

5. 印心石屋

南京煦园是衙署园林，在忘飞阁与桐香馆之间有一太湖石假山，群峰林立，峡谷幽深，石梁飞架，石洞贯通，峰回路转，宛若迷宫。洞口赫然题有：印心石屋。道光十五年（1835 年），两江总督陶澍入京区觐见，向道光皇帝讲述了家乡湖南"有石出于潭心，方正若印，名印心石"，幼年时随父在石上构屋读书。道光十分感兴趣，当场书大小两方"印心石屋"匾赐之。陶归两江总督府后，就在园中假山洞口刻上，以示皇恩浩荡。

第 *8* 章　重农耕读

第1节　重农思想与先农耕织图

　　重农思想萌芽于西周，形成于春秋战国，盛行于西汉，贯穿中国历朝历代。《周礼》的"九职任万民"道："一曰农，生九谷。二曰园圃，毓草木。三曰虞衡，作出泽之材。四曰薮牧，养繁鸟兽。五曰百工，饬化八材。六曰商贾，阜通货贿。七曰嫔妇，化治丝枲。八曰臣妾，聚敛疏材。九曰闲民，无常识。"农被列为九职之首。"家宰制国用，必于岁之秒，五谷皆入，然后制国用。用地大小，视年之丰耗，以三十年之通制国用，量入以为出。""量入以为出"的管理原则依农时、收成、田亩计算。

　　《易传·系辞下传》："庖牺氏没，神农氏作，斫木为耜，揉木为耒，耒耨之利，以教天下。""尧命四子"出自《尚书·尧典》："尧命四子，以敬授民时。"四子指羲仲、羲叔、和仲及和叔四人，原文记载了尧命四人历定春夏秋冬四时，以正农时。"禹制土田，万国作乂"句原出自《尚书·禹贡》："禹年洪水，定九州，制土田，……万国作乂。"其中"《诗》、《书》所述，要在安民，富而教之。"一句可以从《论语》中找到根据，《论语·子路》说："子适卫，冉有仆。子曰：'庶矣哉！'冉有曰：'既庶矣，又何加焉？'曰：'富之。'曰：'既富矣，又何加焉？'曰：'教之。'"

《论语·宪问》道："禹、稷躬稼而有天下"。

班固《汉书·食货志》："生民之本，兴自神农之世。'斫木为耜，揉木为耒，耒耨之利以教天下'，而食足；'日中为市，致天下之民，聚天下之货，交易而退，各得其所'，而货通。食足货通，然后国实民富，而教化成。黄帝以下'通其变，使民不倦'。尧命四子以'敬授民时'，舜命后稷以'黎民祖饥'，食为政首。禹平洪水，定九州，制土田，各因所生远近，赋入贡棐，茂迁有无，万国作乂。殷周之盛，《诗》、《书》所述，要在安民，富而教之。""黎民祖饥""食为政首""要在安民""富而教之"等执政理念。

缪启愉、缪桂龙《齐民要术译注》记载，"晁错曰：'圣王在上，而民不冻不饥者，非能耕而食之，织而衣之，为开其资财之道也。……夫寒之于衣，不待轻暖；饥之于食，不待甘旨。饥寒至身，不顾廉耻。一日不再食则饥，终岁不制衣则寒。夫腹饥不得食，体寒不得衣，慈母不能保其子，君亦安能以有民？……夫珠、玉、金、银，饥不可食，寒不可衣。……粟、米、布、帛，……一日不得而饥寒至。是故明君贵五谷而贱金玉。'刘陶曰：'民可百年无货，不可一朝有饥，故食为至急。'陈思王曰：'寒者不贪尺玉而思短褐，饥者不愿千金而美一食。千金、尺玉至贵，而不若一食、短褐之恶者，物时有所急也。'诚哉言乎！"晁错、刘陶和陈思王一致认为"贵五谷而贱金玉""食为至急""寒者不贪尺玉""饥者不愿千金"。

被《四库全书》称为"于农圃、衣食之法纤悉皆备，又文章古雅，援据博奥，农家诸书，无更能出其上者"的《齐民要术》序道："盖神农为耒耜，以利天下；尧命四子，敬授民时；舜命后稷，食为政首；禹制土田，万国作乂；殷周之盛，《诗》、《书》所述，要在安民，富而教之。"提出"食为政首""要在安民"和"富而教之"的理论。

《齐民要术·序》说："今采捃经传，爰及歌谣，询之老成，验之行事，起自耕农，终于醯、醢，资生之业，靡不毕书，号曰《齐民要术》。凡九十二篇，束为十卷。卷首皆有目录，于文虽烦，寻览差易。其有五谷、果、蓏非中国所殖者，存其名目而已；种莳之法，盖无闻焉。舍本逐末，贤哲所非，日富岁贫，饥寒之渐，故商贾之事，阙而不录。花草之流，可以悦目，徒有春花，而无秋实，匹诸浮伪，盖不足存。"耕农醯醢是"资生之业"，"舍本逐末，贤哲所非"，而商贾之事，不过是"日富岁贫，饥寒之渐""花草之流"，也是"可以悦目"，"徒有春花，而无秋实"，"匹诸浮伪"。反对商业和园林。

家是农业社会的细胞。《大学》指出:"古之欲明明德于天下者,先治其国,欲治其国者,先齐其家;欲齐其家者,先修其身。"《孟子·离娄上》也指出,"人有恒言,皆曰天下国家。天下之本在国,国之本在家,家之本在身。"《孝经·广扬名章》子曰:"君子之事亲孝,故忠可移于君。事兄悌,故顺可移于长。居家理,故治可移于官。是以行成于内,而名立于后世矣。"《齐民要术》引用之后又道:"孔子曰:'居家理,治可移于官'。然则家犹国,国犹家,是以家贫则思良妻,国乱则思良相,其义一也。"《孟子·滕文公下》道:"曰:士之仕也,犹农夫之耕也。"强调了"农夫之耕"与"士之仕"具有同样道理,可见"家理移官"的思想也是儒家的农业思想。

汉昭帝始元六年(公元前 81 年)的盐铁"义利之辩"首开农商争论的先河,以贤良文学为代表的儒家倡导"崇本抑末"论,奠定了后代封建帝国重农抑商的理论体系。《盐铁论·本议》道:"进本退末,广利农业。"《盐铁论·水旱》道:"农,天下之大业也",《盐铁论·力耕》明确指出:"衣食者民之本也,稼穑者民之务也。二者修,则国富而民安也。"《盐铁论·忧边》认为农业是富国之本,也是唯一重要的生产部门,"夫欲安民富国之道,在于反本,本立而道生","耕不强者无以充虚,织不强者无以掩形。"进而《盐铁论·水旱》认为"强本禁末",鼓励和扶持农业生产。"方今之务,在除饥寒之患，……分土地，趣本业，养桑麻，尽地力也。"《盐铁论·轻重》总结为："故非崇仁义无以化民，非力本农无以富邦也。"

贤良文学不仅竭力主张"力耕"，而且否认工商业能致富，他们认为"利"不是真正的财富，只是社会财富的一种再分配，无助于财富总量的增加。《盐铁论·本议》道："故商所以通郁滞，工所以备器械，非治国之本务也。"贤良文学以楚、赵"民淫好末"却"均贫而寡富"，宋、卫、韩、梁之民"好本稼穑"而"无不家衍人给"为由，强调"利在自惜，不在势居街衢；富在俭力趣时，不在岁司羽鸠。"在此基础上，贤良文学将国民按职业划分为农、工、商各个等级。《盐铁论·水旱》曰："古者千室之邑、百乘之家，陶冶工商、四民之求足以相更。故农民不离畦亩而足乎田器；工人不斩伐而足乎材木；陶冶不耕田而足乎粟米。百姓各得其便，而上无事焉。"农主导，工其次，商最后，这就是西汉儒家重农抑商思想的现实表现。

儒家提出主张富民之道，"无为而治"，《论语·尧曰》曰："因民之所利而利之"。针对盐铁官营专卖的诸多弊端，贤良文学进行了猛烈抨击，《盐铁论·本议》道："今郡国有盐铁，与民争利。散敦厚之朴，成贪鄙之化。"从盐铁专卖的效果看，《盐铁论·轻重》认为："富者愈富，贫者愈贫"，并未达到"上下俱富"的目的。《盐铁论·地广》道："与百姓争荐草，与商贾争市利，非所以明主德而相国家也。"《盐铁论·能言》总结说:"公卿诚能自强自忍,食贤良、文学之至言,去权诡,罢利官,一归之于民,亲以周公之道,则天下治而颂声作。"(魏悦,西汉儒家与重农学派经济思想之比较,中国集体经济,2010年第2期)

以花草为主的园林事业,儒家是持反对态度的。营城、建筑、造园不仅有等级礼制,而且营建中要处处体现重农思想。在国家的层面构建农业祭祀场所,先农坛就是这种仪式园林,由祭坛和籍田构成。先农即神农,即炎帝,是他教人刀耕火种,植粟栽菽。籍田也称藉田,是孟春正月,春耕之前,天子率诸侯亲自耕田的典礼,是部落长带头耕种,然后普及的祈年礼俗之一,又称亲耕,寓重视农业,自周以下,各代承传。《周书》上说:"神农之时,天雨粟,神农遂耕而种之,制耒耜,教民农作,神而成之,使民宜之,故谓之神农。"后人感其功德而祭祀庆丰。《诗经·周颂·载芟》:"载芟,春籍田而祈社稷也。"《通典·礼六》:"天子孟春之月,乃择元辰,亲载耒耜,置之车佑,帅公卿诸侯大夫,躬耕籍田千亩于南郊。冕而朱纮,躬秉耒,天子三推,以事天地山川社稷先古。"《史记·孝文本纪》载:"上曰:'农,天下之本,其开籍田,朕亲率耕以给宗庙粢(zī,祭祀之谷)盛。'"《汉书·食货志上》:"於是上感谊言,始开籍田,躬耕以劝百姓。"宋叶适《祭王君玉太博文》:"籍田以来,倩咐尤谨;我已昧昧,子何恳恳!"明高启《劝农文》:"(皇上)每岁亲耕籍田,复召父老。"

秦汉以后，魏世三祖亲耕籍田，祭祀先农，其礼悉依汉制。晋武帝泰始四年（268年），司马炎乘木辂（lù，大车）至籍田，以太牢祀先农。南北朝时循晋制，籍田千亩，并在京郊东南设祭坛祭祀先农。南朝宋文帝元嘉二十年（443年）定亲耕仪注，即立春前九日，尚书宣布亲耕，司空、大农、京尹、令、尉等，度宫之辰地（东南方向）八里之外，整地千亩，开阡陌，立先农坛于阡西陌南，御耕坛于阡东陌北。届时，天子车驾出行，礼仪隆重如郊庙之仪。隋时，都城南十里启夏门外有籍田千亩，其内建坛祭祀先农。至宋雍熙四年（987年）于都城朝阳门外七里筑先农坛，坛内设置御耕位、观耕台。元世祖至元九年（1272年）改牧为农，祭祀先农，遣官于东郊或籍田祭祀。明朱元璋把祭祀先农列为"大祀"，并建专坛，设籍田亲自扶犁躬耕。永乐初年天坛和山川坛（先农坛的前身），不仅祭祀，而且专辟"一亩三分地"亲耕，颁布劝农勤耕礼仪。嘉靖帝是明代祭祀先农次数最多的帝王。清帝不仅极力劝课农桑，而且身体力行亲自躬耕示范。顺治十一年（1654年）清帝恢复了对先农的耕祭之后，历代相沿不断。雍正谕令全国州府县厅设先农坛，并择"洁净膏腴之地"作为籍田。清代十帝在位267年，亲祭先农的次数则多达248次，创历史之最。

先农坛在北京正阳门外，与天坛相对，由太岁殿、先农坛、具服殿、神仓和庆成宫构成。太岁殿祀太岁，祭祀太岁及春夏秋冬等自然神灵之地。先农坛是祭先农神的场所，具服殿是明清帝王躬耕前更衣所在。神仓用于盛放前院围绕收谷、碾磨、贮藏等功能设置了收谷亭、圆廪神仓、东西碾房和仓房。院落南面开设砖拱券无梁山门，喻收成无量。庆成宫是帝王在躬耕礼成之后，行庆贺礼、休息和犒劳随从百官的地方。（朱祖希，先农坛——中国农耕文化的重要载体，北京社会科学，2000年第2期）先农坛南北狭长，南方北圆，两条轴线，先农坛在东，占地小，太岁殿在西，占地大。嘉庆《大清会典事例》载先农坛"外垣周千三百六十八丈"，《大明一统志》载山川坛"周回六里"。从布局上看，先农坛是田园风光。

重农宣传可从耕织图中显现。《耕织图》是南宋绍兴年间画家楼璹所作。天子三推，皇后亲蚕，男耕女织，这是中国古代很美丽的小农经济图景。南宋时的楼璹在任于潜令时，绘制《耕织图诗》45幅，包括耕图21幅、织图24幅。宋高宗阅后，高度赞赏，吴皇后还为此图题词。皇上还令《耕织图》宣示后宫，一时朝野传诵，南宋时几乎各州、县府中均绘《耕织图》。元延祐五年（1318年），司农司苗好谦编写《栽桑图说》，将元初李声临摹的楼璹《耕织图》一同编为《农桑图说》，印发给老百姓。明万历年间（1573—1619年），楼璹《耕织图》被引用编入《便民图纂》。

各种形式的《耕织图》鼎盛于清代，康熙二十八年（1689年），康熙二次南巡时，意外获得楼璹《耕织图》，感慨织女之寒、农夫之苦，遂命内廷供奉焦秉贞以楼璹原作为基础重绘《耕织图》。康熙不仅每图亲题七言律诗一首且于图前亲书序文，并于序首，序尾盖印。后来雍正皇帝又命画师参照楼璹《耕织图》和《御制耕织图》绘制耕图、织图各23幅，并亲自各题五律诗一首。乾隆皇帝也命画师摹绘楼《耕织图》，亲自作序，并在保留楼璹原诗的同时，于每幅题七律及五律诗各一首。康熙在西苑南海辟丰泽园，种水稻，建蚕舍，在避暑山庄建甫田丛樾。雍正在圆明园建耕织轩、多稼轩、贵织山堂。乾隆扩为六区：澹泊宁静、鱼跃鸢飞、杏花春馆、北远山村、多稼如云、映水兰香。乾隆在清漪园建耕织图景区，把京城织造局迁入，把圆明园蚕户迁入，形成园内织布、园外耕作的景象。

亳州有东西两座观稼台，是曹操当年在家乡推行屯田制时所建遗迹，他曾在观稼台上亲自督耕观种。观稼台地处平旷之中，面向广阔农田。凭台观看，阡陌交织，河川水流，尽收眼底。宋以前两台上均建有寺庙。现在，东观稼台除了台上的一棵皂角树外，人们已经无法找到它过去的踪迹。清代观耕台是先农坛的一个小台，原为木临时结构，乾隆改为砖石砌筑，台座饰以谷穗图案的琉璃。先农坛的亲耕大典中，皇帝完成"三推三返"后，登上观耕台，坐在预先设置好的宝座龙椅上观看王公九卿和耆老农夫完成耕种。明吴宽有诗《观籍田》道："春郊风动彩旗新，快睹黄衣是圣人。盛礼肇行非自汉，古诗犹在宛如豳。朝臣共助三推止，野乐全胜九奏频。稼穑先知端可贺，粢盛不独备明禋。""三推"指皇帝推了三次耒耜。"九奏"指奏乐九曲，犹言"九成"，乐曲要变更九次才结束。《书经·益稷》："《箫韶》九成，凤凰来仪。"

帝王在祭坛观耕，而官员和文人在田园观稼，在城上观稼。唐白居易长期在地方为官，深知百姓疾苦，其《观稼》诗道："世役不我牵，身心常自若。晚出看田亩，闲行傍村落。累累绕场稼，嘖嘖郡飞雀。年丰岂独人，禽鸟声亦乐。田翁逢我喜，默起具杯杓。敛手笑相延，社酒有残酌。愧兹勤且敬，杖藜为淹泊。言动任天真，未觉农人恶。停杯问生事，夫种妻儿获。筋力苦疲劳，衣食常单薄。自惭禄仕者，曾不营农作。饱食无所劳，何殊卫人鹤。"

明代华察亦有观稼诗《秋日观稼楼晓望》："日出天气清，山中怅幽独。登高一眺望，风物凄以肃。流水映郊扉，炊烟散林屋。秋原一何旷，薄阴翳丛竹。时闻鸟雀喧，因念禾黍熟。悠悠沮溺心，千载犹在目。"

观稼楼本身就是一个军事、交通、工程、文化、艺术的产物，以城中县衙为太极点，建于何方何位？与环境关系是什么？本身的形态是如何？如何使用？如何命名？第一，在堪舆上八卦此方位需要突起的构筑物，如整个紫禁城西北乾位需要突起的延春阁，东北位需要突起的符望阁；建于假山顶的御花园的西北位延晖阁和东北的御景亭。第二，城市的重农文化不忘耕稼之本，以观稼的形式践行"家理移官"，为未来学而优则仕打下基础。古代城市都在城楼和角楼位置构建观稼。第三，与文化结合，在东南位突起的文昌加观稼表达了耕读模式的建构。第四，园林上观稼城上建观稼台、观稼楼，一般通过堆山构亭或建层楼重阁的形式抬高视点，以借景园外，如台北板花园的观稼楼。第五，起到了望远周边军事安全的情况的作用，如可园的邀月阁和孔府奎楼。如四川新都的城墙上建有角楼，名观耕台。

先农坛观耕之处的最佳位置在南方，因为南方阳光充足，万物生长靠太阳，北京的南城门叫正阳门、朝阳门。元代向两个方向观耕，一是南，二是东。向东面观耕，说明受五行东方属木的影响。城是城乡的边界，把观耕台和先农坛建于城内，其一出于方便，其二出于安全。在城上利用高墙远观纵览，是观稼的最好地方。新都县城曾是古蜀国都邑，有2700多年的建城历史。在老城墙的东南转角处建有观稼台，台上构八角亭。如今，老城墙及城楼、观稼台都已合并到桂湖风景区之中。六盘水市旧称朗岱，老县城的孔圣庙建于道光年间，位于岱山中腰的平地，孔庙坐北朝南，庙之东北叫后山坡，庙之西有一小山叫上坡上，小坡半腰曾建有观耕楼。

观稼阁是山西榆次县常家庄园260亩园林（静园）中的视觉焦点。建筑结构采用明三暗五格局，层台耸翠，上出重霄，飞阁流丹，下临无地，表达了儒商世家关注民生疾苦、希冀风调雨顺、国泰民安的人本思想。观稼阁三层由何绍基题写楹联：万水地间终是一，诸山天外自为群。四层由王文治题写楹联：厚俗仁风，开轩畎亩余笙歌；张德斯威，体乾勉己识睿机。畎指田间，田地，亦指垄沟栽培法，引申指民间和农民。孟子曰："舜发于畎亩之中，傅说举于版筑之间，胶鬲举于鱼盐之中，管夷吾举于士，孙叔敖举于海，百里奚举于市。故天降大任于是人也，必先苦其心志，劳其筋骨，饿其体肤，空乏其身，行拂乱其所为，所以动心忍性，曾益其所不能。"通过舜帝农民至帝王的经历勉励大家应从耕稼做起，不忘根本。静园修复时榆次区委书记耿彦波题拟楹联：财取天下，开拓茶路万里，报国乃匹夫之责耳，富贵不过身外浮云；燕居田园，听取蛙声一片，动情于山水之间也，淡泊方是人生根本。墙内是园，墙外是田，通过一楼可沟通内外，故称燕居田园。图8-1所示为常家大院静园观稼阁。

　　台北板桥花园观稼楼，独自成为全园最大的景区。与来青阁以"横虹卧月"为界分隔开来，通过围墙与定静堂隔开。坐东南朝西北定此向的原因有三：一是观稼楼与三落大厝为同时期建筑，可能聘请了同一个风水师，所以顺应三落大厝的方向而建，起二层的原因同来青阁一样，不受视线遮挡。二是呼应其重农观稼的主题，古代从板桥城外一直到淡水河口、观音山下皆为农田，农业为林本源家族的重要产业之一。立此向不仅可以抚恤佃户，而且观赏农田阡陌相连的景色，体现"多稼如云"的意境。三是观稼楼北望以园内假山为案山，以远处观音山、大屯山等山为朝山，体现"近案远朝"和"朝案千重"格局。图8-2所示为林家花园观稼楼。

图8-1　常家大院静园观稼阁（作者自摄）

图 8-2　林家花园观稼楼

（图片来自汇图网）

松江明代颐园有双楼，南面的观稼楼是"戏楼"，北边的一幢为"看楼"。按清代先农坛布置，观稼楼相当于庆成宫，看台相当于观耕台，一演一观。两幢楼都是砖木结构的，高约五米，五间七架，屋角起翘轻盈，檐下转角垂以花柱，有挂落连之，造型端庄、秀丽。地处长江下游河网区的松法，两层楼足以畅望周边田畴。

观稼楼是颐园的主体建筑。建园之初，观稼楼主要作"戏楼"之用，楼上的十扇长窗能卸装自如，登楼远望，可见农田四季稼禾，故楼主人以明代著名文学家、军事家王守仁（1472—1529 年）诗篇《观稼》（与白居易诗同名）为典，"下田既宜稌（tú），高田亦宜稷。种蔬须土疏，种蓣须土湿。寒多不实秀，暑多有螟螣（míng tè）。去草不厌频，耘禾不厌密。物理既可玩，化机还默识。即是参赞功，毋为轻稼穑。"上联："九点烟峦，知是何年图画"。"九点烟峦"出自明代张其惺之《泛泖遥望九峰》："南来泽国水连天，夹岸风微泻碧涟。九点烟峦晴历历，数重烟树昼芊芊。渔歌缥渺云中度，塔影孤清镜里悬。为忆莼鲈归计早，临流差不愧前贤。"而"九点烟"的意思是自高处俯视九州，如烟九点。唐代李贺有《梦天》诗："遥望齐州九点烟，一泓海水杯中泻。"因此，"九点烟峦"是典中有典，这里借指松江的九峰。于是，可知上联的意思是"松江九峰这样美丽的画卷，有谁知道是哪一年画的呢？"作者采用反诘的手法对松江之美发出由衷的赞叹。下联："千里平稼，尽归此处楼台"。万亩农田收眼底，棵棵稼穑归此楼，有观稼、知稼、得稼、治稼的豪迈之感。

园林农耕文化景观亦有许多，如白居易在履道里园的仓粟禀、韩侘胄和王与芮在太乐园中建多稼轩、吴孟融在东庄中建耕息轩（元末）、徐良甫在耕渔轩中建林庐和菜圃（明）、王斗文在上海建留耕堂（明）、徐子容在宅园中建观耕台（明）、周锡在三山中建耕耘台（明）、朱祥在同里的耕乐园（明）、汪缙在苏州建二耕堂（明）、瞿汝说在东皋草堂有雨窗观稼和带雨春耕（明）、王铨且适园中建观稼轩（明）、王世懋在淡园中建学稼轩（明）、高氏在颐园中建观稼楼（明）、瞿纯仁和钱牧斋在拂水山庄建藕耕堂（明）、朱长世之子在上海建耕耘小圃（明）、陈符在南墅斋居中建耕耘亭（明）、王锡爵在东园中建看耕稼庵（明）、顾月隐在苏州建自耕园（明）、南阳武侯祠中建躬耕亭（明）、张霆在帆斋中建阅耕堂（清）、吴时雅在芎畦小筑中建欣稼阁（清）、常氏在常家大院静园中建观稼楼（清）、陈遇清陈文锦在一邱园中建阅耕楼（清）、杨延俊在无锡建留耕草堂（清）、沫氏在西园别墅中建有催耕馆和观稼堂（清）、陈氏兄弟在上海建有耕读园（清）、汪藻汪坤的耕荫义庄（清）、林维源在板桥花园中建观稼轩（清）、沈氏在澄碧山庄中建观稼室（清）。

第 2 节　耕读文化

耕读指既从事农业劳动又读书或教学。古代一些知识分子以半耕半读为合理的生活方式，以"耕读传家"、耕读结合为价值取向，形成了耕读文化。关于耕读关系的认识可追溯到春秋战国时期。孔子把学稼学圃当作小人的事，《论语·卫灵公》道："君子谋道不谋食，耕也，馁在其中矣；学也，禄在其中矣"。与孔子同时的依杖荷条的"丈人"则讽刺孔子四体不勤，五谷不分。孟子主张劳心劳力分开，《孟子·滕文公章句上》道："劳心者治人，劳力者治于人"。《孟子·滕文公上》批判了农家学派许行："贤者与民并耕而食，饔飧而治。"

后世形成两种传统，一种标榜"书香门第"，"万般皆下品，唯有读书高"，看不起农业劳动，看不起劳动人民；一种提倡"耕读传家"，以耕读为荣，敢于冲破儒家的传统。南北朝以后出现的家教一类书多数都有耕读结合的劝导。《颜氏家训》提出"要当稼而食，桑麻而衣"。张履祥在《训子语》里说"读而废耕，饥寒交至；耕而废读，礼仪遂亡"。清《睢阳尚书袁氏（袁可立）家谱》："九世桂，字茂云，别号捷阳，三应乡饮正宾。忠厚古朴，耕读传家，详载州志。"《曾国藩家书（同治六年五月初五日）》："久居乡间，将一切规模立定，以耕读二字为本，乃是长久之计。"

中国耕读文化孕育了众多的农学家，产生了大量的古农书。中国的古农书，其数量之多，水平之高是其他国家少有的。农书大多出自有耕读生活的知识分子之手。他们熟悉古代典籍，有写作能力，又参加农业生产，有农业生产知识，具备写作农书的条件。崔寔出自清门望族，少年熟读经史，青年时经营自己的田庄。他根据自己的经验写成了《四民月令》这一部月令体农书。

陈旉隐居扬州，过耕读生活，他自己说"躬耕西山，心知其故"，"确乎能其事，乃敢著其说以示人"。《农书》就是反映江南农业的科技书籍，为陈旉所作。张履祥在家既教书又务农，他说"予学稼数年，咨访得失，颇知其端"，"因以身所经历之处与老农所尝论列者，笔其概"，48岁时写成了《补农书》。

史上动乱时期，反而出现较多的农书。因为在动乱时不少知识分子失去做官的机会，或不愿在动乱时做官，于是在乡间务农，自己的务农耕稼心得写出来，就成了农书。

明清时代，地方性专业性农书开始大量涌现，因为这时读书人比较多了，一部分没有做官的知识分子成了经营地主，他们根据自己所处地域和经营内容，写出了地方性专业性农书。中国的农耕文化对中国古代哲学的天地人相统一的宇宙观和知行统一的知识论的形成起到积极的作用。古代的学者常常从农耕实践中提炼哲学思想，《吕氏春秋·审时》："夫稼，为之者人也，生之者地也，养之者天也"。《淮南子》："上因天时，下尽地才，中用人力，是以群生遂长，五谷蕃殖"。贾思勰"顺天时量地力，用力少而成功多；任情返道,劳而无获"。过耕读生活的知识分子有理论修养，有农业生产经验，有条件完成从农业到农学思想再到哲学思想的提升。张岱年在《中国农业文化》序言中说："中国古代的哲学理论、价值观念、科学思维及艺术传统，大都受到农业文化的影响。例如中国古代哲学有一个重要的理论观点'天人合一'，肯定人与自然的统一关系，事实上这是农活的反映。古代哲人宣扬'参天地、赞化育'，'先天而天弗违，后天而奉天时'，可以说是一种崇高的理想原则，事实上根源于农业生产的实践，也只是在农业生产的活动中有所表现"。

　　耕读文化也影响了文学艺术。知识分子通过耕读，接近生产实际，接近农民，写出了一定程度上反映农村生活、反映农民喜怒哀乐的作品。魏晋南北朝兴起的田园诗就是耕读文化的产物。晋代的陶渊明是典型的田园诗人。他"既耕亦己种，时还读我书"。他41岁辞官，过了20多年的耕读生活。《归去来辞》《归田园居》等就是他耕读的心声。

归田园居一

少无适俗韵，性本爱丘山。误落尘网中，一去三十年。
羁鸟恋旧林，池鱼思故渊。开荒南野际，守拙归园田。
方宅十余亩，草屋八九间。榆柳荫后檐，桃李罗堂前。
暧暧远人村，依依墟里烟。狗吠深巷中，鸡鸣桑树颠。
户庭无尘杂，虚室有余闲。久在樊笼里，复得返自然。

归田园居二

野外罕人事，穷巷寡轮鞅。白日掩荆扉，虚室绝尘想。
时复墟曲中，披草共来往。相见无杂言，但道桑麻长。
桑麻日已长，我土日已广。常恐霜霰至，零落同草莽。

归田园居三

种豆南山下，草盛豆苗稀。晨兴理荒秽，带月荷锄归。
道狭草木长，夕露沾我衣。衣沾不足惜，但使愿无违。

　　宋代的辛弃疾被迫"退休"，20年居住在江西农村。他把上饶带湖的新居名之"稼轩"，自号稼轩居士，"意他日释位后归，必躬耕于是，故凭高作屋下临之，是为稼轩。田边立亭日植杖。若将真秉耒之为者"。辛弃疾很重视农业，他说"人生在勤，当以力田为先"。他有耕读的体验，写出了不少反映农村生活的诗词。宋代的范成大，晚年退居石湖，自号石湖居士，他自己可能没参加多少农业劳动，但生活在农村，生活在农民中，他的《四时田园杂兴》（60首）富有乡土气息，一定程度上反映了农民的苦乐。

明清时期，福建培田村的耕读文化是"学而优则仕"的士大夫儒家文化与勤经耕作的乡土生活教育相互结合，两者都将兴养立教作为己任。现今村落中所保留的联文可以投射出耕读文化的影子。"耕可养身读可养心身心无恙定多安泰，饥能壮志寒能壮气志气不凡必有大成""水如环带山如笔，家有藏书垄有田"阐述了培田吴氏族人世代耕读的理想，同时也道出了乡村的耕读文化与儒学主流教育的不同之处。

渔樵耕读即渔夫、樵夫、农夫与书生，是中国农耕社会四个比较重要的职业，代表了古代民众的基本生活方式，有时也被官宦用来表示退隐之后生活的象征。因此中国的传统民俗画常以渔樵耕读为题材，而很多古典家具也常常以渔樵耕读为雕刻图案寓意着生意红红火火。渔是东汉的严子陵，他是汉光武帝刘秀的同学，刘秀很赏识他，刘秀当了皇帝后多次请他做官，都被他拒绝。严子陵一生不仕，隐于浙江桐庐，垂钓终老。樵则是汉武帝时的大臣朱买臣。

朱买臣出身贫寒，靠卖柴为生，但酷爱读书，妻子不堪其穷而改嫁他人。他熟读《春秋》《楚辞》，后由同乡推荐，当了汉武帝的中大夫、文学侍臣。耕所指的是舜在历山下教民众耕种的场景。读是苏秦埋头苦读的情景。苏秦为博取功名到秦国游说，以失败告终。悬梁刺股的故事说的就是苏秦发奋苦读，瞌睡时锥刺大腿，提神再读的故事，最后苏秦成为战国著名的纵横家。

渔、樵、耕、读中，前三者是基础，是衣食父母，读是过程，中举入仕才是理想抱负。在园林中，把耕与学结合者，如明代徐衢在宅园中建耕学斋；把耕与课结合者，如清代吴恩燮在愚园中建课耕草堂；把耕与读结合者，如清曾之撰在虚霩园中建归耕课读庐；把课与植结合者，如清代上海马文卿在课植园中建耕九余三堂；把稼与墨结合者，如清代周芝沅在古芬山馆中建稼墨庄。

上海朱家角的马文卿课植园，为"课植"乃寓"课读之余，不忘耕植"之意，故园内既建有书城，又辟有稻香村，以应园名。以河上课植桥为界，河东为课园，河西为植园（图8-3）。耕九余三堂语本《礼记·王制》："三年耕，必有一年之食；九年耕，必有三年之食。"紧靠荷花池西即为园林区，也称稻香村，内中植遍桃、李、杏、枇杷等各种果树，还植有紫薇、香圆、罗汉松、古松翠柏等古树名木。常年郁郁葱葱，绿树成荫，马氏宗祠墓地也设置在园内。

图8-3 课植桥（作者自摄）

第3节 归田情结与归园情结：
归田园居

耕读指未出仕之前既耕又读，而归田则指出仕后，不堪其重、累、繁、辱而解甲归田。在城—园—田—野的结构中，城墙是人群的界限。都邑是王室大小宗族及其近族、工商业者的居住地，即城市。居于此者，有当兵、受教育和参政的权利，邦国政治、经济、文化制度出自城人之人，无须劳作，通过治人而食于人，孟子称之劳心者。城外称为野、遂，住着外族成员、战俘、奴隶，没有当兵、受教育和参政权利，靠劳力耕作为生，并养活劳心者。其种谷物和果树的地方称为田园。为了城市和田园结构的正常运转，劳心者制定"体国经野"的制度，并对劳心者和劳力者作出价值大小的评判。当樊迟请学稼于孔子时，孔子称之为小人，而孔子心中的君子是从政的劳心者。劳心者通过治人而食于人，于是治人的仁、义、礼、智、信就是根本。所以孔子自称是方内之人，而庄子称为是方外之人。所谓方，就是方城，是城墙。

城内人的生存是以城外人的田来供给的，从周开始建立的万民分六职——"王公、士大夫、百工、商旅、农夫、妇功"（《周礼·冬官考工记》）和设官分职的体系——"体国经野，设官分职"（《周礼·天官·序官》），从天子到士的爵禄以田的多寡划分等级，《礼记·王制第五》记载："王者之制禄爵，公侯伯子男，凡五等。诸侯之上大夫卿，下大夫，上士，中士，下士，凡五等。天子之田方千里，公侯田方百里，伯七十里，子男五十里。不能五十里者，不合于天子，附于诸侯，曰附庸。天子之三公之田视公侯，天子之卿视伯，天子之大夫视子男，天子之元士视附庸。制农田百亩。百亩之分，上农夫食九人，其次食八人，其次食七人，其次食六人，下农夫食五人。庶人在官者，其禄以是为差也。诸侯之下士视上农夫，禄足以代其耕也。中士倍下士，上士倍中士，下大夫倍上士。卿四大夫禄。君十卿禄。次国之卿，三大夫禄，君十卿禄。小国之卿，倍大夫禄，君十卿禄。"士分文士和武士，只能"作而行之"，要治生，必须在仕官与农耕之间选择，《齐氏要术·杂说》曰："治生之道，不仕则农；若昧于田畴，则多匮乏""虽未逮于老农，规画之间，窃自同于后稷"。

《庄子·天地篇》道："立于宇宙之中，冬日衣皮毛，夏日衣葛；春耕种，形足以劳动；秋收敛，身足以休食；日出而作，日入而息，逍遥于天地之间而心意自得。"王伟萍认为劳心者和劳力者的生活法则不同，"法则是征服、占有、宰制、焦虑、痛苦；而劳力者生活的田园法则是顺从、和合、自慊、自足，充满生趣，天真而自然。"怪不得《史记》的《苏秦列传》说："且使我有雒阳负郭田二顷，吾岂能佩六国相印乎！"负郭田就是良田。

在儒家看来，城市与乡田之间，前者是乐土，后者是牢狱。"学而优则仕"是儒家的进身之道，只有仕才能实现人生价值。实现人生价值就是进入城市，成为人上人，成为劳心之人。而在田、在野都是受苦受难、下等下作之地。（王伟萍，中国古代士人的归田情结，寻根，2014 年）

归田的原因只有三个：年老疾病、作奸犯科、厌倦争斗。归田的方式也有两个，一是乞归，二是罢归。乞归有告老归田者，如刘祐；有称疾归田者，如汲黯；有避刑归田者，如陈龟、朱宠。罢归有罢免归田者，如韩歆、申屠刚；有罪不及流放或死刑得以宽宥者遣赦归田者，如陆康、宋娥；有为权臣软性解职归田者，如李膺、陈蕃；有因功安顿归田者，如周亏（此字丝旁）、杨伦。由此可见，官场—田园—牢狱是三个等级的场所，田园是仅次于牢狱的中间地带。《后汉书·党锢列传》说党人张奂被"遣归田里，禁锢终身"，田园近乎监狱。城乡、仕农、心力、上下、乐苦之间的选择一直是历代士人的两难。东汉张衡把在官场却恋田园的心情表达在了《归田赋》：

> 都邑以永久，无明略以佐时。徒临川以羡鱼，俟河清乎未期。感蔡子之慷慨，从唐生以决疑。谅天道之微昧，追渔父以同嬉。超埃尘以遐逝，与世事乎长辞。于是仲春令月，时和气清；原隰郁茂，百草滋荣。王雎鼓翼，仓庚哀鸣；交颈颉颃，关关嘤嘤。于焉逍遥，聊以娱情。尔乃龙吟方泽，虎啸山丘。仰飞纤缴，俯钓长流。触矢而毙，贪饵吞钩。落云间之逸禽，悬渊沉之鲨鳡。于时曜灵俄景，继以望舒。极般游之至乐，虽日夕而忘劬。感老氏之遗诫，将回驾乎蓬庐。弹五弦之妙指，咏周、孔之图书。挥翰墨以奋藻，陈三皇之轨模。苟纵心于物外，安知荣辱之所如。

士人归田有两种方式，一是心归而身不归的虚拟归田，二是心归身也归的躬耕归田。张衡、潘岳是虚拟归田者。《晋书·潘岳传》称潘"少以才颖见称，乡邑号为奇童"，"机文喻海，岳藻如江""妙有姿容""才名冠世"，可谓才貌双全，二十岁入贾充幕府，五十岁仍任博士，因母病去官，回顾其宦海生涯而作《闲居赋》：

> 岳读《汲黯传》至司马安四至九卿，而良史书之，题

以巧宦之目，未曾不慨然废书而叹也。曰：嗟乎！巧诚为之，拙亦宜然。顾常以为士之生也，非至圣无轨微妙玄通者，则必立功立事，效当年之用。是以资忠履信以进德，修辞立诚以居业。仆少窃乡曲之誉，忝司空太尉之命，所奉之主，即太宰鲁武公其人也。举秀才为郎。逮事世祖武皇帝，为河阳、怀令，尚书郎，廷尉平。今天子谅闇之际，领太傅主簿，府主诛，除名为民。俄而复官，除长安令。迁博士，未召拜，亲疾，辄去官免。阅自弱冠涉于知命之年，八徙官而一进阶，再免，一除名，一不拜职，迁者三而已矣。虽通塞有遇，抑亦拙之效也。昔通人和长舆之论余也。固曰："拙于用多。"称多者，吾岂敢；言拙，则信而有徵。方今俊乂在官，百工惟时，拙者可以绝意乎宠荣之事矣。太夫人在堂，有嬴老之疾，尚何能违膝下色养，而屑屑从斗筲之役乎？于是览止足之分，庶浮云之志，筑室种树，逍遥自得。池沼足以渔钓，春税足以代耕。灌园鬻蔬，供朝夕之膳；牧羊酤酪，俟伏腊之费。孝乎惟孝，友于兄弟，此亦拙者之为政也。乃作《闲居赋》以歌事遂情焉。其辞曰：

遵坟素之长圃，步先哲之高衢。虽吾颜之云厚，犹内愧于宁蘧。有道余不仕，无道吾不愚。何巧智之不足，而拙艰之有余也！于是退而闲居，于洛之涘。身齐逸民，名缀下士。背京沂伊，面郊后市。浮梁黝以迳度，灵台杰其高峙。窥天文之秘奥，睹人事之终始。其西则有元戎禁营，玄幕绿徽，溪子巨黍，异絭同归，炮石雷骇，激矢虫虻飞，以先启行，耀我皇威。其东则有明堂辟雍，清穆敞闲，环林萦映，圆海回泉，聿追孝以严父。宗文考以配天，祇圣敬以明顺，养更老以崇年。若乃背冬涉春，阴谢阳施，天子有事于柴燎，以郊祖而展义，张钧天之广乐，备千乘之万骑，服袿袿以齐玄，管啾啾而并吹，煌煌乎，隐隐乎，兹礼容之壮观，而王制之巨丽也。两学齐列，双宇如一，右延国胄，左纳良逸。祁祁生徒，济济儒术，或升之堂，或入之室。教无常师，道在则是。胡髦士投绂，名王怀玺，训若风行，应犹草靡。此里仁所以为美，孟母所以三徙也。

爰定我居，筑室穿池，长杨映沼，芳枳树樆，游鳞瀺灂，菡萏敷披，竹木蓊蔼，灵果参差。张公大谷之梨，梁侯乌椑之柿，周文弱枝之枣，房陵朱仲之李，靡不毕植。三桃表樱胡之别，二柰耀丹白之色，石榴蒲桃之珍，磊落蔓延乎其侧。梅杏郁棣之属，繁荣藻丽之饰，华实照烂，言所不能极也。菜则葱韭蒜芋，青笋紫姜，董荼甘旨，蓼菱芬芳，襄荷依阴，时藿向阳，绿葵含露，白薤负霜。

于是凛秋暑退，熙春寒往，微雨新晴，六合清朗。太夫人乃御版舆，升轻轩，远览王畿，近周家园。体以行和，药以劳宣，常膳载加，旧疴有瘳。于是席长筵，列孙子，柳垂荫，车洁轨，陆摘紫房，水挂赪鲤，或宴于林，或禊于汜。昆弟斑白，儿童稚齿，称万寿以献觞，咸一惧而一喜。寿觞举，慈颜和，浮杯乐饮，绿竹骈罗，顿足起舞，抗音高歌，人生安乐，孰知其他。退求已而自省，信用薄而才劣。

奉周任之格言，敢陈力而就列。几陋身之不保，而奚拟乎明哲，仰众妙而绝思，终优游以养拙。

潘岳写赋时恰入仕三十年，"八徙官而一进阶，再免，一除名，一不拜职，迁者三"。全文八处用拙："巧诚为之，拙亦宜然""虽通塞有遇，抑亦拙之效也""拙于用多""称多者，吾岂敢；言拙，则信而有徵""方今俊乂在官，百工惟时，拙者可以绝意乎宠荣之事矣""此亦拙者之为政也""何巧智之不足，而拙艰之有余也""仰众妙而绝思，终优游以养拙"。潘岳的拙政论是对官场的抱怨，对人生的感慨，对出路的渴望，对儒家"学而优则仕"的怀疑，对悠游园池的向往，这就是明代御史王献臣造园名拙政园的根本原因。

明朝弘治年间的王献臣经历与潘岳相近，从弘治六年（1493年）中进士，初授行人之职，掌管捧节奉使之事，操办颁诏、册封、抚谕、征聘等工作。因精明能干，得圣上赏识，擢为巡察御史。因巡察东厂得罪东厂，两次被东厂缉事者诬陷。一次被拘禁于监狱，杖三十，谪上杭丞。后一次在弘治十七年（1504年），被谪广东驿丞。正德元年（1506年），迁任永嘉知县，后罢官家居。从政十三年，罢归之年四十岁，与潘岳从事三十年，而届五十相较而自叹不如。

对王献臣触动最大的是"有道余不仕，无道吾不愚。何巧智之不足，而拙艰之有余也！于是退而闲居，于洛之涘。"文中又有"爱定我居"，即未能实现的宅园梦想。"昔潘岳氏仕宦不达，故筑室种树，灌园鬻蔬，曰：'此亦拙者之为政也'。余自筮仕抵今，馀四十年，同时之人，或起家至八坐，登三事，而吾仅以一郡倅老退林下，其为政殆有拙于岳者，园所以识也。"（文征明《王氏拙政园记》）

王氏细研《归田赋》的园林构成，不仅园名是拙政园，而且做法也是与赋中所描写的几乎一样。"筑室穿池，长杨映沼，芳枳树樆，游鳞瀺灂，菡萏敷披，竹木蓊蔼，灵果参差。"又有张公梨、溧侯柿、周文枣、房陵李。于是"凛秋暑退，熙春寒往，微雨新晴，六合清朗。""筑室种树，逍遥自得。池沼足以渔钓，春税足以代耕。灌园鬻蔬，供朝夕之膳；牧羊酤酪，俟伏腊之费。""寿觞举，慈颜和，浮杯乐饮，绿竹骈罗，顿足起舞，抗音高歌，人生安乐，孰知其他。"

潘岳的表里不一，投靠贾南风弟贾谧的帐下，号为"二十四友"，对贾"望尘而拜"，失去文人的尊严，最后被孙秀诬为淮南王允和齐王冏的同党而诛之。元好问《论诗三十首》其六批评潘岳这种心口不一的行为："心画心声总失真，文章宁复见为人。高情千古《闲居赋》，争信安仁拜路尘！"

与张衡、潘岳相似的是欧阳修，欧阳修因遭御史蒋之奇、中丞彭禹永等弹劾外任亳州，其间悠游山水撰写《归田录》"以备闲居之览"。当然认为谢灵运和王维亦是此流，谢公子心性，为官不勤，好游山水，为爱园林，登太姥山，建始宁墅，开田园诗风。而王维自安史之乱后无奈罢归，在蓝田山谷营造辋川别业，与裴迪吟诗作画。他们在园林中仍有奉禄可领，有官员往来。

其实，王维开创了一种归园模式。归田是有劳作之苦，而归园则有奉禄之保障，无后顾之忧患。怪不得白居易在《中隐》中道："不如作中隐，隐在留司官。似出复似处，非忙亦非闲。不劳心与力，又免饥与寒。终岁无公事，随月有俸钱。君若好登临，城南有秋山。君若爱游荡，城东有春园。君若欲一醉，时出赴宾筵。"当然，在谢灵运时代，田园的田是种庄稼，而园是种蔬果，到了后世，园成为游乐的代名词。白居易既要出仕，却又慕陶氏风流，不过是无谢氏之出身，有谢氏之官职；有王维之园林，无王维之遭遇，但虽有陶氏之风雅，无陶氏之志趣罢了。故白居易所建履道里园，所费所置，无非是俸禄和馈赠，琴是博陵崔晦叔送的，石是弘农杨贞一送的，连罢苏州刺史时，也得人赠太湖石、白莲、折腰菱、青板舫。"凡三任所得，四人所与，洎吾不才身，今率为池中物。""有堂有庭，有桥有船。有书有酒，有歌有弦。""识分知足，外无求焉。""妻孥孥熙熙，鸡犬闲闲。优哉游哉，吾将终老乎其间。"

南宋时王与芮在庆乐园中建归耕庄，郑竦在止足堂中建退耕堂，元代虞似平在谷林中建退耕亭。王献臣死后，其子一夜赌博将园输给阊门外下塘徐氏的徐少泉。徐氏在拙政园居住长达百余年之久，后徐氏子孙亦衰落，园渐荒废。明崇祯四年（1631年），园东部荒地十余亩为进士出身的刑部侍郎王心一购得。王在官场十四年，官至尚书，却历遭降斥，"以先府君年高，弃官归田"，又善画山水，于是，悉心经营，布置丘壑，于崇祯八年（1635年）落成，名"归田园居"，园中有秋香楼、芙蓉榭、泛红轩、兰雪堂、漱石亭、桃花渡、竹香廊、啸月台、紫藤坞、放眼亭诸胜，荷池广四五亩，墙外别有家田数亩(图8-4)。清雍正六年(1728年)沈德潜作的《兰雪堂图记》，当时园中崇楼幽洞、名葩奇木、山禽怪兽，与已荡为丘墟的拙政园中部形成对照。直至道光年间，王氏子孙尚居其地，但已渐荒圮，大部变为菜畦草地，乃是真正的无人耕作之田。他在园中居至七十有三，写下《归田园居记》，弥足珍贵，附于下：

图8-4　拙政园东部（原归田园居）（作者自摄）

　　余性有邱山之僻，每遇佳山水处，俯仰徘徊，辄不忍去。凝眸久之，觉心间指下，生气勃勃。因于绘事，亦稍知理会。辛未以先府君年高，弃官归田，敝庐之后，有荒地十数余亩，偶地主求售，余勉力就焉。

　　地可池则池之，取土于池，积而成高，可山则山之。池之上，山之间，可屋则屋之。兆工于是岁之秋，落成于乙亥之冬，友人文湛持为余额之曰"归田园居"。门临委巷，不容旋马，编竹为扉，质任自然。入门不数武，有廊直起，为"墙东一径"，友人归文休额之也。径尽，北折为秋香楼。楼可四望，每当夏秋之交，家田种秫，皆在望中。自楼折南皆池，池广四五亩，种有荷花，杂以荇藻，芬菲灼灼，翠带柅柅。修廊蜿蜒，驾沧浪而度，为芙蓉榭，为泛红轩。自泛红轩绕南而西，轩前有山丛桂参差，友人蒋伯玉名之为"小山之幽"。又西数武，有堂五楹，爽垲整洁，文湛持取李青莲"春风洒兰雪"之句，额之曰"兰雪堂"。东西则桂树为屏，其后则有山如幅，纵横皆种梅花。梅之外有竹，竹邻僧舍，旦暮梵声，如从竹中来。其前则有池，其池取储光羲"池草涵青色"句，曰涵青。诸山环拱，有拂地之垂杨，长丈之芙蓉，杂以桃、李、牡丹、海棠、芍药，大半为予之手植。池南有峰特起，如云缀树杪，谓之缀云峰。池左两峰并峙，如掌如帆，谓之联璧峰。峰之下有洞，曰小桃源。内有石床、石乳。南出洞口，为漱石亭，为桃花渡。其石之出没池面者，或锐如啄，或凸如背。有折北磴而上，为夹耳岗，为迎秀阁，为红梅坐，直接竹香廊，以至山余馆，渐逼余室。余性不耐烦，家居不免人事应酬，如苦秦法。步游入洞，如渔郎入桃花源，见桑麻鸡犬，别成世界，故以小桃源名之。洞之上为啸月台、紫藤坞，可扪石而登也。洞之东有池曰清泠渊。池上有屋三楹，竹木蒙密，友人陈古白额之曰"一邱一壑"。自兰雪以东，此其最幽者。兰雪以西，石磴重叠，皆可布坐。梧桐参差，竹木交荫，一径可通聚花桥。东折，诸峰攒翠，下临幽涧，颇有茂林修竹、流觞曲水之意。自此渡试望桥，曲径数折，即得缀云峰，北望兰雪，又隔盈盈一水矣。山径透迤，从高趋下，上接缀云，俯瞰涵青者，为连云渚；绝涧欲穷，得石如螺，因之而渡者，为螺背渡。又折而东，为听书台，以可听儿子辈读书声也。西折，为悬井岩，有洞幽邃，蹈水傍崖，北折而出，悬崖直削，盖如井然。再拾磴造其顶，诸峰高下，或如霞举，或如舞鹤，各争雄长于缀云下者，余不能尽名之。又西则为幽悦亭。亭之左有石丈余，夭矫如龙，余自采之包山云。自此层磴而下，溪涧相连，植有杨家果数树，是为杨梅隩。又北折，有屋半楹，四望皆竹，是为竹邮。由竹邮又西折从南，为饲兰馆，庭有旧石数片，玉兰、海棠，高可蔽屋，颇堪幽坐。北折，则回廊曲而且幽。廊半有小径，斜通石塔岭。廊尽由南折西，皆架山茶，有亭曰延绿。延绿之北，有石如玉，拱立檐际，谓之玉拱峰。每至春月，山茶如火，玉兰如雪，而老梅数十树，偃仰屈曲，独傲冰霜，如见高士之态焉。插篱成径，至梅亭、紫薇沼、亦园居之一幽胜也。北临漾藻池，遥望紫逻山，飞翠直来扑坐。夏月之荷，秋月之木芙蓉，如锦帐重叠，又一胜观。有桥横跨池面，谓卧虹桥。桥之东，有石如云，向空而涌，为片云峰。桥尽，有石可憩，为卧虹渚。转径而北，依山傍水，苍松杂卉，接叶连阴，为小刿溪。有石横亘如门，四山辜崒，停水一泓，有古杏复其上，为杏花涧。渡涧盘旋而上，是为紫逻山，以言其石之色也。上有五峰，曰紫盖，曰明霞，曰赤笋，曰含华，曰半莲，又谓之五峰山。亭曰放眼。西与南州之拙政园，连林靡间。北则齐女门雉堞半控中野，似辋川之盂城。东南一望，烟树弥漫，惟见隐隐浮图插青汉间，近以林木翳郁，不可纵目，濮上叶润山额之为"流翠亭"。自流翠而南，于石阿间得路，东折为拜石坡，水石俱备，梅杏交枝。左有花红果树，扶疏如盖，有阁耸树杪间，曰资清。资清之下，三圆其户，是为串月矶，复设柴扉，尝扃之。自拜石折北又西，则为紫逻之背，众峰叠涌，乱石嶙峋。环山有濠，从水中央，结有草亭。架梁而登，可通濠北，有地皆种木奴，因号其亭曰奉橘，盖借王逸少奉橘帖名之也。至此则山尽水穷。东行长廊为想香径，竹梅夹道，香韵悠然，沈启南有"可竹"之额，尚恨无人以梅匹之。出想香，已在兰雪堂矣。

东南诸山，采用者湖石，玲珑细润，白质藓苔，其法宜用巧，是赵松雪之宗派也。西北诸山，采用者尧峰，黄而带青，质而近古，其法宜用拙，是黄子久之风轨也。余以二家之意，位置其远近浅深，而属之善手陈似云，三年而工始竟。甲戌余复流连尘网。庚辰归田，又为修其颓坏，补其不足。予无间阴晴，散步畅怀，聊以自适其邱山之性而已。所谓此子宜置邱壑中，余实不能辞避。崇祯壬午九月日，园居主人王心一记。

真正身心归田，并乐田躬耕者，陶渊明也。他的自给自足，使其人格得到完善，因此，他能"登东皋以舒啸，临清流而赋诗"。饮酒之余，作诗赋文、抚琴读书以消忧的事情。农事劳作的枯燥、辛劳，作《饮酒》："结庐在人境，而无车马喧。问君何能尔？心远地自偏。采菊东篱下，悠然见南山。山气日夕佳，飞鸟相与还。此中有真意，欲辨已忘言。"他几度出入官场和田园之间，更明白两种生活的差异和不可调和，于是他的《归田园居》更为真切，"悦亲戚之情话，乐琴书以消忧；农人告余以春及，将有事于西畴；或命巾车，或棹孤舟。既窈窕以寻壑，亦崎岖而经丘"。但田园并非总是如牧歌般惬意安详，陶渊明于《己酉岁九月九日》诗中说："万化相寻绎，人生岂不劳。"于《庚戌岁九月中于西田获早稻》又云："田家岂不苦？弗获辞此难。"在陶渊明看来，人生充满了劳苦，行役是苦，田家也苦，两苦相衡，宁受田家之苦，"聊为陇亩民"（《癸卯岁始春怀古田舍》其二）。

远离了城市的勾心斗角，劳形而不役心亦不违愿的生活只有农耕一途。故陶氏的归田园居，既有与血缘子女"种豆南山下"，"晨兴理荒秽，戴月荷锄归"的快乐，也有与简单农人"过门更相呼，有酒斟酌之。农务各自归，闲暇辄相思。相思则披衣，言笑无厌时"的自然（《移居》其二），"逍遥于天地之间而心意自得"。

图 8-5　颐园观稼楼（作者自摄）

第9章 贫乐观、共乐观 和后乐观

　　孔子把乐纳入礼的制度之中，认为乐应有级别和制度。颜回则在贫困之中自得其乐，孟子提出仁本、民本的思想，把与民同乐当成稳定社会的工具，提出民与君一样都有享乐享园的理论。范仲淹则提出先天下之忧而忧，后天下之乐而乐的思想，为后世所敬仰，并构建于园林之中。

第1节 贫乐观与颜乐亭

　　孔子的乐是粗茶淡饭之乐。《论语·述而》："饭疏食饮水，曲肱而枕之，乐亦在其中矣。不义而富且贵，于我如浮云。"他评价最穷的学生颜回的一句话，成就了颜回的贫乐观。《论语·雍也》："贤哉回也！一箪食，一瓢饮，在陋巷，人不堪其忧，回也不改其乐。贤哉回也。"陋巷、箪食、瓢饮的生存环境，别人受不了，颜回却乐在其中。"其为人也，发愤忘食，乐以忘忧，不知老之将至云尔。"发愤学习和教学，是最大的快乐。而孟子则认为，诚待万物则乐，《孟子·尽心上》："万物皆备于我矣。反身而诚，乐莫大焉。强恕而行，求仁莫近焉。"

宋代理学大学"二程"提出孔颜乐处的命题。《二程全书·遗书》："昔受学于周茂叔，每令寻颜子、仲尼乐处，所乐何事？"什么是孔颜乐处？周敦颐认为孔颜乐处的"乐"就是延续孟子诚乐，与天地万物的"诚"合为一体而展现出的"乐"。周敦颐"在其所著《通书》里，除去标题，正文共有'诚'字20处，可见对诚的重视"。"诚"成为周敦颐用以沟通天人，将道德属性赋予天道的重要范畴；"诚"既是周敦颐哲学思想体系的核心，也是其"乐"的主要内容。

另外，周敦颐的乐是"见大忘小"的"同天"之乐。他说："颜子一箪食，一瓢饮，在陋巷，人不堪其忧，回也不改其乐。夫富贵，人所爱也。颜子不爱不求而乐乎贫者，独何心哉？天地间有至富至贵、可爱可求而异乎彼者，见其大而忘其小焉尔。"何能守"大"？周敦颐在《周子通书》中道："见其大则心泰，心泰则无不足，无不足则富贵贫贱处之一也；处之一则能化而齐，故颜子亚圣"只有"见其大"而"忘其小"，才能"心泰"，才能超然于贫贱富贵之外，对旦夕祸福顺境逆境才能淡然处之，从而使内心深处达至大乐的境界，这种道德境界便是"与天道合一之乐"。

最后，周敦颐的乐也是"万物和顺"的"中和"之乐。《周敦颐集》："天道行而万物顺，圣德修而万民化。""四时行焉，百物生焉"。顺应万物的"生生之道"，不"杀鸡取卵""涸泽而渔"，不取之无度，人类的繁衍生息才能得以保证。如不能使"万物各得其所"，不能保证万物的生生不息，人类的生命都难以维系，"乐"就根本无从谈起。他又说："政善民安，则天下之心和，故圣人作乐，以宣畅其和心。达于天地，天地之气感而大和焉。天地和，则万物顺。故神祇格，鸟兽驯。"

"二程"兄弟师承周敦颐。程颢的"仁者"之乐则继承和发展了周敦颐的"生生之仁"观，用"生生之理"来解释"生生之仁"，将"仁"与天道合而为一，成为"得道"之乐。程颢认为"孔颜乐处"就是"浑然与物同体"的最高表现，是人内心的和谐带来的平和之乐。程颢最为欣赏"鸢飞鱼跃"的境界，说"'鸢飞唳天，鱼跃于渊'言其上下察也。此一段子思吃紧为人处，与'必有事焉而勿正心'之意同，活泼泼地。会得时，活泼泼地；不会得时，只是弄精神。"程颢的乐也是"与万物同体"之乐。程颢说："学者须先识仁。仁者，浑然与物同体。""以天地万物为一体，莫非己也。认得为己，何所不至？若不有诸己，自不与己相干。如手足不仁，气己不贯，皆不属己""天道生生"是仁，"以天地万物为一体"是乐。"识仁"的过程也就是追寻"孔颜乐处"的过程。

程颐之乐是循理之乐。程颐说:"须是知得了,方能乐得。故人力行,先须要知。非特行难,知亦难也。须是知了,方得行。如人欲往京师,必知是出那门,行那路,然后可往。未致知,便欲诚意,是躐等也。学者固当勉强,然不致知,怎生行得?勉强行者,安能持久?除非烛理明,自然乐循理。""君子循理,故常泰;小人役于物,故多忧戚。"(洪梅、李建华,寻"孔颜乐处"的生态价值取向——从周敦颐到程颢程颐,齐鲁学刊,2012年第4期总第229期)

孔颜乐处是安贫乐道。首先是安贫。安贫并不是以苦为乐,要安于贫穷,安于现状,而是对自身价值的一种确信,对自己所追求的理想的矢志不渝,超越了现实的利害冲突,超越了物质感性的享受,从而获得一种精神生活的满足。与这种满足相比,贫或者是富,都无关轻重,不足道也。朱熹认为:"乐亦在其中,此乐与贫富自不相干,是别有了处,如气壮之人遇热不畏,遇寒亦不畏,若气虚者必为所动也。"《论语·学而》记载,子贡曰:"贫而无谄,富而无骄,何如?"子曰:"可也;未若贫而乐道,富而好礼也。"

其次是乐道。孔颜乐处更重要的一层意义是"乐道",安贫只是一种表象,乐道才是终极的追求。孔子提出善道之说,有道现无道隐。子曰:"笃信好学,守死善道。危邦不入,乱邦不居,天下有道则见,无道则隐。邦有道,贫且贱焉,耻也。邦无道,富且贵焉,耻也。"(《论语·泰伯》)

子曰:"君子食无求饱,居无求安,敏于事而慎于言,就有道而正焉,可谓好学也已。"(《论语·泰伯》)子曰:"富与贵,是人之所欲也,不以其道得之,不处也。贫与贱,是人这所恶也,不以其道得之,不去也。"(《论语·里仁》)孔子说过:"不仁者不可以久处约,不可以长处乐。"(《论语·里仁》)孔颜乐处所乐之处在"仁",乐道即是乐仁。程颐早年在太学当学生的时候所作的论文《颜子所好何学论》中说:"颜子所独好者,何学也?学以至圣人之道也。"这句话说出了理学的总目标。"二程"曾解释说:"颜子箪瓢,非乐也,妄也。"又说:"颜子箪瓢,在他人则忧,而颜子独乐者,仁而已。"康有为认为孔颜师徒具有内在追求与理想的相似与一致性,"孔门多弟子,而孔子所心心相印者惟颜子一人",又说"颜子与圣人契合无间,相视莫逆,合为一体,孔子深喜之。"(徐良、李慕蓉,论孔颜乐处中的安贫乐道,安徽文学,2008年第9期)

唐代的韩愈则是反对孔颜的安贫乐道,他在《闵己赋》:"余悲不及古之人兮,伊时势而则然;独闵闵其曷已兮,凭文章以自宣。昔颜氏之庶几兮,在隐约而平宽,固哲人之细事兮,夫子乃嗟叹其贤。恶饮食乎陋巷兮,亦足以颐神而保年;有至圣而为之依归兮,又何不自得于艰难? ……聊固守以静俟兮,诚不及古之人兮其焉悲! "意思是,颜回不过一穷巷陋士,于人无益,于世无补,孔子的褒奖源于自己的不得志,是精神胜利的自我安慰。苏轼在徐州时,他曾应邀作《颜乐亭诗（并叙）》，其序云："颜子之故居所谓陋巷者，有井存焉。胶西太守孔君宗翰，始得其地，浚治其井，作亭于其上，命之曰'颜乐亭'。昔孔子以箪瓢陋巷贤哉颜子，而韩子乃以为哲人之细事，何哉？苏子曰：'君子之于人也，必于小者观之，自其大者容有伪焉。人能碎千金之璧，不能无声于破釜；能搏猛虎之暴，不能无变色于蜂虿。孰知箪食瓢饮不改其乐为哲人之大事乎？乃作《颜乐亭记》，以遗孔君，正韩子之说，且以自警云。'"其诗道：

> 天生烝民，为之鼻口。
>
> 美者可嚼，芬者可嗅。
>
> 美必有恶，芬必有臭。
>
> 我无天游，六凿交斗。
>
> 骛而不返，硅步商受。
>
> 伟哉先师，安此微陋。
>
> 孟贲股栗，虎豹却走。
>
> 眇然其身，中亦何有。
>
> 我求至乐，千载无偶。
>
> 执瓢从之，忽焉在後。

苏轼在序中否定了"韩子之说"，肯定了颜回之乐，认为"我求至乐，千载无偶。执瓢从之，忽焉在后"，表示愿意效法颜回，以得至乐。他受乌台诗案牵连贬谪黄州三年，靠的就是孔颜之乐作为他的人生信念。黄州期间，生存维艰，在《答秦太虚书》说："初到黄，廪入既绝，人口不少，私甚忧之，但痛自节俭，日用不得过百五十。每月朔，便取四千五百钱，断为三十块，挂屋梁上……即藏去叉，仍以大竹筒别贮用不尽者，以待宾客，此贾耘老法也。"经济困厄，精神苦闷。元丰三年的《寓居定惠院之东，杂花满山，有海棠一株，土人不知贵也》中"江城地瘴蕃草木，只有名花苦幽独"、元丰五年的《寒食雨二首》中"今年又苦雨，两月秋萧瑟""君门深九重""坟墓在万里"，"也拟哭途穷，死灰吹不起"。政治的失意是传统文人普遍的人生困境，苏轼的"致君尧舜"之抱负的落空使这种失意更甚。在抱怨之中，又露出周敦颐的"见大忘小"的"心泰"，说"度囊中尚可支一岁有余，至时别作经画，水到渠成，不须顾虑，以此胸中都无一事。""得罪以来，深自闭塞，扁舟草屦，放浪山水间，与樵渔杂处，往往为醉人所推骂，辄自喜渐不为人识。"与颜回一样的贫困，却比颜回更难的政治处境，周子之法令之释然。他虽比周小二十岁，但苏轼曾作《茂叔先生濂溪诗》，自称其徒，"先生岂我辈，造物乃其徒。"

其间的《定风波》："莫听穿林打叶声，何妨吟啸且徐行。竹杖芒鞋轻胜马，谁怕？一蓑烟雨任平生。料峭春风吹酒醒，微冷，山头斜照却相迎。回首向来萧瑟处，归去，也无风雨也无晴。"《满庭芳》："蜗角虚名，蝇头微利，算来着甚干忙。事皆前定，谁弱又谁强。且趁闲身未老，须放我、些子疏狂。百年里，浑教是醉，三万六千场。思量，能几许？忧愁风雨，一半相妨。又何须抵死，说短论长。幸对清风皓月，苔茵展、云幕高张。江南好，千钟美酒，一曲满庭芳。"《浣溪沙》："山下兰芽短浸溪，松间沙路净无泥，潇潇暮雨子规啼。谁道人生无再少？门前流水尚能西，休将白发唱黄鸡。"《西江月》："照野弥弥浅浪，横空隐隐层霄。障泥未解玉骢骄，我欲醉眠芳草。可惜一溪风月，莫教踏碎琼瑶。解鞍欹枕绿杨桥，杜宇一声春晓。"句句脱贫，字字达观，无不看出他的超脱与超越。

元丰五年（1082年）七月，苏轼泛游赤壁，创作了文学史上著名的"赤壁三绝唱"。词作《念奴娇·赤壁怀古》将豪放之气渲泻至极："大江东去，浪淘尽、千古风流人物。故垒西边，人道是、三国周郎赤壁。乱石穿空，惊涛拍岸，卷起千堆雪。江山如画，一时多少豪杰。遥想公瑾当年，小乔初嫁了，雄姿英发。羽扇纶巾，谈笑间、樯橹灰飞烟灭。故国神游，多情应笑我，早生华发。人间如梦，一樽还酹江月。"字字句句，未露丝毫贬抑之怨。（蒲兵，"孔颜乐处"对谪居黄州的苏轼的影响，陕西学前师范学院学报，2015年4月第31卷第2期）

颜乐亭还得苏轼同朝为官的好友李邦直的佳作《颜乐亭铭》（又有载为程颢作），叙孔颜一师一徒，肯定了颜回"圣以道化，贤以学行"的人生，以及"破昏为醒""颜惟孔学""颜居孔作"的功绩。记载如下：

　　　天之生民，是为物则。

非学非师，孰觉孰识。

圣贤之分，古难其明。

有孔之遇，有颜之生。

圣以道化，贤以学行。

万世心目，破昏为醒。

周爰阙里，惟颜旧止。

巷汙于榛，井堙而圮。

乡间蚩蚩，弗视弗履。

有卓其谁，师门之嗣。

追古念今，有恻其心。

良贾善谕，发帑出金。

巷治以辟，井渫而深。

清泉泽物，佳木成荫。

载基载落，亭曰颜乐。

昔人有心，予忖予度。

千载之上，颜惟孔学。

百世之下，颜居孔作。

盛德弥光，风流日长。

道之无疆，古今所常。

水不忍废，地不忍荒。

呜呼学正，其何可忘。

当地官员周翰思亦请司马光为之题词。司马光是苏轼和程颢的前辈，阅毕苏、程二位弟子的颜乐亭诗铭，他挥笔题写了《颜乐亭颂》，评邦直之铭"言颜子之志"，子瞻之诗"论韩子以在隐约而平宽"。其序曰：孔子旧宅东北可百步有井，鲁人以为昔颜氏之居也。周翰思其人，买其地，构亭其上，命曰"颜乐"。邦直为之铭，其言颜子之志尽矣，无以加矣，子瞻论韩子以在隐约而平宽为哲人之细事，以为君子之于人，必于其小焉观之。光谓韩子以三书抵宰相求官，与于襄阳书谓先宰后进之士互为前后以相推援，如市贾然，以求朝夕刍米仆赁之资，又好悦人以铭志而受其金。观其文，知其志，其汲汲于富贵，戚戚于贫贱，如此，彼又乌知颜子之所为哉！夫岁寒然后知松柏之后彫，士贫贱然后见其志，此固哲人之所难，故孔子称之，而韩子以为细事，韩子能之乎？光实何人，敢评先贤之得失，聊因子瞻之言，申而言之。颂曰：

> 贫而无贱难，
>
> 颜子在陋巷，
>
> 饮一瓢，
>
> 食一箪，
>
> 能固其守，
>
> 不戚而安，
>
> 此德之所以完。

如今，北宋三个名家都为颜乐亭题词，可见颜乐亭之重要。然此亭已毁，至今，在颜庙中可见一亭，仍旧名曰颜乐亭（图9-1）。

图 9-1　颜乐亭（作者自摄）

第 2 节　共乐观与共乐园

孔子之乐植根于礼、仁母体之上，属于派生之物，非本源之物。在"宗礼"的视野里，"乐"不过是教化和治民的手段，是"礼"的文化载体。《论语·阳货》记载："子之武城，闻弦歌之声。夫子莞尔而笑曰：'割鸡焉用牛刀？'子游对曰：'昔者偃也闻诸夫子曰，君子学道则爱人，小人学道则易使也。'子曰：'二三子，偃之言是也。前言戏之耳。'""乐"对"道"具有宣教、承载和"移风易俗"的教化功能，才使民众更易于为当权者治理和驱使。

《论语·八佾》言："人而不仁如礼何？人而不仁如乐何？"若无仁内在的伦理依托，"乐"便无存在价值，徒有器乐躯壳。"礼云礼云，玉帛云乎哉？乐云乐云，钟鼓云乎哉？"（《论语·阳货》）"乐"能使"宗礼"、"尚仁"理念的浸润得以极致化、最大化，故"乐"是被"礼"化、"仁"化和泛伦理化的产物。从发生学意义上考察，孔子认为："夫乐者，象成者也。"（《礼记·乐记》）《论语·泰伯》云："子曰：兴于诗，立于礼，成于乐。"将"乐"视为自尧、舜、禹、周文、武以来，历代圣王们功成名就之后歌功颂德的文化符号、政治遗产和伦理说教，故孔子又说："名不正则言不顺，言不顺则事不成，事不成则礼乐不兴，礼乐不兴则刑罚不中，刑罚不中则民无所措手足"（《论语·子路》）。"礼乐"上承"事成"之因，下启"刑罚"之果，具有鲜明的功利价值指向和政治伦理意蕴，而其艺术审美关切则被明显淡化和边缘化。孔子所津津乐道、"三月不知肉味"的先王之乐，令其陶醉忘情之处，并非是其审美价值，而是其"至善"的社会政治、伦理教化品位。

《礼记·乐记》中也有古今之乐的对话："魏文侯问于子夏曰：'吾端冕而听古乐，则唯恐卧；听郑卫之音则不知倦。敢问古乐之如彼何也，新乐之如此何也？'"子夏说古乐乃圣人所作之"德音"，体现父子君臣的尊卑等级伦理纲纪，而今之乐是"溺音"，"郑音好滥淫志、宋音燕女溺志、卫音趋数烦志、齐音敖辟骄志、四者皆淫于色而害于德"。

孟子曾在《梁惠王下》中有言："今王鼓乐于此，百姓闻王钟鼓之声，管籥（yuè）之音，举欣欣然有喜色而相告曰：吾王庶几无疾病与，何以能鼓乐也？今王田猎于此，百姓闻王车马之音，见羽旄之美，举欣欣然有喜色而相告曰：吾王庶几无疾病与，何以能田猎也？此无他，与民同乐也！今王与百姓同乐，则王矣。"无论是"乐以天下"还是"忧以天下"，"乐"都是"王天下"的手段与媒介。统治者的角度来看认识音乐是"仁"的一种表达，与民同乐，体现乐和仁的音乐，能促进仁政的施行，达到治国兴邦的目的。（熊雪，王与民同乐，音乐时空，中外音乐评论）当然，这是对孔子仁而乐的推进。

孟子的"乐"论承孔子的"礼乐"关怀，又独树一帜，把"民为贵"的政治关切扩展和充实到对"乐"的审视之中。执政者与民众之间同甘共苦的"与民同乐"的和谐乐境界。孟子对齐宣王阐释"与民同乐"的为政理念，《孟子·梁惠王下》道："他日，（孟子）见于王曰：'王尝语庄子以好乐，有诸？'王变乎色，曰：'寡人非能好先王之乐也，直好世俗之乐耳。'曰：'王之好乐甚，则齐其庶几乎！今之乐由古之乐也。'曰：'可得闻与？'曰：'独乐乐，与人乐乐，孰乐？'曰：'不若与人。'曰：'与少乐乐，与众乐乐，孰乐？'曰：'不若与众。'臣请为王言乐。今王鼓乐于此，百姓闻王钟鼓之声，管籥之音，举疾首蹙頞而相告曰：'吾王之好鼓乐，夫何使我至于此极也？父子不相见，兄弟妻子离散。'……此无他，不与民同乐也。今王鼓乐于此，百姓闻王钟鼓之声，管籥之音，举欣欣然有喜色而相告曰：'吾王无疾病与，何以能鼓乐？'……此无他，与民同乐也。今王与百姓同乐，则王矣。"同篇又载："乐民之乐者，民亦乐其乐；忧民之忧者，民亦忧其忧。乐以天下，忧以天下，然而不王者，未之有也。"孟子对先秦儒家乐论有两点突破，其一，淡化孔子"礼乐"视阈内"乐"的宗法等级色彩，将横亘于贵族与百姓之间的坚冰——"礼"击碎，实现了作为审美者的"民"与"王'的审美主体地位的平等。"与民同乐"就是否定审美对象（乐）中的"雅乐"与"淫声"、"先王之乐"与"世俗之乐"的贵贱尊卑差异性以至对立性。当齐宣王为其"非能好先王之乐，直好世俗之乐"而惴惴不安而"变乎色"时，孟子理顺两乐之传承关系，"今之乐由古之乐也"。两乐之别不过不同时期而已，《孟子·离娄上》道："仁之实，事亲是也；义之实，从兄是也；智之实，知斯二者弗去是也；礼之，节文斯二者是也；乐之实，乐斯二者，乐则生矣；生则恶可已也，恶可已，则不知足之蹈之手之舞之。"意思是，人若仁义，便可快乐，便可手舞足蹈。

　　孟子进而从感官生理机制层面，论证审美普遍性、共同性原则的可能性。《孟子·告子上》道："是天下之口相似也，惟耳亦然……是天下之耳相似也，惟目亦然……故曰：口之于味也，有同嗜焉；耳之于声也，有同听焉；目之于色也，有同美焉。"正是基于耳目感官"同听""同美"的天赋美感趋同性、一致性，才使"与民同乐"的政治诉求成为可能。

其二，同民本、亲民政治诉求直接关联的是孟子乐理念中的审美判断标准，已经完成了由审美对象向审美主体的转换。对"乐"的审美价值的品评、判断标准，已经由"乐"自身的、由"礼"所赋予、规定的"雅俗""贵贱""优劣"等自我界定，转化为审美者，也即审美主体客观的外在的评价（是"独乐乐"，还是"与人乐乐"；是"与少乐乐"，抑或"与众乐乐"）。在孟子看来，齐宣王所诚惶诚恐的"先王之乐"与"世俗之乐"，在审美价值判断上，并不先验、天然地存在着尊卑、雅俗、优劣之别（"今之乐由古之乐也"）。音乐能否给欣赏者和审美主体带来愉悦和美感享受，以及带来何等程度的快乐，并非取决于该乐的自我界定（"先王之乐"抑或"世俗之乐"），而是由审美主体的外在规定性所决定。孟子此论是对孔子"宗礼""尚仁"传统乐论思想的一大修正和发展。

亲民"民本"政治愿景里所展示和憧憬的，则是一种内在生动、生机活泼、双向互动、亲切对等、普适共享的审美旨趣和审美诉求。"乐民之乐者，民亦乐其乐；忧民之忧者，民亦忧其忧。"（《孟子·梁惠王下》）在这一命题内，除了蕴含有审美关系中，主客体之间的互动交映以及对"王"与"民"审美主体平等地位的确立之外，还包含人的情感（"忧""乐"之情）是审美旨趣、审美判断中不可或缺的，甚或是最为重要的价值标准。音乐理论可以扩展至其他艺术领域，如建筑艺术和园林艺术一样，具有感性、直接性、现实性的审美特质。将人们、将审美主体的情感感受和心理活动元素纳入审美视阈内予以观照和反思，这在儒家乐理念的发展历程中是一个长足的理性的进步。从对先王业绩"功成名就"的歌功颂德，到对民众情感忧乐宣泄的关切，审美旨趣从历史的、抽象空洞的、强制性的外在规定，转化为现实生动的、感性具象的审美主体的品评认知。孟子所完成的儒家"乐"理念的如此嬗变，无疑具有拨乱反正、回归艺术审美理性的重要理论意义。至此，先秦儒家的"乐"理念，已经告别"宗礼"的陈迹，展示"民本"政治诉求的愿景，并开始认真直面"乐"神坛本然的、极具艺术魅力的美的真谛。（施俊波，孔孟乐理念比较研究，管子学刊，2010 年第 4 期）

"劳心者"与"劳力者"的社会分工是使君民和官民之间产生贫富贵贱和矛盾对立的根本原因，而孟子是主张"人和"的，他认为"天时不如地利，地利不如人和"。融洽社会关系的"君民同乐""与民同乐""乐民之乐"等的"人和"思想，可以调和由社会分工造成的不和谐局面。孟子认为，君王只有与民同乐，才能让百姓为君王做事，实现"劳心者"与"劳力者"的分工协作，《孟子·梁惠王》道："文王以民力为台为沼。而民欢乐之，谓其台曰灵台，谓其沼曰灵沼，乐其有麋鹿鱼鳖。古之人与民偕乐，故能乐也。"齐宣王接见孟子时，孟子建议道："今王与百姓同乐，则王矣。"统一天下靠的是与百姓同乐。欲在社会分工的基础上协调和处理好不同社会成员之间的关系，就需要统治者对民众的关心和爱护，"乐民之乐""忧民之忧"，社会才能和谐，君王才能真正实现"王天下"的目的。故孟子在回答齐宣王的问题时，答道："为民上而不与民同乐者，亦非也。乐民之乐者，民亦乐其乐；忧民之忧者，民亦忧其忧。乐以天下，忧以天下，然而不王者，未之有也。"当齐宣王说"寡人好货""寡人好色"时，孟子回答说，"王如好货，与百姓同之，于王何有？""王如好色，与百姓同之，于王何有？"意思是不管齐宣王好货还是好色，只要能与百姓同之，也就是与民同享，并不构成施行王政和仁政的妨碍。（赵志浩，《孟子》中的"大一统"思想探析，理论与现代化，2017年第2期）

孟子最早明确提出并着意强调"与民同乐"。在《孟子·梁惠王》中孟子一见梁惠王，就指出"同乐"远胜于"独乐"。说到园林，"齐宣王问曰：'方七十里，有诸？'孟子对曰：'于传有之。'曰：'若是其大乎？'曰：'民犹以为小也。'曰：'寡人之囿方四十里，民犹以为大，何也？'曰：'文王之囿方七十里，刍荛者往焉，雉兔者往焉，与民同之。民以为小，不亦宜乎？臣始至于境，问国之大禁，然后敢入。臣闻郊关之内有囿方四十里，杀其麋鹿者如杀人之罪。则是方四十里，为阱于国中。民以为大，不亦宜乎？'"周文王游乐的园林方圆七十里，比梁惠王的方圆四十里的大多了，但人民并不感觉到周文王的园林大，反而以为小了，原因是文王和民共享此园，砍柴的可进，打兔者可进。文王坚持与民分享，故他起亭台、修园池，人民都很高兴，"称之为灵台、灵沼"。与此相反，梁惠王的园囿，严禁人民出入，园内物产不许人民享用，还定"杀其麋鹿者如杀人之罪"，故百姓觉其大。

只有"与民同乐"，君王也才能真正安享其乐，"古之人与民偕乐，故能乐也。……虽有台池鸟兽，岂能独乐哉"（《孟子·梁惠王上》）！孟子还特别提出，也只有"与民同乐"的君主，方可取得人民的拥护，也才可能实现自己的政治抱负而一统天下，"今王与百姓同乐，则王矣"（《孟子·梁惠王上》）。将"同乐"与"王天下"相联系，显然赋予了"与民同乐"极大的政治意义。

孟子大声呼吁社会财富的公正分配，不能只有"君乐"而没有"民乐"，不能只"足君"而不"足民"。如孔子就倡言"独富独贵，君子耻之"（《孔子家语·弟子行》），并提出了著名的"不患寡而患不均"的社会财富分配理念。"孔子曰：丘也闻有国有家者，不患寡而患不均，不患贫而患不安。盖均无贫，和无寡，安无倾。"（《论语·季氏》）按其文意，"不患寡而患不均"是说治理国家不怕财富少，就怕财富占有不公而导致贫富严重两极分化。

"与民同乐"还暗含只有"民乐"才能"君乐"的逻辑。前引孟子所谓"古之人与民偕乐，故能乐也"正谓此。由此"民乐君乐"的思路，儒家又提出了"民足"而"君足"的主张。

"百姓足，君孰与不足？百姓不足，君孰与足"（《论语·颜渊》）？孟子继承此说："孳孳为利，小人之事。王者藏富于民，百姓足，君孰与不足？"荀子则指出民富则国富："裕民则民富，民富则田肥以易。田肥以易则出实百倍。上以法取焉，而下以礼节用之，余若丘山，不时焚烧，无所藏之"（《荀子·富国》）。而民贫则国危，"故王者富民，霸者富士，仅存之国富大夫，亡国富筐箧、实府库。筐箧已富、府库已实，而百姓贫，夫是之谓上溢而下漏，入不可以守，出不可以战，则倾覆灭亡可立而待也"（《荀子·富国》）。富民政治上如此重要，那么改善民生则理所当然，而且现实紧迫。所以儒家提出统治者应树立"富民为本"意识："为政之道，以顺民心为本，以厚民生为本"，要求统治者利民，"因民之所利而利之"（《论语·尧曰》）；要求统治者"节用而爱人，使民以时"（《论语·学而》）；要求统治者学习尧舜"博施济众"、大禹"菲饮食而致孝乎鬼神，恶衣服而致美乎黻冕，卑宫室而尽力乎沟洫"（《论语·泰伯》）。在儒家"与民同乐"的视域里，人民的生存权利和生存需要得到了高度的关注和充分的尊重。[胡发贵，论儒家"与民同乐"的民生关切，江苏大学学报（社会科学版），2011年3月]

　　周文王建了一个园林，名灵台，其中有灵囿和灵沼。《大雅·灵台》记载了周文王的园林灵台的建造过程和与民同乐的过程："经始灵台，经之营之。庶民攻之，不日成之。经始勿亟，庶民子来。王在灵囿，麀鹿攸伏。麀鹿濯濯，白鸟翯翯。王在灵沼，於牣鱼跃。虡业维枞，贲鼓维镛。於论鼓钟，於乐辟廱。於论鼓钟，於乐辟廱。鼍鼓逢逢。蒙瞍奏公。"

《孟子·梁惠王下》记载："孟子见梁惠王，王立于沼上，顾鸿雁麋鹿，曰：'贤者亦乐此乎？'孟子对曰：'贤者而后乐此，不贤者虽有此不乐也。《诗》云：经始灵台，经之营之，庶民攻之，不日成之，经始勿亟，庶民子来，王在灵囿，麀鹿攸伏，麀鹿濯濯，白鸟鹤鹤，王在灵沼，于牣鱼跃。文王以民力为台为沼，而民欢乐之，谓其台曰灵台，谓其沼曰灵沼。乐其有麋鹿鱼鳖。古之人与民偕乐，故能乐也。《汤誓》曰：时日害丧，予及汝偕亡。民欲与之偕亡，虽有台池鸟兽，岂能独乐哉！'"

朱熹《诗经集说》重复道："孟子曰'文王以民力为台为沼，而民欢乐之，谓其台曰灵台，谓其沼曰灵沼，此之谓也。"东莱吕氏曰："前二章乐文王有台池鸟兽之乐也；后二章乐文王有钟鼓之乐也，皆述民乐之辞也。"胡承珙《毛诗后笺》道："三灵（台、囿、沼）自为游观之所，辟雍为乐之地。"《三辅黄图》载，灵台在长安西北四十里，灵囿在长安西四十二里，灵沼在长安西北三十里者。（陈绍哲，一首颂赞周王朝营建灵台与民同乐的诗歌，人文杂志，1986 年 10 月）

孟子的与民同乐观影响了历代的皇家园林、衙署园林、坛庙园林。西汉时上林苑内就有平乐观和平乐苑，东汉时洛阳皇家建有平乐苑。北宋时开封有同乐园，仪征东园内共乐堂、朱勔的私园也名同乐园。南宋苏州郡圃名同乐园，苏州盘野园内有共乐堂。金朝中都有同乐园和广乐园、广乐园。明代济南有通乐园，扬州有偕乐园、上海陆深之后乐园。清代在山西晋祠中建有同乐亭，天津柳墅行宫有谐乐堂、提学顾大典之谐赏园、圆明园之同乐园和众乐亭。孟子的同乐观传到日本，在日本，也建有偕乐园。

孙中山继承孟子的民本发生思想，发展为建国立国纲领的"三民主义"。孙中山设想通过"三民主义"的实施能够"人能尽其才，地能尽其利，物能尽其用，货能畅其流"，进而实现国富民强、天下为公的大同社会。"三民主义"由民族、民权和民生主义组成，民生就是关注引导和领导百姓的生活。1924年在与共产党的合作后，"旧三民主义"发展为"新三民主义"即民族主义是对外反帝、对内各民族平等，民权主义是建立一般平民共有，而非少数人所得而私的民主政治，民生主义是平均地权（耕者有其田）和节制资本为中心，从此民主、共和成为一种政治制度。

民国期间掀起的公园运动，包括旧园开放运动、新园建设运动、纪念更名运动。公园的本质就是为大众服务，是各民族、各阶层、各行业人所共有的园林所有制，是一切人平等享受的场所，是所有人劳动之余休闲娱乐的场所，所以说公园被民国政府作为园林的主要发展形式又成为公众集会庆典的主要场所。

民国时期以国家为主体，没收清朝皇家园林和权贵私家园林，开放为公园，掀起了公园开放运动。1912年民国成立，"皇权至上"的等级观念与日暮的紫禁城一起都成为过往云烟。延续了两千多年传统的城市空间格局发生了翻天覆地的巨变，古城北京辟设了新型的公共空间。这种供城市居民休闲、交往、娱乐的全新的公共空间的出现，与20世纪10至20年代发起的"公共工程运动"密不可分。推动民初北京城市近代化的关键人物是时任北洋政府交通部长兼内务总长的朱启钤。在他的倡议下，1914年，民国政府建立了"京都市政公所"——中国首个城市规划与市政建设部门，北京也由此成为全国第一个办理市政的城市。而它的建立也启动了一场史上较大规模的"公共工程运动"，包括对皇城、正阳门的改造，环城铁路修建，道路的铺设和牌楼的改造，故宫博物院的创立，大批皇家园林的开放，等等。"街道铺设和城门、城墙的改造不仅改变了北京城的风貌，而且有着更深刻的社会意义。将从前禁止人们出入的地区改造成公共使用的通衢大道，便是对封建帝国时期以严格的社会等级秩序为基础的空间概念做了新的诠释……总而言之，道路的铺设和社会服务的扩展影响应该说是'市民城市'的诞生。"

1914年2月，在京都市政公所主办的《市政通告》第

22期，专门有"公园论"专辑，介绍了英、德、法、美等国的公园体制。在中国，提倡兴建公园的知识分子认为，公园不仅是美化环境、供人休闲娱乐的公共场所，更重要的是引导民众接受文明健康生活方式的社会教育场所。因此，将公园建设作为城市公共空间的重要组成部分，在改善人居环境、提高人民身心健康的同时，也能发挥教育和教化等政治功能。由此，清政府开始着手修建公共设施，包括1907年7月19日，将万牲园建成动物园并正式接待游客，这是北京开放的第一座公共动物园。后又将坛庙开放为公园，兴建博物馆和图书馆等，这些公共设施和场所的开辟对北京的物质空间和精神空间均产生深远影响。虽然在开放和发展的过程中也曾引发了各种矛盾和冲突，但在这些矛盾和冲突的背后，也逐渐形成了一股推动社会进步的力量。由此，公园开放运动在中国近代才真正开始。"旧时王谢堂前燕，飞入寻常百姓家"，皇家禁地成为公共休闲空间，完成了从御花园到大众公园的角色转换。

《市政通告》上称："添设公园，真是市政上一件重要事情。"出于这样的认识，公园的建设迅速开展起来。受历史环境、城市格局以及当时土地短缺、资金匮乏等多方面条件的制约，与典型的西方造园模式（包括上海）不同，京都市政公所不是另起炉灶建设公园，而是着手改造并开放封建王朝遗留的皇家园林和坛庙。首当其冲的就是社稷坛，时任内务总长的朱启钤亲自主持它的创建筹备工作。
1914 年 10 月 10 日，由社稷坛改建的"中央公园"（1928
年改为中山公园）首度向公众开放，成为北京有史以来的
第一座近代公园。随后，市政公所又陆续开辟了几处皇家
园林作为北京城市居民的公共娱乐空间：1915 年开放城南
的先农坛公园，1917 年更名为"城南公园"；1918 年开放
天坛公园；1924 年开放太庙，更名为"和平公园"；1925
年，在原紫禁城的基础上建立故宫博物院并开放，同时开
放北海公园以及以地坛为基础的京兆公园;1928 年，颐和
园、景山公园先后开放，至 1929 年，中南海也正式辟为
公园对外开放。

　　北京地区的寺观坛庙园林随着中央公园（今中山公园）
的开放，也相继对公众开放。如 1915 年先农坛先行成为
平民公园，随后，天坛公园、和平公园（太庙）、京兆公园
（地坛）等也相继开放。远郊的潭柘寺、戒台寺、红螺寺、
香山八大处一带的寺庙园林也陆续开放，丰富了北京市民
的业余生活，给生活在城市中的人们提供了休闲游览的好
去处。（石桂芳，民国初期北京公园开放与新型公共空间的
开拓，学术探索，2016 年第 3 期）

　　北京的私家园林在元、明、清各朝均出现高潮。从开
放的角度来看，早在元代位于大都城内海子岸边的万春园
作为私园就曾向社会开放，兼有公共风景区园林的性质。
明代，惠安伯张元善在西郊筑有一座牡丹园，方圆数百亩，

遍植牡丹、芍药，密如菜畦，为京人游观胜地。明代北京一些以花木为胜的郊外私园常向游人开放。到了民国时期，城内的一些私园竞相开放。开放的私园中有的开设茶馆、饭庄，为民众提供消夏场地，有的私园中还组织看戏、承办各种喜庆活动与聚会，大大丰富了人们的日常生活。[王丹丹，民国初期（1914—1929 年）北京公共园林开放初探，风景园林，2012 年第 12 期]

对公园建设起最大作用的是孙中山先生（1866—1925年）。辛亥革命后民国元年（1912 年）1 月 1 日孙中山在南京就任临时大总统。1918 年辞职蛰居上海，1919 年 8月创办《建设》杂志发表《实业计划》。广东省是孙中山及其革命党人的革命根据地，每一次的重大活动都是从此策源的。孙中山在岭南一带的重大影响同样表现在园林之中。1912 年孙中山在广州之时倡导植树造林带头在广州黄花岗植马尾松四棵，1918 年孙中山把清明节定为植树节，并倡导建立广州第一座公园后来称为广州中央公园，1910 年市工务局工程建设课下设园林股，兴办中山苗圃和路树业务，政府要员参与植树的风气当然源于封建王朝时皇帝在园林中亲自课植的传统。1919 年、1921 年、1922 年徐世昌总统连续三年清明节在北海植树，也是这一传统的延续。对于公园的建设顺理成章地成了政府的职责范围。1933 年广州市政府成立园林委员会，当年通过了"规划新建公园 12处"决议案，1937 年工务局设立园林处。

孙中山的逝世在全国引起极大的反响，各地公园相继更名为中山公园。有些地方还特意建造中山公园以示对孙中山先生的深切怀念。如汕头中山公园、龙岩中山公园、漳州中山公园、厦门中山公园、北海中山公园、龙岩中山公园、惠州中山公园、佛山中山公园、深圳中山公园、龙州中山公园、杭州中山公园，更名的有北京中山公园、青浦中山公园、上海中山公园、武汉中山公园、天津中山公园、泰州中山公园、江阴中山公园。

作为建设主体，政府代表国家进行投资建设。各地新军阀在统治期间为表爱民之心竞相以政府的行为造园。利用原有湖池、故址造园，如唐继尧修复翠湖。民众集资造园也是民国公园的另一特征，1924 年镇江同盟会员冷秋倡仪建园纪念赵声大将军，社会集资，陈植主持了设计，1926 年动工，历 5 年时间耗 50 万元，1931 年 6 月 2 日建成开放，初名赵声公园又称百先公园，7.3 公顷。1930 年，重庆北碚峡防局局长卢作孚集资在火焰山东岳庙边建公园，当年建成名火焰山公园，1936 年更名北碚平民公园，1945 年更名为北碚公园时有清凉亭、汉砖台等，中华人民共和国成立后修建 10.3 公顷。1920 年 10 月苏皖赣巡阅使李纯（字秀山）死后，其部下集资在南京建立秀山公园，不久改名血花公园，1928 年更名第一公园，1938 年日寇焚毁规则式，有植物园、图书馆和植物馆，面积为 7 公顷。公园也有私人投资建造的。如 1912 年至 1916 年南通清末状元实业家张睿于 1912 年至 1916 年在环壕河建成五座公园，次年开放。其中北公园 2.4 公顷，中公园 1.45 公顷，南公园 1.56 公顷，西公园 1 公顷，东公园 1.3 公顷，也称儿童公园。（刘庭风，民国园林特征，建筑师，2005 年第 2 期）

民国时期，外务部右侍郎、邮传部左侍郎、奉天巡抚、民国第一任内阁总理唐绍仪广东珠海家乡建设私家园林，面积达 26 公顷，初名玲珑山馆，1921 年为与民同乐，更名为共乐园，现扩建为康家湾公园。旅美华侨谢维立 1926 年在家乡广东开平建私家园林，历十年时间于 1936 年建成，名立园，立园的共乐亭（观澜亭），1959 年没收改为干部疗养院，今重修后开放。图 9-2 所示为共乐园，图 9-3 所示为共乐园荷池，图 9-4 所示为共乐园平面图。

图 9-2　共乐园（图片来自搜狐网）

图 9-3　共乐园荷池（作者自摄）

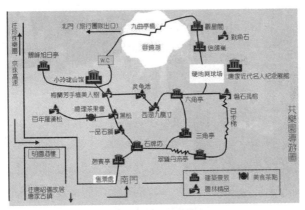

图 9-4　共乐园平面图

（图片来自南北游网）

中华人民共和国成立之后，更是以民为本，为民服务，在建国初期就开展了公园建设运动，园林全部以人民为名，大部分的人民公园就是在这一时期建成。劳动人民以极大的热情参与了这一运动。很多公园在一年左右就建成，成为造园奇迹。改革开放后，随着现代生态理论的提出，风景名胜区的建设和公园建设步伐一样快，以世纪公园为标志的新公园诞生。虽然这些公园的设计手法带有西方的痕迹，但它的服务对象还是百姓。在进入信息时代后，随着工厂的外迁，许多工业废弃地被改造成为公共空间，不以园名。2012年的十八大后中央提出美丽中国理论，全国城乡开始兴起美化乡村运动。2017年之后，中央提出金山银山不如绿水青山的理论，于是新一轮的矿区生态修复运动开始，2018年年初，习近平在成都提出公园城市理论，是在人口集中的城市进行为民造园的新运动，这些都是儒家的与民同乐思想的延续。

第3节　忧乐观与后乐园

忧乐是人生的主题，也是社会的主题，更是所有生物界面对生存环境的生死存亡、祸福吉凶的主题。儒家忧乐观从《周易》开始，贯穿于所有的儒学经典之中。《左传·襄公三十一年》："忧乐同之，事则从之；教其不知，而恤其不足。"《淮南子·说林训》："汤沐具而虮虱相吊，大厦成而燕雀相贺，忧乐别也。"汉荀悦《申鉴·杂言上》："为世忧乐者，君子之志也。"南朝宋鲍照《蜀四贤咏》："《玄经》不期赏，虫篆散忧乐。"诸家忧乐，各有不同，今详析之。

（一）周易忧乐观

《周易》作为儒道两家的共同源流，忧乐意识贯穿于六十四卦始终。易经本质是易，易有向吉向凶两个方向，向吉则乐，向凶则忧。各执一途，只要时刻谨慎行事，必可至无咎，近人胡远浚认为："《诗》三百，一言以蔽之，曰：'思无邪。'《易》六十四卦，一言以蔽之，曰：'惧以终始，其要无咎'"（《劳谦室易说·读易通识》）。故吉、凶、祸、福、忧、乐、得、失、悔、亡等词成为易经对事件过程的评价。

《乾·九三》曰："君子终日乾乾，夕惕若，厉，无咎。"孔颖达疏："君子在忧危之地，故终日乾乾，言每恒终竟此日，健健自强，勉力不有止息。夕惕者，谓终竟此日，后至向夕之时，犹怀忧惕。若厉者，若如也，厉危也，言寻常忧惧恒如，倾危乃得无咎。谓既能如此戒慎，则无罪咎；如其不然，则有咎。"又说："居危之地，以乾乾夕惕，戒惧不息，得无咎也。"（《周易正义》）"乾乾"和"夕惕"就是忧。

《坤·初六》曰："履霜，坚冰至"。释曰："初六阴气之微，似若初寒之始，但履践其霜，微而积渐，故坚冰乃至。义取所谓阴道初虽柔顺，渐渐积著，乃至坚刚。"褚氏云："履霜者，从初六至六三；坚冰者，从六四至上六。阴阳之气无为，故积驯履霜必至于坚冰，以明人事有为，不可不制其节度，故于履霜而逆以，坚冰为戒，所以防渐虑微，慎终于始也"（《周易正义》）。由霜降到坚冰虽变化甚微，但须防微杜渐。《易经》的这种忧患意识可谓是贯穿始终。

《豫》卦，豫指欢乐，《易·豫卦》释文，郑注："豫，喜豫说乐之貌也。"但在《周易》中屡见"凶""悔"等。

初六：鸣豫，凶。

六二：介于石，不终日，贞吉。

六三：盱豫，悔；迟，有悔。

九四：由豫，大有得，勿疑，朋盍簪。

六五：贞疾，恒不死。

上六：冥豫，成有渝，无咎。

初六的"鸣豫"就是得意忘形，结局是"凶"。六三的"盱豫"是谄媚求欢，所以"有悔"，六五"贞疾"即守正防疾，才能"恒不死"。《周易折中》隐何楷曰："六五柔居尊位，当豫之时，易于沉溺，必战兢畏惕，乃得恒而不死，所谓'生于忧患'者也。"上六"冥豫"即深夜纵乐，虽然成了但有害（有渝）。只有六二"介于石"是中庸不贪欢，才获"吉"。因此，《豫》卦虽以"欢乐"为义，但处处戒人不得穷极欢乐。而上海的明代的豫园，就是取豫为卦象，希望子弟们有忧患意识，不要在园中乐极生悲。而众多意思之中，豫的欢乐为后世所延伸。《尔雅》道："豫，乐也。"《说文》："豫，悦豫也。"《老子》道："豫焉若冬涉川。"范应元注：

"豫，象属。"豫指高兴和安乐，如《珠丛》："心中悦谓之豫。"
《庄子·应帝王》："何问之不豫也？"《孟子·公孙丑下》："夫
子若有不豫色然。"注："颜色不悦也。"《汉书·成帝纪》："或
乃奢侈逸豫，务广第宅。"豫又指皇上秋日出巡，张衡《东
京赋》："度秋豫以收成。"豫指游乐和嬉戏，欧阳修《新五
代史》："逸豫可以亡身。"

　　"既济"卦，"既济"，有完成之意，但为水火共处之卦。
其《象》曰："水在火上，既济；君子以思患而豫防之。"（《既
济·象》）《伊川易传》释曰："时当《既济》，唯虑患害所
生，故思而豫防，使不至于患也。自古天下既济而至祸乱者，
盖不能'思患而豫防'也。"亦与《周易》所谓"安而不忘
危，存而不忘亡，治而不忘乱"同义。既济卦如下：

　　《象》曰："水在火上，既济"；君子以思患而预防之

　　初九，曳其轮，濡其尾，无咎

　　《象》曰："曳其轮"，义无咎也。

　　六二，妇丧其茀，勿逐，七日得

　　《象》曰："七日得"，以中道也。

　　九三，高宗伐鬼方，三年克之；小人勿用。

　　《象》曰："三年克之"惫也。

　　六四，繻有衣袽，终日戒。

　　《象》曰："终日戒"有所疑也。

　　九五，东邻杀牛，不如西郊之禴祭，实受其福

　　《象》曰："东邻杀牛"，不如西邻之时也；"实受其福"，

吉大来也。

上六，濡其道，厉。

《象》曰："濡其道，厉"，何可久也！

《周易》丰卦道："日中则昃，月盈则食"，是日月变易之理，得失忧乐是循环往复的。《乾·上九》曰："亢龙有悔"，朱熹曰："当极盛之时，便须虑其亢，如这般处，最是《易》之大义，大抵于盛满时致戒"（《朱子语类》）。

周文王是在监狱中推演的周易，可知当时胜负未可知，故每一卦必有喜有忧，仍以忧为主，以喜为少。《周易》曰："《易》之兴也，其于中古乎？作《易》者，其有忧患乎？《易》之兴也，其当殷之末世，周之盛德邪？当文王与纣之事邪？是故其辞危。危者使平，易者使倾。其道甚大，百物不废。惧以终始，其要无咎。此之谓易之道也。"至于忧患内容，有忧家、忧国、忧时、忧世、忧人、忧事。

张载《易说·系辞上》说："圣人苟不用思虑忧患以经世，则何用圣人？天治自足矣。圣人所以有忧者，圣人之仁也；不可以忧言者，天也。盖圣人成能，所以异于天也"即天无心，圣人有仁生忧，圣人是替天而忧。正因为有忧患意识，乾元象中才说："天行健，君子以自强不息。"

《周易》的巫术智慧使乐观情怀具有非理性。《易》之乐，是忧中之乐。李泽厚说传统乐感文化："中国人很少真正彻底的悲观主义，他们总愿意乐观地眺望未来。"《周易·序卦》曰："乖必有难，故受之以蹇。蹇者，难也。物不可终难，故受之以解。解者，缓也。缓必有所失，故受之以损。损而不已必益，故受之以益。"《周易》认为，忧患总会被克服，《周易·序卦》曰："乖必有难，故受之以蹇。蹇者，难也。物不可终难，故受之以解。解者，缓也。缓必有所失，故受之以损。损而不已必益，故受之以益。"逆境中的信念根源在于"乐天"，即《周易》之"乐天知命，故不忧"（《系辞下》）。"一阴一阳之谓道"，阴中有阳，阳中有阴，而且互相转化。《需》《师》二卦也说明了克险之法在于刚健，"险在前也，刚健而不陷，其义不困穷矣。""刚中而应，行险而顺，以此毒天下而民从之，吉又何咎也。"

唐孔颖达《周易正义》卷十一疏曰："顺天施化，是欢乐于天；识物始终，是自知性命。顺天道之常数，知性命之始终，任自然之理，故不忧也"。顺应天地之道，任自然之理，就会无忧。朱熹《周易本义》卷三也说："既乐天理，而又知天命，故能无忧，而其知益深"。王船山《周易内传》卷五则认为："天命之无所择而施，知之则可不改其乐。盖在天者即为理，在命者即为正，天不与人同忧，而《易》肖之以诏人不忧"。说明人不忧是自天而来，天无忧，人应效其无忧。

所以《乾·文言》曰："子曰：龙德而隐者也。不易乎世，不成乎名；遁世无闷，不见是而无闷；乐则行之，忧则违之，确乎其不可拔，潜龙也。"对于潜龙之"遁世无闷"，李鼎祚《周易集解》释曰："道虽不行，达理无闷也。"即便家国无道，

心中有道，于是坦然，自得其乐。（孙喜艳，论《周易》的忧患意识与乐三情怀，商丘师范学报，2012年2月第28卷第2期）

（二）儒家的忧乐观

孟子的忧乐观就是"乐民之乐，忧民之忧"，"乐以天下，忧以天下"，"与民同乐"，所以，孟子的忧乐观是群体主义忧乐观。

如果说《周易》的忧乐是以阴阳变化、得失存亡，以及应对的趋利避害的忧患意识和天命意识，那么，儒家忧患意识就是居安思危的理性精神和主体自觉的道德人格、坚强意志和奋发精神。《论语·卫灵公》道：子曰："人无远虑，必有近忧"。而深自砥砺的忧患意识才是自我提升和人格完善的心理动力，《孟子·尽心上》曰："人之有德慧术知者，恒存乎疢（chèn）疾。独孤臣孽子，其操心也危，其虑患也深，故达。"进而孟子提出更深刻的命题："生于忧患而死于安乐"（《孟子·告子下》）。

高志强提出，儒家"忧、乐两种情感在儒学视阈中得到了系统而深刻的观照，围绕感性之忧、感性之乐、德性之忧和德性之乐的辨析及其内在转化与提升的关系，儒家构建了极具特色的忧乐思想的理论体系。"人禽之别在于本心自足的德性，足成人，不足成兽。《论语·述而》："德之不修，学之不讲，闻义不能徙，不善不能改，是吾忧也"。

离心离路的德行堪忧堪哀,《孟子·告子上》:"仁,人心也;义,人路也。舍其路而弗由,放其心而不知求,哀哉"。无德之忧的结果是终身受辱,《孟子·离娄上》道:"苟不志于仁,终身忧辱"。

"德性向内的自觉和涵养之忧可以称之为德性之忧或内圣之忧,德性向外的落实和实践之忧可以称之为践道之忧或外王之忧。事亲之忧和天下之忧是践道之忧的两种主要形态。"(高志强语)孝悌是仁德之本,《论语·学而》:"君子务本,本立而道生。孝弟也者,其为仁之本与!"故事亲之忧是践道之忧的本根,《孟子·万章上》:"人悦之、好色、富贵,无足以解忧者,惟顺于父母,可以解忧。"其他的满足都不能解忧,只有孝顺父母才能彻底解忧。《孟子·尽心上》道:"亲亲而仁民,仁民而爱物",把道德情感推扩到破除一己之小我、私我,达于天地万物一体之仁的道德高度,《论语·雍也》的"博施于民而能济众",时刻把个人的事功之忧与天下之忧融合校正。天下之忧是对道之不行于天下的忧患。

感性之忧来源于欲望与生存境遇的不对等。儒家肯定感性欲求的自然合理性,但认为沉溺于感性欲求会随发展为以物役心的异化状态,一发不可收拾,手段无所不用其极,《论语·阳货》道:"鄙夫!可与事君也与哉?其未得之也,患得之;既得之,患失之。苟患失之,无所不至矣"。虽乐而忧,乐非真乐。《大学》在论"正心"道:"有所忧患,则不得其正。"因此，于感性之忧和德性之忧的价值抉择是《论语·卫灵公》所说的"忧道不忧贫"，以德性之忧统慑和超越感性之忧。《孟子·离娄下》说："君子有终身之忧，无一朝之患也"。"终身之忧"为德性之忧，"一朝之患"为感性之忧。故高志强总结道，君子以德性之忧为忧，忧之以终身，以期成圣成贤；感性之忧则被统摄在了德性之忧的道德境界中，故而君子不徒以之为忧。

子曰："知之者不如好之者，好之者不如乐之者"（《论语·雍也》），"兴于诗，立于礼，成于乐"（《论语·泰伯》）。李泽厚认为，"此处之乐既是音乐，又是快乐的最高层次、最高境界"。道德人格的至乐的境界才是修养的完成。《孟子·尽心上》道："万物皆备于我矣，反身而诚，乐莫大焉"，德性为本心自足，倘能人物对调，换位思考，做到《孟子·尽心上》所说的"仰不愧于天，俯不怍于人"，就可实现道德快感以及"为仁由己"的道德自由。子曰："知者不惑，仁者不忧，勇者不惧"。（《论语·子罕》）本心的德性被智者以理性的智慧体认而不惑，内在的德性被仁者统一于外在天命之中而不忧，勇往直前被勇者以义的名义践行（出师有名）而不惧。怀揣智、仁、勇之德的君子浸润于无待于外的德性之乐，在面对现实遭际时自然能够无所迷惑、忧愁和恐惧。

德性向内的自学和涵养之乐称为内圣之乐（德性之乐），德性向外的落实之乐可称为外王之乐（践道之乐），《论语》以"学而时习之，不亦说（通乐）乎？"作为践道之乐的开篇。儒家认为有六种践道方式：天伦之乐、师友之乐、礼乐之乐、与民同乐、山水比德之乐、天人合一之乐。

天伦之乐君子三乐之首。"父母俱存，兄弟无故"（《孟子·尽心上》）。孟子曰："仁之实，事亲是也；义之实，从兄是也。智之实，知斯二者弗去是也；礼之实，节文斯二者是也；乐之实，乐斯二者。乐则生矣，生则恶可已也，恶可已，则不知足之蹈之、手之舞之"。（《孟子·离娄上》）

师友之乐，在于学习、辨识与传承。子曰："默而识之，学而不厌，诲人不倦，何有于我哉？"（《论语·述而》）诚能以学立己，以诲立人，岂不乐哉？孟子亦以"得天下英才而教育之"（《孟子·尽心上》）作为"君子三乐"之一。孔子以"乐多贤友"（《论语·季氏》）作为有益的人生快乐，子曰："有朋自远方来，不亦乐乎？"（《论语·学而》）贤友相聚便会有共进此道、道义日新之乐，"良朋四集，道义日新，优哉游哉，天地之间宁复有乐于是者？"

礼之乐是人文制度与艺术审美的高度融合。孔子以"乐节礼乐"（《论语·季氏》）作为有益的人生快乐。然而，礼仅停留在外在的制度规约，所谓"克己复礼"并非快乐。子曰："克己复礼为仁。一日克己复礼，天下归仁焉。为仁由己，而由人乎哉？"（《论语·颜渊》）践行礼义便能够提升和超越至"从心所欲，不逾矩"（《论语·为政》）的道德自由之乐境。乐是一种能够感发快乐情感的不可或缺的艺术审美形式,"夫乐者, 乐也, 人情之所不能免也"(《礼记·乐记》)。当然, 儒家所推崇的乐并非一般意义上的音乐, 而是尽善尽美的雅颂之乐,《论语·八佾》记载:"子在齐闻韶, 三月不知肉味。曰:'不图为乐之至于斯也!'"闻韶之乐是审美情感与道德情感相得益彰的精神和乐之境界。

与民同乐, 上节已述, 是源于《孟子·梁惠王下》记载:"曰:'独乐乐, 与人乐乐, 孰乐?'曰:'不若与人。'曰:'与少乐乐, 与众乐乐, 孰乐?'曰:'不若与众。'"是大乐, 是超越道家遁世者只求自我的身心解脱和自事其心的快乐, 也超越于空灵的独与天地精神往来式的逍遥自得, 达到将一己之乐升华为与民同乐的崇高境界。

山水比德之乐源于《论语·雍也》的"知者乐水, 仁者乐山", 前面有专章论述。在对山水自然的审美中, 君子将内在德性投射于生生不息的山水自然, 通过理性化的比德陶冶道德情操、涵育道德人格。

天人合一之乐, 源于《孟子·尽心上》的"亲亲而仁民, 仁民而爱物"。"亲亲"是基础的天伦之乐,"仁民"是中级的与民同乐,"爱物"是高级的天人合一之乐。"上下与天地同流"(《孟子·尽心上》)、"民吾同胞, 物吾与也"的境界之乐即天人合一之乐。《论语·先进》说:"曾点曰:'莫(同暮)春者, 春服既成。冠者五六人, 童子六七人, 浴乎沂, 风乎舞雩, 咏而归。'夫子喟然叹曰:'吾与点也!'"孔子赞赏的是曾点的人生无私欲之痕, 有己与己、己与人、己与天地自然和乐和顺应之象，生命诗意地栖居于安恬和合的天人合一之乐境。

感性之乐是得而后乐，不得不乐，初为异态，积久变态。《论语·季氏》道："乐骄乐，乐佚游，乐宴乐，损矣。"说的是泛乐久乐必损身害心。荀子曰："外重物而不内忧者，无之有也"（《荀子·正名》）。并认为"逐乐"势必导致人们"将以为乐，乃得忧焉"（《荀子·王霸》）。《大学》认为："有所好乐，则不得其正。"对感性之乐的刻意之"好"偏离正心，只有"乐而不淫"（《论语·八佾》），节文与范导，才能得其道，制其欲，故《礼记·乐记》载："君子乐得其道，小人乐得其欲。以道制欲，则乐而不乱；以欲忘道，则惑而不乐。"子曰："不仁者不可以久处约，不可以长处乐"（《论语·里仁》）。"君子坦荡荡，小人长戚戚"（《论语·述而》）的原因是君子致力于彰明本心之德性，故而可以超越现实的困顿，拥有坦荡而无所羁绊之人生情态；小人舍己从欲，故而会为得失所累，陷溺于患得患失、戚戚惶惶之人生情态。孟子曰："体有贵贱，有小大。无以小害大，无以贱害贵"（《孟子·告子上》）。"大体"即人之德性，"小体"即人禽共有的耳目口体等感性。孟子认为己之"大体"可以驾驭区区"贱命"的"小体"，否定"小体"戕害"大体"。孟子曰："广土众民，君子欲之，所乐不存焉。中天下而立，定四海之民，君子乐之，所性不存焉。君子所性，虽大行不加焉，虽穷居不损焉，分定故也。君子所性，仁义礼智根于心"。（《孟子·尽心上》)"所性""所乐""所欲"是孟子人生设计的价值层次。"所性"是"大行不加"、"穷居不损"的德性，君子深潜自反，回归本心，便可以自得于内在超越的德性之乐；"中天下而立，定四海之民"的"所乐"是践道之乐，虽然德性具有内在超越性，但是德性变为实践必定会受到诸多客观因素的限制，故君子对践道之乐并未划统一的标准；"广土众民"的"所欲"是感性欲求，沉湎的结果是人性异化，故君子不迷恋感性之乐。总之，感性之乐是现实，是德性之乐出发的基础，德性之乐是理想，是践道之乐内在超越的根据，践道之乐是行动，是德性之乐在现实道德实践中的落实，德性之乐可以统摄和超越感性之乐。

（三）忧乐圆融论及其内在理路

庞朴（2014年）指出："忧乐圆融是包括儒家思想在内的中国文化的深层特质"。单纯的感性层面的忧与乐是相互对立的，儒家的忧乐是通过圆融达到和谐与统一，至于无时不可、无处不在、无法不能的处世方法，它是如何达到的？高志强指出，通过变易、乐知知名、孔颜乐处和乐以忘忧来实现。

第一，变易之道：以变易的理性贯通忧乐。天道运行日月相推、寒暑交替，宇宙万物皆处于生生不息的变易之中，《周易·系辞上》载："一阴一阳之谓道"，"一阖一辟谓之变，往来不穷谓之通"。明天道，昭人道，在变易的理性观照下，人可以体认并臻至忧乐圆融的人生情态：其一，顺境可以转化为逆境。《周易·丰》记载："日中则昃，月盈则食。天地盈虚，与时消息，而况于人乎。"朱熹释"亢龙有悔"（《周易·乾》）曰："当极盛之时，便须虑其亢"（黎靖德，朱子语类，中华书局，1986）。故顺境时的忧患兼具、居安思危、乐不失忧，是理性长远的，志骄意满、逸游自恣、乐而忘忧是感性短视的。其二，逆境可以转化为顺境。《周易·系辞下》记载："穷则变，变则通，通则久。"逆境时乐观开朗、砥砺前行、忧不失乐，也是理性有望的，一蹶不振、怨天尤人是感性短视的。概之，"变易之道"下的忧乐兼顾，否极泰来和乐极生悲的事态转换，是忧患意识和乐观精神的理性逻辑，可谓即忧即乐，亦忧亦乐，忧乐圆融。

第二，乐天知命：以天和命智慧化忧为乐。《周易·系辞上》记载："乐天知命，故不忧。"乐天知命可以从两个维度展开诠释：其一，天、命的维度，孟子曰："莫之为而为者，天也；莫之致而至者，命也"（《孟子·万章上》）。天是不与人同忧的客观存在；命是超越人力和智慧的累积对于人为的客观裁断。既然天、命乃人力难为，故忧之无益。天、命"虽然是人力所无可奈何者，今如用力不尽，焉知其必为人力所无可奈何？焉知其非人力所可及而因致力未到所以未成？所以必尽人事而后可以言天命"（张岱年，中国哲学大纲，2010）。孔子知命，故而在"道之不行，已知之矣"（《论语·微子》）时，坚持勉力用世，知其不可而为之，态度也。力主人以积极乐观的态度坦然面对现实的困顿，从而不至于庸人自扰的烦畏和听天由命式的悲观。其二，天命的维度。天命是主体在"下学而上达"的道德践履中，途经体认而沉淀的立命担当精神。子曰："不知命，无以为君子也"（《论语·尧曰》）。君子以乐天知命的观照，自觉地把现实磨难视作天降大任的砥砺，"动心忍性，曾益其所不能"（《孟子·告子下》），转忧为乐。

第三，孔颜乐处：以德性之乐超越感性忧乐。子曰："贫而乐"（《论语·学而》），不止于以贫为乐，是源于德性为本心自足、至诚至善和无限圆满，故而德性之乐无待于外，现实境遇的贫富贵贱难以扰乱。儒家主张以德性之乐统摄感性忧乐，反对以感性忧乐湮没德性之乐，子曰："饭疏食，饮水，曲肱而枕之，乐亦在其中矣。不义而富且贵，于我如浮云"。（《论语·述而》）子曰："贤哉，回也！一箪食，一瓢饮，在陋巷。人不堪其忧，回也不改其乐。贤哉，回也！"（《论语·雍也》）箪食瓢饮、穷居陋巷乃感性之忧，世人的不堪其忧是没有以德性之乐超越感性忧乐。外境主宰心境，心随境转，以物役心，忧而不得真乐是必然的，程颢曰："凡不在己，逐物在外，皆忧也"。因为感性之乐乃"有所倚而后乐者"，德性之乐乃"无所倚而自乐者"（黄宗羲，明儒学案，中华书局，1985）。"鲜于侁问伊川曰：'颜子何以能不改其乐？'正叔曰：'颜子所乐者何事？'侁对曰：'乐道而已。'伊川曰：'使颜子而乐道，不为颜子矣'"（程颢，程颐，二程集，中华书局，1981）。程颐反对以"乐道"诠释"孔颜乐处"，是反对对乐（即便是道德快乐）作目的性的追求，"若把精神的和乐愉悦当作人生全部精神发展的唯一目的，就仍然预设了一种自佚的动机，与追求感性快乐的快乐主义在终极取向上仍不能完全划清界线"（陈来，2004）。曹端上升为仁乐，"孔颜之乐者，仁也。非是乐这仁，仁中自有其乐耳"。儒家反对预设外的、对象化的快乐来让人进行目的性的追求，认为德性为本心自足，切己自反，彰明德性，乐自在其中。

第四，乐以忘忧：德性之乐超越感性忧乐，于是德性之忧成就德性之乐。"忘"字表达忧的逻辑先在性，逻辑先在的忧为德性之忧，何以忧，德之不彰也；德性之忧是君子的内在心理驱动，可以驭使主体自觉于彰明德性；德性愈彰，忧而愈浅，乐而愈深，忧乐易位，内心自臻于自尊和自由之乐。德性之忧便升华为德性之乐，而感性忧乐之于主体生命的价值便被统摄在德性之乐的超越境界中，故明儒王襞曰："君子终身忧之也，是其忧也，乃所以为乐其乐也，则自无庸於忧耳"（黄宗羲，明儒学案，中华局书，1985）。《五行》记载："君子无中心之忧则无中心之智，无中心之智则无中心之悦，无中心之悦则不安，不安则不乐，不乐则无德"。中心即本心。没有德性之忧就没有德性之智，没有德性之智就没有德性之悦，没有德性之悦就不能心安，不能心安就不会有真乐（即德性之乐），没有真乐就不会有

真正的德行。(高志强，忧乐圆融：儒家忧乐思想的核心特质，心理科学，2018 年第 41 卷第 5 期)

（四）诗经忧乐观

《诗经》的忧乐表现为忧己、忧民、忧国三个层面，由个人情感转化为家国情怀，是忧乐观社会化的表现。诗以言志，《诗经》力图通过脱离一己之忧的动物层面哀乐，自觉上升于引起群体情感共鸣的忧。

《小雅·正月》："正月繁霜，我心忧伤；民之讹言，亦孔之将。念我独兮，忧心京京"；"忧心茕茕，念我无禄；民之无辜，并其臣仆"；"心之忧矣，如或结之"；"赫赫宗周，褒姒灭之"；"忧心惨惨，念国之为虐"；"念我独兮，忧心殷殷"。

《小雅·节南山》："忧心如酲，谁秉国成，不自为政，卒劳百姓"，"家父作诵，以究王讻"。

《大雅·瞻仰》："天之降网，维其优矣；人之云亡，心之忧矣！"《小雅·采薇》："忧心烈烈，载饥载渴；我戍未定，靡使归聘"；"王事靡盬，不遑启处；忧心孔疚，我行不来"。《小雅·十月之交》："四方有羡，我独居忧。民莫不逸，我独不敢休。天命不彻，我不敢效我友自逸。"

《诗经》之乐，遍于全篇。《小雅·桑扈》："交交桑扈，有莺其领；君子乐兮，万邦之屏。"《小雅·采菽》："乐只君子，天子命之"；"乐只君子，殿天子之邦"。《召南·草虫》：

"喓喓草虫，趯趯阜螽螽，未见君子，忧心忡忡；亦既见止，亦即觏止，亦即觏之，我心则降"；"未见君子，忧心惙惙。"《郑风·风雨》："既见君子，云胡不夷。"《唐风·扬之水》："扬之水，白石凿凿。素衣朱襮，从子于沃。既见君子，云何不乐？"《小雅·鹿鸣》："我有嘉宾，鼓瑟鼓琴；鼓瑟鼓琴，和乐且湛。我有旨酒，以燕乐嘉宾之心。"《小雅·蓼萧》："蓼（lù）彼萧斯，零露湑（xǔ）兮。既见君子，我心写兮。燕笑语兮，是以有誉处兮。"《小雅·菁菁者莪》："菁菁者莪，在彼中阿"，"既见君子，我心则喜"；"既见君子，乐且有仪"。

分析《诗经》之忧与乐，有国君之忧乐、卿大夫之忧乐、后妃之忧乐、臣宦之忧、仆妾之忧乐、情人之忧乐、平民之忧乐。《诗经》君子被赋予崇高的道德高度，是超越父母、君长、友朋的大德大道之人。其忧与乐的情绪中多有依盼为伍之情结和情怀。表达了三个主题：首先，为国求才，为忧中之乐；其次，乐不忘忧，不沉迷暂时的欢乐；最后，忧与乐中，以忧为主，以乐为次。忧为主导和引领，指向国运兴衰、国才多寡、政事乖顺的关注之忧患意识。

（五）楚辞忧乐观

屈原一直被作为民族忧患意识的楷模，激励后世儒者的逆时砥砺，其悲剧的告终又成为儒者的反面教材。作为悲剧人物，既是性格悲剧，也是社会悲剧。屈原之忧，绝不仅是抒发个人得失而产生的患得患失的私人忧患，而是抒发对楚国大政不明，小人丛生，国运日颓，无力回天的忧国情怀。司马迁在《史记》中评："屈平疾王听之不聪也，谗谄之蔽明也，邪曲之害公也，方正之不容也，故忧愁幽思而作《离骚》。离骚者，犹离忧也"，"其文约，其辞微，其志洁，其行廉，其称文小而其指极大，举类迩而见义远"，"濯淖污泥之中，蝉蜕于浊秽，以浮游尘埃之外，不获世之滋垢，皭然泥而不滓者也。推此志也，虽与日月争光可也。"

以悲乐传男女离合之情。《九歌·河伯》道："与女游兮九河，冲风起兮横波。乘水车兮荷盖，驾两龙兮骖螭。登昆仑兮四望，心飞扬兮浩荡。"写河伯与爱侣出游的欢愉。《九歌·何伯》道其分手离别："子交手兮东行，送美人兮南浦。"交手与东行，南浦与美人，存在与消失，尽在一句中。又如《九歌·少司命》中道："满堂兮美人，忽独与余兮目成。"美女无数，却情有独钟。又道："人不言兮出不辞，乘回风兮载云旗。悲莫悲兮生别离，乐莫乐兮新相知。"快乐在相知的一瞬之间，悲伤也在别离的转瞬之间，成为千古绝唱。对于《湘夫人》的情感也是喜忧参半。《湘夫人》发出："帝子降兮北渚，目眇眇兮愁予。袅袅兮秋风，洞庭波兮木叶下。""愁余"与"木叶下"是忧，《湘君》叹道："扬灵兮未极，女婵媛兮为余太息。横流涕兮潺湲，隐思君兮陫侧。""未极""余太息""横流涕""隐思君""潺湲"和"陫侧"，把悲、伤、忧，写到极致。《离骚》写男女离合悲乐，就是忧乐的感性之阶段。

友朋之悲乐以相知为惜。前言之"悲莫悲兮生别离，乐莫乐兮新相知"也同样可以置于友情之中，它正合孔子的人伦五种人际关系："君臣也，父子也，夫妇也，昆弟也，朋友之交也"。《论语·学而》："学而时习之，不亦说乎？有朋自远方来，不亦乐乎？人不知而不愠，不亦君子乎？"朋友关系打破血缘的宗亲关系，以相知、关爱为纽带，是儒家仁爱的一种。孔子曰："仁者，爱人也。"

在《九歌·少司命》中，屈原道："夫有自有兮美子，节荪何以兮愁苦？"通过少司命与神的对话，了解人之忧乐：人人有好女儿，为何你还忧愁？不冰冷的人情社会中，还留有温清的关怀。

忧国与忧民的复杂情感是屈原政治理想的深层的忧乐观。《哀郢》是对楚国郢都的忧虑。"皇天之不纯命兮，何百姓之震愆？民离散而相失兮，方仲春而东迁……登大坟以远望兮，聊以舒吾忧心。哀州土之平乐兮，悲江介之遗风。"因是秦胜楚败，流放九年、仲春东迁、离散相失，过程是大坟远望，最后是"忧心""哀州""平乐""悲江"。故清代王夫之在《楚辞通释》中道，《哀郢》是"哀故都之捐弃，宗社之丘墟，人民之离散，顷襄之不能效死以拒秦，而亡可待也。原之被谗，病以不欲迁都而见憎益甚，然且不自哀，而为楚之社稷人民哀。怨悱而不伤，忠臣之极致也。"在忧之中，还有恨，又道：

外承欢之汋约兮，谌荏弱而难持。

277

忠湛湛而愿进兮，妒被离而障之。

尧舜之抗行兮，瞭杳杳而薄天。

众谗人之嫉妒兮，被以不慈之伪名。

憎愠愉之修美兮，好夫人之慷慨。

众蹀蹀而日进兮，美超远而逾迈。

《哀郢》中只有悲和忧，没有乐，却有希望，最后三句道："曼余目以流观兮，冀一反之何时。鸟飞反故乡兮，狐死必首丘。信非吾罪而弃逐兮，何日夜而忘之！"自信含冤受辱，日夜难忘，但希冀平反昭雪，重返故都。

在《天问》中对于国家草率用兵，认为有如陆上行舟，"荆勋作师，夫何长先？""释舟陵行，何以迁之？"对于从鸣条而放逐夏桀，为何百姓欢悦？"帝乃降观，下逢伊挚。何条放致罚，而黎服大说？"他从忧中指出正确道路。

在《云中君》中又道"思夫君兮太息，极苏心兮烛烛"，思念神灵，长久叹息。在《双招》中对美政理想的期盼，道："魂乎归来！居室定只。接径千里，出若云只。三圭重侯，听类神只。察笃夭隐，孤寡存只。魂兮归来！正始昆只。田邑千畛，人阜昌只。美冒众流，德泽章只。先威后文，善美明只。"屈原美政就是他的理想。

自我意识作为心理学范畴，表现为自我认识、自我体验和自我控制。屈原的《楚辞》以代拟者的身份书写对自己、对人生的深刻体验和强烈情感，是忧乐情怀的自我意识的觉醒。他对自己的高贵出身和卓越成就是非常自信的，这种自信是乐的根源。在《九章·惜往日》道："惜往日之曾信兮，受命诏以昭时。奉先功以昭上兮，明法度之嫌疑。国富强而法立兮，属贞臣而日娭。"楚王的赏识重用，帛定的法度严明，国富而民强。然而自属"贞臣"而"日娭"。

正因为自信，纵令遭祸多年也不改初心。在《九章·思美人》中道："独历年而离愍兮，羌凭心犹未化。宁隐闵而寿考兮，何变易之可为？""开春发岁兮，白日出之悠悠。吾将荡志而愉乐兮，遵江夏以娱忧。"此中明确了"荡志"方能"愉乐"，"遵江夏"方能"娱忧"。在《远游》中道："惟天地之无穷兮，哀人生之长勤。""漠漠静以恬愉兮，澹无为而自得。"既有"哀人生"，也有"恬愉"和"自得"，但这种"恬愉"是来自于"静"，"自得"是源于"无为"。

"长太息以掩涕兮，哀民生之多艰。余虽好修姱以鞿羁兮，謇朝谇而夕替。既替余以蕙纕兮，又申之以揽茝。亦余心之所善兮，虽九死其犹未悔。""忳郁邑余侘傺兮，吾独穷困乎此时也。宁溘死以流亡兮，余不忍为此态也。"悲叹自己，悲叹百姓，随身带香草以示美德，却遭人不解和唾骂。穷困潦倒却不愿露出丑态。

《楚辞》也显示屈原理性精神与个性气质相融的忧乐思辨。浪漫多情，情感细腻，忧国忧民，是楚辞的特点。

《离骚》对"党人"的"偷乐"嗤之以鼻，不怕"余身""殚殃"，唯"恐皇舆之败绩"，"固知謇謇之为患"，却"忍不能舍"。因为"九天以为正"，所以才"惟灵修"而不悔。更换国王，国政"中道而改路"，当初与自己达成的约定，国王没有遵守，"后悔"自己逃遁，虽然"不难""离别"，却悲伤"灵修"几度化为乌有。

> 惟夫党人之偷乐兮，路幽昧以险隘。
> 岂余身之殚殃兮，恐皇舆之败绩！
> 忽奔走以先后兮，及前王之踵武。
> 荃不查余之中情兮，反信谗而齌怒。
> 余固知謇謇之为患兮，忍而不能舍也。
> 指九天以为正兮，夫惟灵修之故也。
> 曰黄昏以为期兮，羌中道而改路！
> 初既与余成言兮，后悔遁而有他。
> 余既不难夫离别兮，伤灵修之数化。

屈原在《离骚》中用三个帝王的无远虑而有近忧的事件，如夏启放荡无度而其子武观在他的宫中淫乱，后羿游乐无度而妻子被部下占有，过浇纵欲无度而人头落地，表达他的忧乐观点。原文如下：

> 启《九辩》与《九歌》兮，夏康娱以自纵。
> 不顾难以图后兮，五子用失乎家衖。
> 羿淫游以佚畋兮，又好射夫封狐。
> 固乱流其鲜终兮，浞又贪夫厥家。
> 浇身被服强圉兮，纵欲而不忍。
> 日康娱而自忘兮，厥首用夫颠陨。
> 夏桀之常违兮，乃遂焉而逢殃。

后辛之菹醢兮，殷宗用而不长。

在《九歌·河伯》中，屈原塑造的不是河伯的治水经历或功绩，而是一个矜持、冷静、智慧的美人，"流思纷纷兮将来下。"熊任望在《屈原辞译注》中译为："纷纷流冰下，乐极将生悲。"乐极生悲出自《史记·滑稽列传》："酒极则乱，乐极则悲，万事尽然，言不可极，极之而衰。"《淮南子·道应篇》云："夫物盛而衰，乐极则悲。"屈原又在《天问》中对大禹喜爱涂山之女结婚，虽志趣不同，却为一时之情而结婚生子，之后马上分离，这种悲与乐、离与合，是乐也是忧。"闵妃匹合，厥身是继。胡维嗜不同味，而快朝饱？"但毕竟大禹治水三过家门而不入，是为国为民，而牺牲小我小家。（何桂芬、鲁涛，论屈原的忧乐观，云梦学刊，2014年7月第35卷第4期）

（六）杜甫忧乐观

杜甫因为积极入世和心忧天下的儒家用世思想而被称为"诗圣"，因真实而深刻地记录和反映了历史和现实而被称为诗史。《全唐诗》收录其诗最多，达到1150首（不含重题者）。庞朴认为，儒家忧分两类，一是外感，因困难挫折而遭致的忧，亦艰险物欲或难满足之忧；二是内发的，欲实现理则生之忧，亦即善性力图扩弃之忧。杜诗悲痛多、忧伤多，欢乐少、喜悦少。

其一是身体的年老体衰和家庭的穷困潦倒，最常用的字是老、病、衰。如"垂老恶闻战鼓悲，急觞为缓忧心捣。少年努力纵谈笑，看我形容已枯槁。""嗟余竟辗轲，将老逢艰危。""兄弟分离苦，形容老病催。"《元日示宗武》道："汝啼吾手战，吾笑汝身长。"

其二是对战乱频仍、民不聊生的焦虑、忧愁。如"宁做太平犬，不为乱世人。""寂寞天宝后，园庐但蒿藜。我里百馀家，世乱各东西。存者无消息，死者为尘泥。贱子因阵败，归来寻旧蹊。人行见空巷，日瘦气惨凄。但对狐与狸，竖毛怒我啼。""绝代有佳人，幽居在空谷。自云良家子，零落依草木。关中昔丧败，兄弟遭杀戮。""羁离暂愉悦，赢老反惆怅。中原未解手，吾得终疏放。""宗庙尚为灰，君臣俱下泪。""万国尚防寇，故园今若何？昔归相识少，早已战场多。""胡虏何曾盛，干戈不肯休。"

杜甫曾经有过短暂的田园生活，其中还是有快乐的。如"锦里烟尘外，江村八九家。圆荷浮小叶，细麦落轻花。卜宅从兹老，为农去国赊。远惭句漏令，不得问丹砂。""惠气经时久，临江卜宅新。喧卑方避俗，疏快颇宜人。有客过过茅宇，呼儿正葛巾。自锄稀菜甲，小摘为情亲。""清光一曲抱村流，长夏江村事事幽。自去自来堂上燕，相亲相近水中鸥。老妻画纸为棋局，稚子敲针作钓钩。多病所须唯药物，微躯此外更何求？"

其友朋之乐亦有，如"姚公美政谁与俦，不减昔时陈太丘。邑中上客有柱史，多暇日陪骢马游……人生欢会岂有极，无使霜过沾人衣。""秋宿霜溪素月高，喜得与子长夜语。""精理通谈笑，忘形向友朋。"更有对民生农事之喜。如《喜雨》《春夜喜雨》等充满了善政惠民与民同乐的情怀。"皇天久不雨，既雨晴亦佳。出郭眺西郊，肃肃春增华。青荧陵陂麦，窈窕桃李花。春夏各有实，我饥岂无涯。""天水秋云薄，从西万里风。今朝好晴景，久雨不妨农。""好雨知时节，当春乃发生。随风潜入夜，润物细无声。野径云俱黑，江船火独明。晓看红湿处，花重锦官城。"

随着平叛的胜利，他欣喜若狂。《喜闻官军已临贼境二十韵》《承闻河北诸道节度入朝欢喜口号绝句十二首》等。在《冬狩行》中看到狩猎者，喜其精壮，恨其逸乐："春蒐冬狩侯得同，使君五马一马骢。况今摄行大将权，号令颇有前贤风。飘然时危一老翁，十年厌见旌旗红。喜君士卒甚整肃，为我回辔擒西戎。草中狐兔尽何益，天子不在咸阳宫。朝廷虽无幽王祸，得不哀痛尘再蒙。呜呼，得不哀痛尘再蒙。"在《喜闻盗贼蕃寇总退口号五首》中道："萧关陇水入官军，青海黄河卷塞云。北极转愁龙虎气，西戎休纵犬羊群。""今春喜气满乾坤，南北东西拱至尊。大历二年调玉烛，玄元皇帝圣云孙。"他的忧是前方的战事胜败，对"萧关陇水入官军"感到喜，而对"北极转愁"感到忧。对于四方救驾平叛感到"喜气满乾坤"，因为他对玄元皇帝是至始至终的尊从。

杜诗的喜、欢、乐总与悲、愁、哀相伴，而且最终落脚于后者，令人心伤。"玉局他年无限笑，白杨今日几人悲？""东蒙赴旧隐，尚忆同志乐。休事董先生，于今独萧索。""昔如纵壑鱼，今如丧家狗。""所忧盗贼多，重见衣冠走。中原消息断，黄屋今安否？""忆昔开元全盛日，小邑犹藏万家室。稻米流脂粟米白，公私仓廪俱丰实。""岂闻一绢直万钱，有田种谷今流血。洛阳宫殿烧焚尽，宗庙新除狐兔穴。伤心不忍问耆旧，复恐初从乱离说。"最后还是寄望于"周宣中兴望我皇"。

"醉从赵女舞，歌鼓秦人盆。子壮顾我伤，我欢兼泪痕。馀生如过鸟，故里今空村。""与子姻娅间，既亲亦有故。万里长法边，邂逅一相遇。长卿消渴再，公干沉绵屡。清谈慰老夫，开卷得佳句。时见文章士，欣然澹情素。伏枕闻别离，畴能忍漂寓。良会苦短促，溪行水奔注……为我问故人，劳心练征戍。""我欢"与"空村"一喜一悲。"清谈慰老夫""开卷得佳句"是喜，而"闻别离""忍漂寓""苦短促"是忧。在《甘林》中，刚开始"舍舟越西冈，入林解我衣。青刍适马性，好鸟知人归"，是多么明快。而接下来的"迟暮少寝食，清旷喜荆扉"，"相携行豆田，秋花霭菲菲"，"子实不得听懂，货市送王畿。尽添军旅用，迫此公家威。"慢慢转向低沉的国家之忧，"戎马何时稀""主人常跪问"，感慨"我衰易悲伤，屈指数贼围"，最后劝将士"劝其死王命，慎莫远奋飞。"

杜诗中对忧乐时长的界定是乐暂忧长。"喜弟文章进，添余别兴索。数杯巫峡酒，百丈内江船。未息豺狼斗，空催犬马年。归朝多便道，搏击望秋天。"本来收到弟弟的文章是喜事，然而生出"别兴索"，再见"未息豺狼斗，空催犬马年"，何其沉重。

总之，从杜诗看杜甫之忧多乐少，忧长乐短，忧的现实性和乐的理想性，在他的诗里如影随形，无处不在。与《诗经》之忧乐趋于圆融不同，更趋于伤感。（张多姣，杜甫诗作中的忧乐之辩，青年作家，2011 年第 1 期下半月）

（七）范仲淹忧乐观与岳阳楼、高义园、后乐园

范仲淹一生最辉煌的莫过于庆历新政。在庆历二年（1042 年）西夏两路进攻大宋，泾原军大败，唯范仲淹率领的康定军先是救援，进而追击到边关，西夏退出边关。仁宗采纳范仲淹的建议，恢复边关战备，并提拔范仲淹为将领。当年年底，西夏议和称臣，更加受到仁宗的重视。庆历三年（1043 年）西夏议和成功，西方边事稍宁，仁宗召范仲淹回京，授枢密副使，又擢拔为谏官（俗称四谏），六月谏官上言范有宰辅之才，仁宗欲拜为参知政事，范推辞不就，八月再拜成就。范上《答手诏条陈十事》，仁宗采纳并诏告天下颁布执行其中九件，可见重视。

庆历四年（1044 年），范仲淹又上疏仁宗"再议兵屯、修京师外城、密定讨伐之谋"等七事，并奏请扩大相权，由辅臣兼管军事、官吏升迁等事宜，改革广度和深度进一

步增加。范仲淹的新政实施后，恩荫减少、磨勘严密。宰相吕夷简百般毁谤新政，指责范仲淹搞"朋党"。六月，边事再起，范仲淹请求外出巡守，仁宗任命为陕西、河东宣抚使。

庆历五年（1045年）正月，反对声愈加激烈，范仲淹请求出知邠州，仁宗准奏，遂罢免其参知政事之职，改为资政殿学士、知邠州，兼陕西四路缘边安抚使。冬十一月，范仲淹因病上表请求解除四路帅任、出任邓州，以避边塞严寒，仁宗升为给事中、知邓州。随着范仲淹、富弼等大臣的离京，历时仅一年有余的新政被废止，改革失败。

庆历六年（1046年），范仲淹抵达任所邓州，重修览秀亭、构筑春风阁、营造百花洲，并设立花洲书院，闲暇之余到书院讲学，邓州文运大振。

庆历八年（1048年），圣旨诏调范仲淹知荆南府，邓州人民殷切挽留，范仲淹也喜欢邓州，就奏请朝廷，得以留任。范仲淹在邓州三年，百姓安居乐业，其传世名篇《岳阳楼记》及许多诗文均写于邓州。

皇祐元年（1049年），范仲淹调任知杭州。子弟以范仲淹有隐退之意，商议购置田产以供其安享晚年，范仲淹严词拒绝。十月，范仲淹出资购买良田千亩，让其弟找贤人经营，收入分文不取，成立范氏义庄，对范氏远祖的后代子孙义赠口粮，并资助婚丧嫁娶等用度。皇祐三年（1051

年），升为户部侍郎，调往知青州，因冬寒病重，求至颍州。

《岳阳楼记》就是在他庆历新政失败出知邓州时写的。文中说到了滕子京谪守巴陵，重修岳阳楼，到庆历六年，他在邓州任上时，滕太守请他写《岳阳楼记》。

庆历四年春，滕子京谪守巴陵郡。越明年，政通人和，百废具兴。乃重修岳阳楼，增其旧制，刻唐贤今人诗赋于其上。属予作文以记之。

予观夫巴陵胜状，在洞庭一湖。衔远山，吞长江，浩浩汤汤，横无际涯；朝晖夕阴，气象万千。此则岳阳楼之大观也，前人之述备矣。然则北通巫峡，南极潇湘，迁客骚人，多会于此，览物之情，得无异乎？

若夫霪雨霏霏，连月不开，阴风怒号，浊浪排空；日星隐曜，山岳潜形；商旅不行，樯倾楫摧；薄暮冥冥，虎啸猿啼。登斯楼也，则有去国怀乡，忧谗畏讥，满目萧然，感极而悲者矣。

至若春和景明，波澜不惊，上下天光，一碧万顷；沙鸥翔集，锦鳞游泳；岸芷汀兰，郁郁青青。而或长烟一空，皓月千里，浮光跃金，静影沉璧，渔歌互答，此乐何极！登斯楼也，则有心旷神怡，宠辱偕忘，把酒临风，其喜洋洋者矣。

嗟夫！予尝求古仁人之心，或异二者之为，何哉？不以物喜，不以己悲；居庙堂之高则忧其民；处江湖之远则忧其君。是进亦忧，退亦忧。然则何时而乐耶？其必曰"先天下之忧而忧，后天下之乐而乐"乎。噫！微斯人，吾谁与归？

时六年九月十五日。

全篇的重心，在于最后一段。以"嗟夫"开启，开始抒情和议论。范仲淹列举了悲喜两种情境后，笔调走高，道出了超乎两者之上的理想境界，即"不以物喜，不以己悲"。不因为外物的得到而欢喜，不因为自己的经历而悲伤，这就是先哲儒家的思想，忧中有乐，忧中有望。忧不仅可在庙堂之上，也可在江湖之远。前者忧民，后者忧君。是君忧民，也是臣忧民，是民忧君，也是臣（我）忧君。"进亦忧""退亦忧"，不是进退两难，而是忧国忧民。忧时何乐？忧地何乐？于是他提出先天下之忧而忧，后天下之乐而乐。最后发出"微斯人，吾谁与归？"自己是多么渺小的人啊，谁能与我有相同的心态和观点呢？

作为一个严谨的思想家、文学家，他在文中坦诚自己"尝求古仁人之心"。"古仁人"，既是泛指，又是特指。泛指《诗经》《周易》《论语》《孟子》《离骚》等名篇中忧国忧民的"仁人志士"，所谓的"特指"是《论语》《孟子》中早已提出了"君子"应不以物喜而喜，不以己悲而悲，应把"君"之忧乐、"民"之忧乐、"国家"之忧乐作为"己"之忧乐，"忧以天下，乐以天下"，天下太平则"君子而后乐此"。他已经了解，但不愿赘述而已，于是提出创新性的观点——先忧后乐观。同时，他要告诉滕子京、宋仁宗、天下人，"先天下之忧而忧，后天下之乐而乐"，在孔子、孟子时代就已有了，在唐朝的杜甫和韩愈也是这种模范人物。从中我们也就可以理解他不顾个人安危，推行"庆历新政"，力主宋夏之战的原因。

先忧后乐，远远超越了《诗经》的男女忧乐的感性忧乐观。而孔子是因仁义孝悌友而乐的对象之乐，颜回之乐重在于贫而乐道，超越贫穷贵贱的崇高追求之乐。孟子"忧以天下，乐以天下""与民同乐""贤者而后乐此"，在于与民平等之乐。屈原和杜甫在忧国忧民中苦多乐少，忧多乐少。

范仲淹"先天下之忧而忧，后天下之乐而乐"的忧乐思想既有坚实而厚重的哲学基础，也有贯穿其始终的鲜明主题、中心线索和核心价值，其主要精神内涵包括四方面，即"以天下为己任"的担当意识、"居庙堂之高则忧其民"的民本情怀、"思变其道，国家磐固基本"的变革观念、"论说必本于仁义"的仁德思想。

首先是"以天下为己任"的担当意识。《三字经》道"范仲淹，怀天下。宋包拯，锄横霸。"范仲淹的"怀天下"，就是"以天下为己任"，其核心价值是"以天下为己任"的担当意识。"以天下为己任"是朱熹评范之语，"且如一个范文正公，自做秀才时便以天下为己任，无一事不理会过。一旦仁宗大用之，便做出许多事业。"（《朱子语类》卷129）又说"天地间气，第一流人物！"担当是一种勇于接受的态度，敢于负责的行动。敢于负责，是道德品质的基点，而勇于接受是"优秀人"最初的入口。

范仲淹的一生，国家之忧，人民之忧，社稷之忧，始终牵着他的心，"以天下为己任"的担当意识始终伴其左右。景祐元年，欧阳修给在苏州任职的范仲淹写信："希文登朝廷，与国论，每顾事是非，不顾自身安危，则虽有东南之乐，岂能为有忧天下之心者乐哉！"信中把范仲淹称为"有忧天下之心者"，就是一个有担当意识的士大夫形象。韩琦在《文正范公奏议集序》中称论范仲淹："竭忠尽瘁，知无不为，故由小官擢谏任，危言鲠论，建明规益，身虽可绌，义则难夺。天下正人之路，始公辟之。"

其次，"思变其道，国家磐固基本"的变革观念。在范仲淹看来，因循守旧，故步自封，就祸及邦国；维新更张，崇尚变通，将泽被万民。范仲淹多次引《周易》"穷则变，变则通，通则久"来阐述变革思想，在《上执政书》中将通变理念推至社会历史领域，以"革故鼎新"，提出"思变其道，国家磐固基本"的政治主张。在《易义》一文中，范仲淹全新解读《周易》卦爻之辞："革，火水相薄，变在其中，圣人行权革易变之时。""天下无道，圣人革之。"范仲淹把《周易·革》卦中的"汤武革命，顺乎天而应乎人"说成"革去故而鼎取新"，合天时而顺民心。"革故鼎新"的重大事件就是"庆历新政"。变革虽然失败，但是新政实施者们那种忧国悲民的情怀还是鼓舞了后继者们，从而又催生了王安石的"熙宁变法"。

最后，先忧后乐思想是根源于"论说必本于仁义"的仁德思想。"忧乐"出自仁德。范仲淹对唐代的韩愈非常推崇。韩愈提出唯有仁义才是儒学的核心价值，才是儒学标志性的思想。范仲淹继续韩愈道统，以毕生的文治武功终使儒家纲常由隐而显，由微而著。范仲淹在应天府求学期间，就"大通六经之旨，为文章论说必本于仁义"。孔孟仁义倡导"己欲立而立人，己欲达而达人"和"己所不欲，勿施于人"。作为宋代四大书院之一的应天书院山长是戚同文之孙戚舜宾。戚舜宾继承"真儒"戚同文的宗旨、内容和教法。天圣五年（1027 年），范仲淹留校执教两年，培养了孙复、石介、张方平等一批精英。当他还是很低职务时，就《上张右丞书》《奏上时务书》，直陈时弊。他还直接上书皇太后，以为皇帝"有事亲之道，无为臣之理；有南面之位，无北面之仪。若奉亲于内，行家人之礼，可也。今顾与百官同列，亏君体，损主威，不可为后世法"，坚决反对皇帝率百官为垂帘听政的皇太后拜寿，但可带皇室亲族在内廷为皇太后祝寿，"位卑未敢忘忧国"。他还上书弹劾阎文应，直指宰相吕夷简，不畏权势。范仲淹一生三谏三贬，仕途坎坷。他在泰州修筑堤坝，在睦州兴学，在苏州治水，在饶州除弊，在杭州救荒，在青州赈灾，时刻践行孟子忧民、亲民、爱民的民本思想。他以文职任边帅，强兵固堤，屯田联羌，击退西夏。

范仲淹一生薄以待己，仁以施政，义以待邻。身居高位而俭约持家，以"施贫活族"为终身之志。创办义学、义田、义庄。以至于他去世时，"四方闻者，皆为叹息。""皆画像、立生祠事之。""羌酋数百人，哭之如父，斋三日而去。"（马环宇，范仲淹忧乐思想的内涵及现实意义，魅力中国，2016年第49期，引自参考网）

范仲淹在北宋是出将入相的人物，27岁中进士，文武全才，武官至枢密副使，文官至参知政事。范仲淹回归祖居苏州，皇帝念其一生清贫，赐以父茔之地苏州天平山，范家世代葬此，人称范家山。皇佑四年（1052年），范仲淹去逝，谥文正，追封楚国公。其后人在山下建范公祠。

明万历年间，范仲淹十七世孙范允临辞福建布政司参议，回归故里，在祖坟边营建山庄。依山建亭，引泉为池，通石梁，个穰廊，成为一时名园。康熙二十九年（1690年），山庄右侧增辟参议公祠，乾隆七年重修园林，更名为赐山旧庐。乾隆六下江南，四次至此，慕范仲淹之高义云天，取杜甫《奉和严中丞西城晚眺十韵》诗"辞第输高义，观图忆故人"之句而赐名高义园，题诗书名。范家子孙以此为名，陆续增建坊、亭、楼、殿，把园林扩大到山门处。咸丰十年（1860年）战火、同治二年（1863年）战火，以及民国间数度战火，履毁履建。今之景为1954年修复，狭义高义园指咒钵庵、来燕榭、范参议祠、高义园和白云古刹五部分，广义的高义园包括引道的石坊、接驾亭、十景塘、宛转桥、御碑亭、古枫林、祖坟等处5.3公顷。正南入口耸立着一座江南罕见的双柱石坊，上刻乾隆题的高义园三字，为范仲淹 27 世孙范瑶在乾隆年间所建。在忠烈庙前的忧乐坊最为著名，上刻范仲淹的名言"先天下之忧而忧，后天下之乐而乐。"图 9-5 所示为范仲淹祠忧乐坊。

图 9-5　范仲淹祠忧乐坊（作者自摄）

受范仲淹先忧后乐思想的影响，历代园林呈现出众多的后乐景观。北宋昆山西园中，就构建起主堂后乐堂。南宋杭州的后乐园、明代太仓的后乐园、上海浦东的后乐园、广东晚景园的后乐榭、陕西三原西园的后乐亭、清代宁波的后乐园等，都是后乐名园名景。就连日本造园，也以后乐为主题，在冈山建有后乐园，如图 9-6 所示，在东京也建有小石川后乐园。

图 9-6 冈山后乐园

明代上海后乐园位于陆家嘴。陆深（1477—1544年），明代松江人，弘治十八年（1505年）二甲第一名进士，嘉靖中为詹事、翰林编修，谥礼部侍郎，擅书法。陆深于明嘉靖三年（1524年）回乡为父守丧，孝期满后不归，在旧居北购地建园，堆土成五峰，状若卧龙，故自号俨山，山上有澄怀阁、小沧浪、柱石坞、四友亭、小康山径等，山下有望江洲（又名快阁）、江东山楼、江东山亭、后东精舍（又名俨山精舍）等景，又有泉石花木，陆家嘴也因此园而名。嘉靖三十二年（1553年）倭患迭起，陆深于次年迁居浦西，园渐毁。

岳阳楼位于湖南省岳阳市古城西门城墙之上，下瞰洞庭，前望君山，自古有"洞庭天下水，岳阳天下楼"之美誉，与湖北武汉黄鹤楼、江西南昌滕王阁并称为江南三大名楼。

岳阳楼始建于公元220年前后，其前身相传为三国时期东吴大将鲁肃的"阅军楼"，西晋南北朝时称巴陵城楼。南朝宋元嘉三年（426年），中书侍郎、大诗人颜延之路经巴陵，作《始安郡还都与张湘州登巴陵城楼作》诗，诗中有"清氛霁岳阳"之句，"岳阳"之名首次见于诗文。中唐李白赋诗之后，始称"岳阳楼"，此时的巴陵城业已改为岳阳城。

北宋庆历四年（1044年）春，滕子京受谪，任岳州知军州事。北宋庆历五年（1045年）春，滕子京重修岳阳楼，并拟修筑偃虹堤，请范仲淹题写《岳阳楼记》。北宋元丰元年（1078年）十月，岳阳楼毁于火灾。北宋元丰二年（1079年）春，岳州代理知州军郑民瞻重修岳阳楼。元古八年（1085年）孟夏，米芾将《岳阳楼记》写成条幅馈赠索书者。北宋崇宁年间（1102—1106年）岳州知州军孙勰重修岳阳楼。

南宋建炎三年（1129年）正月，岳阳楼受损于大火。南宋庆元四年（1198年）重修岳阳楼。南宋嘉定十七年（1224年）六月二十一日，二十三日，岳阳楼毁于火。南宋淳祐十一年（1251年）重修岳阳楼。

明宣德年间至正统三年（1426—1438年）明威将军刘彦真整修岳阳楼。明成化七年（1472年）五月岳州知府吴节重修落成岳阳楼。明嘉靖二年（1523年）岳州知府韩士英重修岳阳楼，编刻《岳阳楼诗集》。明嘉靖六年（1527年）五月大水成灾，岳阳楼楼柱被雷击破。明嘉靖四十三年（1564年）岳州知府李临阳修整岳阳楼，作有《重修岳阳楼记》。明隆庆元年（1567年）岳州知府李是渐缮修城垣，重修岳阳楼。

清顺治三年（1646年）九月，岳阳楼毁于战乱。清顺治七年（1650年）知府李若星重修。是年，毁于火灾。清康熙二年（1663年）重建岳阳楼。清康熙二十二年（1683年）春，岳州知府李遇时、巴陵知县赵士珩倡捐重建岳阳楼。清康熙二十七年（1688年）岳州火灾，延烧岳阳楼。清乾隆五年（1740年）湖广总督班第拨舵杆洲岁修缮岳州府城垣及岳阳楼。冬，兴工重修岳阳楼及城垣。重建的岳阳楼其制三层，楼右侧建有宾馆。清乾隆七年（1742年）岳州知府黄凝道修葺岳阳楼，捐建宾馆前厅。次年，请刑部尚书张照书范仲淹《岳阳楼记》勒于楼屏。清乾隆三十九年（1774年）岳州知府兰第锡、巴陵知县熊懋奖请求修葺府城。经湖南巡抚梁国治等先后具奏，修葺府城垣及岳阳楼、文星阁。清乾隆四十年（1775年）巴陵知县熊懋奖承修岳阳楼，并于楼右侧建"望仙阁"，于楼左侧重建"仙梅亭"。

清道光元年（1821年）翟声焕卸任后，新任知府志勤继岳州知府杨廷柱、岳州知府翟声焕续劝捐修整，并重修岳阳楼泊岸。清道光九年（1829年）夏岳州知府吕恩湛劝捐补葺岳阳楼、仙梅亭。道光十九年（1839年）十二月岳州代理知府翟声诰集资修葺岳阳楼，并修建"斗姆阁"。清同治六年（1867年）曾国荃拨岳卡厘税重修岳阳楼。将"斗姆阁"改建为"三醉亭"。何绍基书"留仙亭"字匾悬于亭额。

清同治十二年（1873年）岳州知府张德容劝捐整修岳阳楼
基础，同时生建宸翰亭。清光绪六年（1880年）岳州知
府张德容重建岳阳楼，将楼址东移六丈多。清光绪二十三
年（1897年）六月，黄遵宪登岳阳楼，作《上岳阳楼》诗。
清光绪三十四年至民国四年（1908—1915年）日本东亚
国文书院，先后派遣7批学员登览岳阳楼，并记入其编写《支
那省别全志》。清宣统三年（1911年）甘兴典领兵七八百
人占岳阳楼，向岳州绅商居民要粮银。唐莽、宋式奔与湖
南都督府智拿甘兴典。

　　民国十一年（1922年）7月27日湘军进占岳阳，岳
阳楼窗梁栋柱等多半被毁。民国十二年（1923年），古城
墙仅岳阳楼与半边街尚存少许。中华民国十三年（1924年）
1月21日，葛应龙拟筹款重修岳阳楼未果。民国二十二年
（1933年）湖南省政府拨款重新修葺。民国二十三年（1934
年）2月17日岳阳楼重修竣工，并举行落成典礼。是年，
蒋介石送"砥柱中流"匾，该匾于1949年前后遗失。何
键书"岳阳楼"字匾，该匾于1961年被撤换。

　　中华人民共和国成立后履有修缮，2006年3月20日，
岳阳楼景区投资5.2亿元修建。岳阳楼新景区面积约33万
平方米，分为5大区域：岳阳楼公园；传统风貌待区一级
平台；滨湖二级平台；城楼、城墙部分；楼前广场区。原
有岳阳楼、三醉亭、怀甫亭和小乔墓等景点。新增景点为
南城门、城墙、岳州府衙、双公祠、五楼观奇、雕塑、碑

廊、传统风貌街等。2007 年 5 月 1 日，岳阳楼景区扩建工程已基本完工。景区面积由原来的 70 多亩增加到 210 多亩。2007 年 7 月 3 日，郭沫若题写"岳阳楼"匾额挂在岳阳楼顶楼东侧，匾长 5.12 米、宽 1.34 米、重 250 公斤，由 7块金丝楠木制作，堪称"三湘第一匾"。

岳阳楼坐西朝东，面临洞庭湖。岳阳楼台基以花岗岩围砌而成，台基宽度 17.24 米，进深 14.54 米，高度为 0.65米。岳阳楼高度 19 米，建筑木构、三层、四柱、飞檐、斗拱、盔顶。楼顶层叠的"如意斗拱"托举着的硕大屋顶,形似头盔,故名盔顶结构。

第 *10* 章　沧浪情结

第 1 节　沧浪之水与沧浪之歌

（一）沧浪之水

沧浪是一条楚国的河流，位于湖北荆州一带。《书禹贡》说："蟠冢导漾，东流为汉，又东沧浪之水。"蟠冢出自《山海经》："又西三百二十里，曰蟠冢之山，汉水出焉，而东南流注于沔，嚣水出焉。北流注于汤水。其上多桃枝钩端，兽多犀、兕、熊、罴，鸟多白翰、赤鷩。"夏禹治水，于蟠冢山疏导漾水（西汉水）。

《袁了凡禹贡图说》道，沧浪，即汉也。源出湖南常德县南沧，曰沧水，东北流至汉寿县西，与浪水合曰沧浪水，北流至沧港入江。《史记》注沧浪之水有三种：

其一，谓汉水之别流。《书孔传》道，别流在荆州，《郑玄书注》，沧浪之水，今谓夏水，即汉之别流。《刘澄之永初山水记》夏水，古文以为沧浪，渔父所歌也。《寰宇记》沧浪二水合流，乃渔父濯缨之处。又有说"汉"非汉水，而是"汉寿"之汉。今天湖南常德汉寿县是沧浪河的发源地，有沧水、浪水、沧浪河、沧港镇，邻近常德市鼎城区的沧水的源头有沧山和沧浪坪等地名。《楚辞·渔父》中渔父所歌的沧浪之水，当是湖南汉寿县的沧浪河，因为当时屈原流放地是江南，所投之江名汨罗江，也在附近。

其二，谓沧浪为地名，在湖北均县北。《水经注》记载："武当县西北汉水中有洲名沧浪洲。"郦道元为魏国水利官员，终身考察中国水流，其言最为权威。蔡沈的《书集传》亦从之。蔡元定次子，专意为学，不求仕进，为朱熹晚年杰出门徒。《书集传》融汇众说，注释明晰，为元后科举必用。其考从之，可见其可信度。《胡渭禹贡锥指》弃少蕴曰，沧浪，地名，非水名。《阎若璩四书释地》集注，沧浪水名，殊非，盖地名也，当云武当县西北四十里汉水中有洲，名曰沧浪，汉水流经此地，遂名沧浪之水。

其三，即汉水。《张衡南都赋》道："流沧浪而为隍，廓方城而为墉"。李善注引左氏传屈完所谓楚国方城以为城，汉水以为池，则是沧浪，即汉水也。

宋姜夔《清波引》词序："余久客古沔，沧浪之烟雨，鹦鹉之草树……无一日不在心目间。"古沔应指地名。姜夔久居古沔，所言"沧浪之烟雨"应是当地共识，沧浪在附近也有可能。《说文》："沔水出武都沮县东狼谷。"《书·禹贡》:"浮于潜，逾于沔。"《传》:"汉上曰沔。"又《广舆记》:"沔口，在汉阳府城西南。"《地理通释》:"汉入江处谓之沔口。"《汉阳图经》:"汉沔本一水也。又州名。"这是比较可靠的，因水而名地，因地而名水，古代冠名之法。《广韵》:"春秋郧国之地，战国时属楚，秦属南郡，武德初置沔州。"《广舆记》:"今为汉阳府。又沔阳州，属安陆府，汉竟陵地，梁沔阳。又沔县，属汉中府，本汉沔阳县。又沔池县，属河南府"。《诗·小雅》:"沔彼流水，朝宗于海。"即水流满之意。《史记·乐书》:"流沔沈佚"，与湎通假。

沔水，水名，汉水的上游，在陕西，古代也指整个汉水。沔水（今汉江），出甘肃省武都沮县东狼谷，向东南在汉口流入长江。武都、沮县二志相同，今陕西省汉中市略阳县是其地，有沮水出焉。前志沮县下曰:沮水出东狼谷。後志沮县下曰:沔水出东狼谷。水经曰:沔水出武都沮县东狼谷中。郦注曰:沔水一名沮水。引阚骃"以其初出沮洳然"，故曰沮水。

（二）沧浪之歌与孔屈相较

春秋时代有一首儿歌叫《沧浪歌》，最早记载这首儿歌的是孟子。《孟子》在"离娄上"写道:"有孺子歌曰:'沧浪之水清兮，可以濯吾缨。沧浪之水浊兮，可以濯吾足。'孔子曰:'小子听之:清斯濯缨，浊斯濯足矣。'自取之也。"

此歌有辩证的双重含义，一指客体的水是有清有浊的，二是指主体的人利用沧浪水的方式是有多方面的，既可以正面利用，也可以反面利用。后来，《沧浪歌》在历代屡屡见诸文字，常以濯缨来表示避世隐居和清高自守的意思。

《楚辞·渔父》载：

屈原既放，游于江潭，行吟泽畔，颜色憔悴，形容枯槁。渔父见而问之曰：子非三闾大夫与？何故而至于斯？屈原曰："举世皆浊我独清，众人皆醉我独醒，是以见放。"渔父曰："圣人不凝滞于物，而能与世推移。举世混浊，何不随其流而扬其波？众人皆醉，何不哺其糟而啜其醨？何故深思高举，自令见放为？"屈原曰："吾闻之，新沐者必弹冠，新浴者必振衣。安能以身之察察，受物之汶汶者乎？宁赴湘流，葬于江鱼之腹中，安能以皓皓之白，而蒙世俗之尘埃乎？"渔父莞尔而笑，鼓枻（yì）而去，歌曰："沧浪之水清兮，可以濯吾缨，沧浪之水浊兮，可以濯吾足。"遂去，不复与言。

鼓枻，划船。《晋书·文苑传·庾阐》："中兴二十三载，余忝守衡南，鼓枻三江，路次巴陵。"唐杜甫《幽人》诗："洪涛隐笑语，鼓枻蓬莱池。"《花月痕》第四八回："陆兵纵马，水师鼓枻。"

从《楚辞·渔父》篇的语气来看，也不是屈原写的《九歌》《天问》的骚体，而是纪传体的形式。从记录的人来看，也不是屈原自己，而是另有其人。从行文来看，更像注解或说明屈原投江的原因。

歌中三人是名人，一是鲁国的孔子、孟子，二是楚国的屈原。孔子为春秋末期鲁国曲阜人，儒家学派的创始人，生卒年为公元前 551—公元前 479 年。孟子是战国时代鲁国邹城人，是儒学家，是孔子的再传弟子，发展了儒学理论，生卒年约公元前 372—约公元前 289 年。屈原是战国时代楚国丹阳秭归人，是诗人和政治家，《楚辞》的创立者和作者，生卒年约公元前 339—约公元前 278 年。

从生年来看，孔子比孟子大 179 岁，比屈原大 212 岁，孟子比屈原大 33 岁，可以说，孟子与屈原是同时代人，可能还见过面。孔子活 72 岁，孟子活 83 岁，屈原活 61 岁。从卒年来看，孟子比屈原晚 11 年，他们同时在世 50 年。可能屈原的投江在各国造成了很大的反响，他就把屈原记录在《孟子》里，作为儒家思想的反面教材。

孟子认为屈原不应投江，于是，通过孔子之口说出生死两途"自取之"。就像其儒门祖师孔子一样，像沧浪之歌所说的那样，能屈能伸，"与世推移"，"随其流而扬其波"。比较孔子和屈原两人的经历和性格以及思想，可知沧浪歌的哲学价值主要在于人生观。

孔子是殷商后裔，商亡，周成王封殷微子为宋王，微子死后，其弟微仲子继承王位，微仲子是孔子先祖，孔子的六世祖为孔父嘉，后世遂以孔为姓。他的祖国是鲁国，《史记·孔子世家》说孔子问礼于老子之后，"弟子稍益进焉"。"顺势而为"应是道家之说，孔子借鉴并应用于人生。当朝政昏暗时，隐而不仕，著书授徒，受到起用，则尽展才能。

受到轻视，主动离开，另谋高就。面对死亡，坦然无惧。

公元前 501 年，鲁定公任用孔子为中都宰，第二年擢为司空，又从司空升为司寇。鲁定公十年（公元前 500 年）齐景公邀鲁定公会盟于夹谷，齐强鲁弱，定公带孔子和两将随行。孔子的以礼力争，而使齐景公把占鲁的三城归还。公元前 498 年，孔子削藩的"堕三都"计划失败，三桓反击成功，孔子处于下风。定公十三年（公元前 497 年）齐国送来美女 80 名，鲁君迷恋女色，又于郊祭时不分祭品给群臣，力谏无用，于是君臣不和。时年 55 岁的孔子决定离开鲁国，开始为期 14 年的周游列国之举。其实，孔子在之前还有三次背鲁寻路。

孔子 35 岁时，适周问礼于老子后不久，鲁大夫季平子与郈昭伯因为斗鸡得罪了鲁昭公，鲁昭公率部队攻打季平子，季平子与孟氏、叔孙氏三家联合反击昭公，昭公败逃至齐国，为齐国所害。孔子因鲁乱逃到齐国避难，向齐景公阐述"君君、臣臣、父父、子子"的政治纲领。此为孔子首次因政乱主动离开母国鲁国，向别国君主讲解治国方略。

第二次，季桓子即位为鲁国国君，大夫仲梁怀、阳虎、公山不狃等大臣明争暗斗，政权旁落，孔子见此情形，退居家乡，以修诗、书、礼、乐以及授徒讲学为务。

第三次，鲁定公九年，公山不狃叛鲁，占据费邑。叛将召孔，孔子犹豫，子路不说，曰："末之也已，何必公山氏之之也？"而孔子却说："夫召我者，而岂徒哉？如有用我者，吾其为东周乎？"子路不高兴，说没有可去的地方就算了，何必去公山叛将处。而孔子认为，公山召我不会白去，如有重用，我就要在东方复兴周礼了。说不定也如周武王一样，可以败殷建国。但终因子路等人劝阻才没有成行。屈原是忠贞爱国和刚正不阿之人，决不会委身于叛将之处，违悖人生则。但他的国不是大周国，而是小楚国。

孔子周游列国，寻求重用，复兴周礼是一方面，统一中国也是一方面。孔子历卫、陈、蔡、宋、郑、赵、叶、楚各国。孔子胸怀的是天下，他的天下是周朝的天下，不是诸候的小国天下，也不是各路诸候想统一的重新建立的天下。他忠于统一的周王朝，而不是忠于周的某一诸侯国。

孔子认为卫国为鲁之邻国，同为姬姓，卫国又有好友卧蘧伯玉以及弟子子夏和子贡。于是西进卫国，然五进五出，寓居达十年，未授一官半职，而屡受屈辱，最后回到鲁国。孔子第一次在卫国待了十月，因卫公厚待而不用之。奔陈国却在匡城遇围，以蒲邑被扣，脱困后到卫，灵公亲迎奉为客卿还不用之。公元前 493 年，在位 42 年的卫灵公死，公室争斗，孔子因"危邦不入，乱邦不居"，而离开客居四年的卫国前往陈国。在陈国待了三年，也未受重用，后来听说楚昭王爱才，决定奔楚。楚昭王拟封七百社。楚大臣子西进言，楚国外交无人敌子贡，战将无人敌子路，官吏无人能敌宰我，孔子弟子三千，个个降龙伏虎，周文王成功不过从五十社发家，万一孔子像周文王怎么办？楚国大臣子西的一番话，令昭王取消封社，冷淡并戒备孔子。昭王死，惠王立，不用孔子反而用鲁班。造云梯，灭蔡杞。孔子礼法不被丝毫用到。孔子一气之下，于公元前489年从楚国回陈国，稍停后回到卫都帝丘，时年63岁。其数位弟子在卫国已出仕，于是在卫又居五年。弟子冉有在鲁国为帅，向鲁国新君季康子推荐，68岁才回到鲁，居四年而亡。

屈原是楚武王熊通之子屈瑕的后代，属于王室，从公元前320年仲春应楚怀王之召而进京，任县臣，第二年就升为左徒，出使齐国，次年出使魏、赵、韩和燕等五国，合纵成功，楚怀王当上合纵长。公元前317年，开始改革，因为触及旧贵族利益而受上官大夫之谗言，被罢左徒，降为三闾。这一经历与孔子外交胜利加改革失败如出一辙。次年第一次被流放于汉北（河南西峡、淅川、内乡），楚怀王两次伐秦的丹阳之战告败，汉中沦陷。公元前312年，楚怀王在蓝田大败，重新起用屈原出使齐国，结成新好。公元前310年复官三闾大夫，再使齐合约，返后又被疏远。之后张仪为秦往楚"联横"，怀王许之，合纵失效，屈原被冷落，于是在公元前308年设坛教学于都城。秦楚时好时坏，其间秦夺武冯斩首五万，取析及左右十五城。

公元前304年，屈原第二次被流放汉北，写《九章·抽思》，有欲归不得之意。公元前302年，齐魏韩联合攻楚，怀王派太子横到秦为人质，秦救楚击退联军。但是，太子横在秦杀大夫逃回楚，秦楚又交恶。公元前 299 年，秦占楚八城，约怀王武关会盟。屈原从流放地返回劝阻未成，怀王赴约被扣。楚立太子横为顷襄王，不救父王。公元前 297 年楚怀王逃走后被捉回，忧郁客死咸阳。秦楚绝交，屈原被免去三闾大夫，放逐江南，从郢都出发入洞庭，入长江，最后到陵阳（今安徽青阳），长达十八年，其间写成《九章·悲回风》。公元前 280 年，秦司马错攻楚，楚割让上庸和汉北地，次年秦白起攻楚，取邪、邓、西陵。公元前 278 年白起破郢都，楚顷襄王逃难。屈原闻听国破而投江，时年 62 岁。

孔子周游列国十四年，一事无成而归，几经辗转、屈辱，甚至在宋国被宋大司马桓魋妒忌，派人杀他，孔子吓得换衣出逃。孔子能受尽坎坷而不馁，只是传播了他的礼制和圣王之道。而屈原被流放两次，第一次流放六年，第二次十八年，合计二十四年。最后因为他所坚守的国家灭亡而自杀。孟子通过一件事情，两种人生态度，表明儒家的大国情怀、进退法则。

第 2 节　文人的沧浪情怀

经孟子阐发的儒家沧浪观点之后，社会的明与暗，人的荣与辱，不断困扰着学而优则仕的文人们。于是，产生了众多的沧浪之咏、沧浪之叹、沧浪之哀。沧浪二字在文人里，有五种意思：

其一，沧浪歌正解是《汉书新注》："君子处世，遇治则仕，遇乱则隐。"这也就是儒家"达则兼济天下，穷则独善其身"的另一种说法。

其二，沧浪指青苍色，多指水色。《文选·陆机〈塘上行〉》："发藻玉台下，垂影沧浪泉。"李善注："孟子曰：'沧浪之水清。'沧浪，水色也。"唐玄奘《大唐西域记·窣禄勤那国》："水色沧浪，波涛浩汗。"《吕氏春秋·审时》"后时者，弱苗而穗苍狼"清毕沅辑校："苍狼，青色也。在竹曰'苍筤'，在天曰'仓浪'，在水曰'沧浪'。"清龚自珍《贺新凉》词："一棹沧浪水，一行行淡烟疏柳，平生秋思。"

其三，借指青苍色的水。唐韩愈《合江亭》诗："长缏汲沧浪，幽蹊下坎坷。"明高棅《题台江别意饯顾存信归番禺》诗："沧浪浩荡杳难期，此别重逢又几时。"清钱泳《履园丛话·谭诗·以诗存人》："（华硕宣）《湖上》云：'忽惊鸥鹭起，渔笛响沧浪。'"亦借指青苍的天空。唐寒山《诗》之五九："天高不可问，鹞鹁在沧浪。"

其四，形容头发斑白。唐姚合《奉和前司苏郎中惊斑鬓之什》："遶鬓沧浪有几茎，珥貂相问夕郎惊。"清纪昀《阅微草堂笔记·滦阳消夏录六》："关河洪潆连兵气，齿发沧浪寄病身。"

其五，指沧浪歌。《孟子·离娄上》："有孺子歌曰：'沧浪之水清兮，可以濯我缨；沧浪之水浊兮，可以濯我足。'"
后遂以"沧浪"指此歌。南朝梁刘勰《文心雕龙·明诗》："孺
子'沧浪'，亦有全曲。"清陈梦雷《寄答李厚庵百韵》："君
节诚不亏，鼓枻歌'沧浪'。"

　　专指沧浪之水的儒家人生观，在文人处世观中是最流
行的处世之道，它也符合兼济任取，因时中庸的思想。王
勃《山亭兴序》道："山情放旷，即沧浪之水清；野气萧条，
即崆峒之人智。"刘长卿《祭崔相公文》道："顾婆娑之树老，
歌沧浪之水清。"刘长卿《江中晚钓，寄荆南二相识》："楚
郭微雨收，荆门遥在目。漾舟水云里，日暮春江绿。霁华
静洲渚，暝色连松竹。月出波上时，人归渡头宿。一身已
无累，万事更何欲。渔父自夷犹，白鸥不羁束。既怜沧浪水，
复爱沧浪曲。不见眼中人，相思心继续。"

　　白居易《长庆二年七月自中书舍人出守杭州，路次蓝
溪》："因生江海兴，每羡沧浪水。尚拟拂衣行，况今兼禄
仕。"骆宾王《同辛簿简仰思玄上人林泉四首》："崩查年祀
积，幽草岁时新。一谢沧浪水，安知有逸人。"许浑《赠裴
处士》："字形翻鸟迹，诗调合雅声。门外沧浪水，知君欲
濯缨。"计浑《将赴京师蒜山津送客还荆渚》："湖平犹倚棹，
月上更登楼。他日沧浪水，渔歌对白头。"白居易《初下江汉，
舟中作，寄两省给舍》："秋水渐红粒，朝烟烹白鳞。一食
饱至夜，一卧安达晨。晨无朝谒劳，夜无直宿勤。不知两
掖客，何似扁舟人？倘想到郡日，且称守土臣。犹须副忧

寄，恤隐安疲民。期年庶报政，三年当隐身。终使沧浪水，
濯吾缨上尘。"齐己《寄答武陵幕中何支使二首》："江楼联
雪句，野寺看春耕。门外沧浪水，风波杂雨声。"

北宋辛弃疾《水调歌头·壬子三山被召，陈端仁给事
饮饯席》："长恨复长恨，裁作《短歌行》。何人为我楚舞，
听我楚狂声？余既滋兰九畹，又树蕙之百晦，秋菊更餐英。
门外沧浪水，可以濯吾缨。一杯酒，问何似，身后名。人
间万事，毫发常重泰山轻。悲莫悲生别离，归与白鸥盟。"
王安石《杂咏八首》："任公蹲海滨，一钓饱千里。用力已
云多，钓缗亦难理。巨鱼暖更逃，壮士饥欲死。游鲦不可
数，空满沧浪水。"释慧开《偈颂八十七首》："兜率未离尘
满面，王宫缠降垢通身。儿孙纵有沧浪水，洗到驴年也不
清。"刘宰《送傅守归》："濯缨沧浪水，为爱沧浪清。明明
中兴主，斋居方厉精。"王炎《用元韵答秀叔》："笑我胸中
千斛尘，解缨未濯沧浪水。翠微尝约载酒行，先耳潺潺泉
石清。"王迈《挽崇清陈侍郎五首其五》："太学修名立，甘
尔晚节香。岿然周天老，好在鲁灵光。余庆沧浪水，清规
寿俊坊。典刑今可挹，通德合名乡。"胡珵《沧浪咏》："昔
闻沧浪亭，未濯沧浪水。先贤眇遗迹，壮观一何侈。飞桥
跨木末，巨浸析胡垒。糟床行万瓮，缭墙周数里。废兴固
在天，庶用观物理。顷怀嘉佑世，周道平如砥。相君贤相
君，子美东南美。如何一网尽，祸岂在故纸。青蝇变白
黑，人生俑弱焉始。所存醉翁文，垂耀信百世。无忘角弓

咏，嘉树犹仰止。同来二三子，感叹咸坐起。缥瓷酹新汉，
毁誉均一洗。忽逢醒狂翁，一别垂二纪。隽哉老益壮，论
事方切齿。我欲裂绛幔，推着明光里。安得上天风，吹落
君王耳。"李洪《别吴兴从游》："五亭四水盛游从，闲客闲
行兴每同。暂舍玄真渔隐计，却寻康乐旧诗中。振衣濯足
沧浪水，快意迎人舶飓风。傥有任公投巨辖，割鲜共饱涮
河东。"

　　北宋庆历三年，范仲淹任参知政事，与枢密使杜衍及
富弼、韩琦等全面改革，时任集贤校理的苏舜钦，被保守
派围攻。庆历五年春天，苏舜钦挈家南下，到苏州已是初
夏。由于心情烦闷、天气蒸燠，加上租屋狭小，苏舜钦半
年迁居三次。当他路过郡学，见东面弃地却是草树郁然，
崇阜广水。经了解知道吴越国中吴军节度使孙承佑的池馆，
虽废圮已久，但园意仍在。苏舜钦以钱四万缗买下旧园，
整治一新。想着自己的经历与孔子改革失败和屈原改革失
败是一样的结局，于是命名为沧浪亭。还专门写了《沧浪
亭记》：

　　予以罪废，无所归。扁舟吴中，始僦舍以处。时盛夏
蒸燠，土居皆褊狭，不能出气，思得高爽虚辟之地，以舒所怀，
不可得也。

　　一日过郡学，东顾草树郁然，崇阜广水，不类乎城中。
并水得微径于杂花修竹之间。东趋数百步，有弃地，纵广
合五六十寻，三向皆水也。杠之南，其地益阔，旁无民居，

左右皆林木相亏蔽。访诸旧老，云钱氏有国，近戚孙承右之池馆也。坳隆胜势，遗意尚存。予爱而徘徊，遂以钱四万得之，构亭北碕，号"沧浪"焉。前竹后水，水之阳又竹，无穷极。澄川翠干，光影会合于轩户之间，尤与风月为相宜。予时榜小舟，幅巾以往，至则洒然忘其归。觞而浩歌，踞而仰啸，野老不至，鱼鸟共乐。形骸既适则神不烦，观听无邪则道以明；返思向之汩汩荣辱之场，日与锱铢利害相磨戛，隔此真趣，不亦鄙哉！

噫！人固动物耳。情横于内而性伏，必外寓于物而后遣。寓久则溺，以为当然；非胜是而易之，则悲而不开。惟仕宦溺人为至深。古之才哲君子，有一失而至于死者多矣，是未知所以自胜之道。予既废而获斯境，安于冲旷，不与众驱，因之复能乎内外失得之原，沃然有得，笑闵万古。尚未能忘其所寓目，用是以为胜焉！

在园记中苏子美说，过去的"荣辱之场"和"锱铢利害"，与此"真趣"相比，"不亦鄙哉！"说古代"才哲君子""一失而至于死者"就是指屈原，他们都不懂"自胜之道"。

苏舜钦对于此园十分惬意，给韩维去信道："家有园林，珍花奇石，曲池高台，鱼鸟留连，不觉日暮。"官场失意，园居得意。欧阳修、梅尧臣与苏舜钦既是朋友，又一起从事诗文革新运动，大家互相理解。欧阳修在给苏舜钦的园林写诗《沧浪亭》，道："荒湾野水气象古，高林翠阜相回环，新篁抽笋添夏影，老枿乱发争春妍。水禽闲暇事高格，山

鸟日夕查啾喧。不知此地几兴废，仰视乔木皆苍烟。""初
寻一迳入蒙密，豁目异境无穷边。风高月白最宜夜，一片
莹净铺琼田。清光不辨水与月，但见空碧涵漪涟。清风明
月本无价，可惜只卖四万钱。又疑此境天乞与，壮士憔悴
天应怜。鸱夷古亦有独往，江湖波涛渺翻天。崎岖世路欲
脱去，反以身试蛟龙渊。岂如扁舟任飘兀，红蕖渌浪摇醉眠。"
诗人不但将园亭景致作了描绘，更将"沧浪"的含义反复
申述。梅尧臣也写了《寄题苏子美沧浪亭》之咏："闻买沧
浪水，遂作沧浪人。置身沧浪上，日与沧浪亲。宜曰沧浪叟，
老向沧浪滨。沧浪何处是，洞庭相与邻。"句句带沧浪，古
今罕见。

　　然而真正懂得其中奥秘，又能体验得失之美的只有苏
舜钦了。苏舜钦死前被任命为湖州长史，1048 年卒，至
1056 年得以安葬于润州丹徒县。苏舜之妻杜氏历几年收集
平生文章，在其父杜衍和欧阳修的帮助下得以出版。苏之
妻子境况惨淡无助，"布衣蔬食"。以后历代多次复兴，似
乎与其草创时的沧浪二字无关了。从下面的几篇园记可见，
都成了纯粹的复建园景，而不是为了沧浪之意。至明嘉靖间，
僧人文瑛来此，见沧浪亭败落，于是重建沧浪亭，并请文
学家归有光写记。归有光把沧浪亭的历史叙述了一遍：

　　浮图文瑛居大云庵，环水，即苏子美沧浪亭之地也。
亟求余作《沧浪亭记》，曰："昔子美之记，记亭之胜也。
请子记吾所以为亭者。"

余曰：昔吴越有国时，广陵王镇吴中，治南园于子城之西南；其外戚孙承祐，亦治园于其偏。迨淮海纳土，此园不废。苏子美始建沧浪亭，最后禅者居之：此沧浪亭为大云庵也。有庵以来二百年，文瑛寻古遗事，复子美之构于荒残灭没之余：此大云庵为沧浪亭也。

夫古今之变，朝市改易。尝登姑苏之台，望五湖之渺茫，群山之苍翠，太伯、虞仲之所建，阖闾、夫差之所争，子胥、种、蠡之所经营，今皆无有矣。庵与亭何为者哉？虽然，钱镠因乱攘窃，保有吴越，国富兵强，垂及四世。诸子姻戚，乘时奢僭，宫馆苑囿，极一时之盛。而子美之亭，乃为释子所钦重如此。可以见士之欲垂名于千载，不与其渐然而俱尽者，则有在矣。文瑛读书喜诗，与吾徒游，呼之为沧浪僧云。

入清，沧浪亭又荒毁，康熙年间江苏巡抚宋荦，仰慕苏舜钦，特地在苏州寻访沧浪亭故址，于是重构沧浪亭，并题写了《重修沧浪亭记》：

余来抚吴且四年，斳与吏民相恬以无事。而吏民亦安，余之简拙事以寖少，故虽处剧而不烦，暇日披图乘，得宋苏子美沧浪亭遗址於郡学东偏，距使院仅一里。而近闲过之，则野水潆洄巨石颓仆，小山蓁翳於荒烟蔓草间，人迹罕至。

予于是亟谋修复，构亭於山之巅，得文衡山隶书"沧浪亭"三字。揭诸楣，复旧观也。亭虚廒而临高，城外西南诸峰苍翠吐欲，檐际亭旁老树数株，离立挐攫似是百年以前物，循北麓稍折西而东构小轩曰："自胜"，取子美记中语也。迤西十余步得平地，为屋三楹。前亘土冈，后环清溪。颜曰："观鱼处"，因子美诗而名也。跨溪横略彴以通遊屐，溪外菜畦民居相错如，绣亭之南石磴陂陀栏楯（shun）曲折，翼以修廊颜曰："步碕"（qi）。从廊门出有堂翼然，祀子美木主其中而榜其门曰："苏公祠"，则乃旧屋而新之。

予暇辄往遊，杖履独来，野老接席。鸥鸟不惊，胸次浩浩焉、落落焉，若遊於方之外者。或者疑游览足以废政，愚不谓然。夫人日处尘坌（ben），困于簿书之徽纆神烦虑滞，事物杂投于吾前憧然莫辨。去而休乎，清凉之域，廖廓之表，则耳目若益而旷，志气若益而清明。然后事至而能应，物触而不乱。常诵王阳明先生诗曰："中丞不解了公事，到处看山復寻寺。"先生岂不了公事者？其看山寻寺所以逸其神明，使不疲于屡照，故能决大疑、定大事而从容。暇豫如无事，然以予之驽拙，何敢望先生百一，而愚窃有慕乎此。

则斯亭也，仅以供游览。與！亭废且百年。一旦復之，主守有僧，饭僧有田，自是度可数十年不废。嗟嫠当官传舍耳。余有时而去，而斯亭亡恙。后之来者登斯亭，岂无有与余同其乐而谋？所以永之者與！

子美事详宋史。與！兹亭之屡兴废，宜别有记者皆不书经。始以乙亥（1695）八月落成，以明年二月买僧田若干亩，并著之碑阴令后有考。

康熙三十五年岁次丙子中春总理粮储、提督军务、巡抚江宁等处地方、都察院右副都御史加三级商丘宋荦记。命男至书！（引自苏州晨光的博客《宋荦重建沧浪亭记——吴地拾贝之31》，括号内为其所注）

除了苏舜钦的《沧浪亭记》外，还有归有光的《沧浪亭记》、宋荦的《重修沧浪亭记》、张树声的《重修沧浪亭记》、吴存礼的《重修沧浪亭记》和梁章钜的《重修沧浪亭记》。（沧浪亭建于何时——品读园林24，苏州晨光的博客）

阳城亦有沧浪亭，宋时所构，清时有十咏堂、政和堂、云水草堂于其周，2015年，阳新县政府重建，金镶子、洪登亮为之写记，题为《重修沧浪亭记》。文中亦提沧浪之歌，提出"清浊在水，濯缨在心"的理念。全文如下：

乙未年秋，阳新县政府移址重修沧浪亭，落成于莲花湖公园之莲花湖上。新造之沧浪亭，仿宋时旧制，且复制清时之"十咏堂"、"政和堂"、"云水草堂"于其周。其六角重檐，雕梁画栋，何其美也。名家书画，翘楚文章，何其雅也。莲湖荡漾于前，富河奔腾于左，七峰横亘于右，银山座落于后，何其胜也。流连其中，依窗览物，何其快也。

登斯亭也，胸怀壮阔，眼界顿宽：观夫长天之漠漠，云卷云飞；远山之叠叠，忽高忽低；旧城新貌，华屋栉比；长桥卧波，日升月垂。晨昏或闻书声隐约，莫问何人所诵；岸上时传林间鸣啼，定是虫鸟附于高树。可知者，春芳秋英，花落复又花开；阴晴寒暑，此去亦还彼来。四时之美，难以备述也。

据传，阳新昔为高阳、高辛故地，方有阳辛之疆。及汉高祖六年置县，名为下雉。魏黄初二年，始有阳新之名。宋以前，间有闰光、奉新、高陵、安昌、永兴、富川之多称，县治在阳辛者数。宋太平兴国二年，县治迁现址，得名兴国。至宋元丰年间，兴国之城，东有怀坡之桥，西有黉序之宫，南有富川之门，北有沧浪之亭。宋李翔诗赞沧浪亭："峰润烟波翠霭浓，危亭飞笮到晴空。"时人以为"黉序秋香，恩波夜月，沧浪烟雨"为兴国州八景之尤，且"沧浪烟雨"占八景之首。后来者以前知军王琪，吟有望江南十咏，遂为增建"十咏堂"以陪之。至清光绪之期，沧浪之侧，以曲桥引有"云水草堂"、"政和堂"者久矣。民国期间，无奈世事无常，日寇侵华毒城，沧浪亭毁于战火而不复生也。

时之既去，不可往究；事之继承，更待来者。今之城市十倍于旧廓，昨之沧浪复现于斯境。此九州沧浪之余辜乎？苏亭犹在，余复几何？人物易逝，文章长存，此今建亭之义者也。"沧浪之水清兮，可以濯吾缨；沧浪之水浊兮，可以濯吾足。"清兮浊兮全在于水，濯足濯缨全在于心。来往之诸君，登临之过客，岂有无动于衷者？！

嗟夫，凭栏西眺，陵园在望，高耸之碑，欲入云端；猎猎红旗，迎风招展；此之昂扬者，气壮也。林表之外，佛塔静贮，梵音远播，暮鸟旋归；此之怡然者，心淡也。山川不语，自有形象；风华不败，只在精神。为国而赴汤火者，云天可表；为己修性于心头者，古今共依。故片瓦不存，何谓风雨之蚀？唯文化之象，未见其改也；物是人非，岂因波浪之逐？幸民心长怀，弗为所动也。此沧浪亭之德乎？是为记。

第3节 沧浪景观创作

沧浪一词不仅反映在文学作品中，也反映在园林创作中。这种创作是属于文学文本的创作。这类以文学词句来进行园林创作的文本，大多具有高度的哲学意义和多向喻义。《园冶》在"亭榭基"中就提出以沧浪情结作为创作亭榭的主题："或翠筠茂密之阿，苍松蟠郁之麓；或借濠濮之上，入想观鱼；倘支沧浪之中，非歌濯足。亭安有式，基立无凭。"把亭榭立于沧浪之水上，不是唱咏，也不是濯足，应是取乎于中庸之道。

在园林景观创作时，首先以文学描写的语义进行园林形态上的创作，其次把文学词句中的中心字词，重组后对景点进行命名。园林中以文学为文本的景观创作的步骤是：文本语义（文学初创作）—意境提炼—形态创作—题名联对（文学再创作）—游览欣赏—诗词歌赋（文学后创作）。这个过程不仅是一个文学文本的语义解读问题，而且是一个意境提炼。形态创作和文学语义延伸的再创作过程，如果进一步延续，则还有景观文本的游览解读，以及新文本的后创作。

　　沧浪景观的创作，最重要的是水，即文本中的沧浪之水。故第一步是本义的水景的创作；第二步是语义延伸至建筑的创作；第三步是景点的题名；第四步是游览；第五步是游人对景观感受后的文学后创作。拙政园中的小沧浪，就是在中部向南延伸形成一角池水，以此象征沧浪之水。这是本义的水景创作。横跨池水，立柱水中，建制水阁，东西回廊，构成水院。主景水阁面阔三间，南窗北槛，这是延伸义的建筑景观创作。在水阁眉额上，有文征明行书"小沧浪"三字。在小沧浪室内，有吴让之写的篆书对联"茗杯瞑起味，书卷静中缘。"在北面步柱上有对联：清斯濯缨，浊斯濯足；智者乐水，仁者乐山。20 世纪六七十年代，在室内还有"风篁类长笛，流水当鸣琴"一联（现已佚），这是文学再创作。

　　文本的形态原意是沧浪。在再创作的形态文本中，由单纯的水景延伸到水阁，由沧浪发展到小沧浪，文本的文学原意是濯缨和濯足，在再创作的文学文本中是流水鸣琴、智者乐水，最后竟脱离水景，上升至茗杯起味，书卷静缘、风篁长笛、仁者乐山。在游览之后，许多人又对它有更深入的见解，从而又进行文学创作。

　　从历代沧浪景观的创作上看，从秦汉至隋唐仍不见有真正意义上的依照文学文本进行的创作。只是文学文本的第一层意义上的本义创作。在汉代长安的未央宫中有沧池。

沧与苍在古代通用"苍"，是青绿色。未央宫的沧池是一个水景，用沧池命名多少可算是与沧浪有些许的关联。唐代的绛守居之苍塘是沧池的延续，而唐代长安的兴庆宫，则是在"濯缨"和"濯足"上入手，单提一个濯字，与水和龙联系在一起，从而命景为濯龙池。清代北京莲花池的濯锦桥、南苑的濯月漪和勺园的濯云桥等水景，都是这种文本创作手法的延续。不过，它们更进一步为建筑景观和题名的创作，只不过在题名上脱离文本的本义较远而已。

从北宋开始，沧浪景观的创作，则更为规范。在命名上，直接用沧浪和濯缨。但是，两宋的沧浪景观并不多，只有东京开封艮岳的清斯亭、洛阳的李氏丰仁园有濯缨亭、苏州的沧浪亭和濯缨亭。但是，由此我们也可以看出，园林景观以文学章句为文本的创作实例日益增多。

到了明清两朝，文人园达到兴盛的巅峰。以文学章句为文本的景观创作，达到了前所未有的高峰。沧浪情结也达到了前所未有的不能自已的程度。于是，沧浪景观在私家园林、皇家园林、公共园林中无所不在，如皇家园林中的承德避暑山庄，在湖洲区的如意洲上有沧浪屿一景。私家园林上有苏州拙政园的小沧浪，苏州网师园的濯缨水阁，苏州怡园的小沧浪，扬州西园曲水的濯清楼，山东潍坊的小沧浪亭等。

沧浪亭是北宋时苏舜钦所建的真情实意景观，园林北部建沧浪亭，南部种竹，亭北为水，水的北部仍是竹林，以竹为主，其范围跨沧浪池之南北，即至今之可园处。园景有曲池高台，"聊上危台四望中"，有石桥，"独绕虚亭步石矼"，有斋馆，"山蝉带响穿疏户，野蔓盘青入破窗"，有观鱼处，"瑟瑟清波见戏鳞"，其余就是竹林山水、荷梧桐，"绕亭植梧竹"，"红蕖绿浪摇醉眠"，"杨柳阴阴十亩塘"。（洪丹，苏州沧浪亭历史变迁及文化价值研究，郭明友指导，苏州大学硕士论文，2017 年 3 月）

　　到后来历代的改建复建，都加入了个人的其他意图，更多的在以苏子美之记之人生为鉴而成为纪念之园。如南宋园内就建有翠玲珑又名"竹亭"，为南宋绍兴初韩世忠时所建，取苏子美诗"秋色入林红黯淡，日光穿竹翠玲珑"之意为名。康熙朝重修沧浪亭，"修复构亭于山巅……复旧观"，还有自胜亭、观鱼处取自苏子美记中语，苏公祠则是纪念之物了。乾隆朝增建名宦祠、建新楼以奉其祀，乾隆还题写了《题沧浪亭》曰："寄语游斯者，勉实善副名。"在朝在野，得意失意，均在沧浪观照之下。道光时布政使梁章钜重修后写记，集苏舜钦、欧阳修诗句而成的楹联"清风明月本无价，近水远山皆有情"。陶澍得吴郡名贤五百余人，钩摹刻石，建名贤祠，每岁致祭。同治时修园以子美记中"观听无邪，则道自明"之语而名明道堂。无论怎么变化，情未减，意增多，景增设，境延展，以水为自然本底（境），以名为沧浪之水（题），以意为濯缨濯足（用），以情为得意失意这个逻辑链并未消失。（陈薇，中国古典园林何以

成为传统——苏州沧浪亭的情景境意，建筑师，2016）

在形态上，沧浪景观有亭、桥、池、岛、楼、阁、殿等。其中尤以亭最多，如苏州沧浪亭的沧浪亭（图10-1）和濯缨亭，开封艮岳的清斯亭、苏州怡园的小沧浪、洛阳的李氏丰仁园的濯缨亭、济南大明湖的小沧浪、潍坊十笏园的小沧浪亭等。属于阁的有苏州拙政园的小沧浪和网师园中的濯缨水阁（图10-2）。属于楼的有扬州西园曲水的濯清楼。属于岛屿的有承德避暑山庄的沧浪屿（图10-3）。属于桥的有北京莲花池的濯锦桥、北京勺园的濯云桥。属于池景的有未央宫的沧池、绛守居的苍塘、兴庆宫的濯龙池等。属于殿的有北京南苑的濯月漪。

图10-1　沧浪亭

图 10-2　濯缨水阁

图 10-3　沧浪屿

中国的沧浪歌不仅在中国演变为园林景观，而且流传到日本，在桃山时代，京都的西本愿寺滴翠园的飞云阁前有一个大水池，东西约 80 米，南北约 40 米，池名为沧浪池。池周有龟背桥、醒泉亭、艳雪林等。滴翠园沧浪池是一个原始文本的本义景观创作。（刘庭风、徐锋，沧浪情结，中国园林，2004 年第 8 期）

第 *11* 章　曲水流觞

第 1 节　祓禊祛病与浮卵求育——祭礼

（一）祓禊祛病

祓禊（fú xì），是古代中国民俗，每年于春季上巳日在水边举行祭礼，洗濯去垢，消除不祥，叫祓禊。源于古代"除恶之祭"。或濯于水滨（薛君《韩诗章句》），或秉火求福（杜笃《祓禊赋》）。祓：为除灾求福而举行的仪式，为洁濯的祭礼。《说文解字》称："祓，除恶祭也。"禊：春秋两季在水边举行的清除不祥的祭祀。东汉应劭《风俗通义》的禊条称："禊者，洁也。"

《周礼·春官·女巫》："女巫掌岁时祓除衅浴。"此活动是由女巫主持，故与女子有关，一方面说明是源于女子的特殊功能，另一方面说明了进入官方的仪礼制度。郑玄注："岁时祓除，如今三月上巳，如水上之类；衅浴谓以香薰草药沐浴。"岁时指每年的节令，三月上巳指的特定的时间，水上指特定的地点和以水为药或剂，衅浴指用香草制成的药汤沐浴。

《后汉书·礼仪上》："是月上巳，官民皆絜（洁）于东流水上，曰洗濯祓除去宿垢疢为大絜。"絜（jié），同洁，指干净；疢（chèn），指热病，也泛指疾病。洗濯是汤药的用法，不是喝而是洗，洗干净的目的是消除"宿垢"和热病。这是有关上巳的最早记载。

为何定上巳？在地支系统里，它排第六位，"巳也，阳气毕布巳矣。"《易经》中的革卦有："巳日乃孚"巳己己三字形近而义不同。"己"是天干第六位，五行属土，代表夏秋之间、四季之中央的所谓"长夏"季节，和戊相配对。"巳"是地支的第六位。既可代表一个昼夜的十二个时辰，又可代表一年的十二个月份。巳指一天中的上午10时左右，即9—11时，称为隅中。巳也指孟夏之月，相当于节气的立夏、小满。"已"是一个汉字副词，表过去，不是天干地支。

《革卦·卦辞》的完整原文为："革，巳日乃孚。元亨、利贞、悔亡"。《革卦》中有："大人虎变、君子豹变、小人革面"，《革卦》是由《大壮卦》变化而来。《大壮卦》是消息卦，其天时对应地支的"辰"时，代表季春之月。既在辰日，7—9时，辰日后为巳日，辰日为变革之日，巳日就是变革后的新的开始之日，故曰："革，巳日乃孚"。"孚"字从"爫"（手）抚"子"，表达了仁爱和孕子。革命是暴力，需动武杀人，但成功后，血腥的行动就会结束，仁爱之德立显，以期天下大治。新君登基，要大赦天下，除弊布新，推行仁政，就是"乃孚"。变革过后，天改命，帝改历，为新的开始，故曰"元亨"。变革之后，各种矛盾因素又暂时达到一种新的平衡状态，有利于维持稳定，以促使事物的正常发展，故曰"利贞"。变革就是改变一切不合理的现象，改变阻碍社会生产力发展的因素，改变不利于最广大群众根本利益的东西。变革往往会损害极少数人的眼前利益，而却会有益于大多数人的根本利益和长远利益，故曰"悔亡"。

　　祓禊之俗，隋以前史书都载于礼志部分。古代祭事都归于礼部。《宋书》《南齐书》更对此有详细考证。《宋书·礼志二》引用《韩诗》说"郑国之俗，三月上巳，之溱、洧两水之上，招魂续魄，秉兰草，拂不祥。"溱（zhēn），古水名，在今河南，周之郑国的河流。洧（wěi），古水名，在河南，周之郑国的河流。这里明确香料为兰草。"招魂续魄"，说明是巫祭之法。具体的做法是"秉兰草"，目的是"拂不祥"。

　　《尔雅·释天》道："缕腊祓禊，祭也。"《国语》："祓除其心，精也。"韦昭注："精，洁也。"修禊和禊事亦为上巳在水边沐浴净身的祭礼，近于祓禊。沐浴是祓禊和修禊共同的环节，功能是驱邪消灾和净身祈福。《岁时广记》卷十八的"上巳"引《后汉书注》曰："历法，三月建夸脱，巳即是除，可以拂除灾也。"

（二）会男女求偶

周朝的《诗经·郑风·溱洧》描写少男少女趁袚褉时嬉戏、相约、合欢之事，"溱与洧，方涣涣兮。士与女，方秉蕑兮。女曰：'观乎？'士曰：'既且'。且往观乎？洧之外，洵吁于且乐。维士与女，伊其相谑，赠之以勺药。溱与洧，浏其清矣。士与女，殷其盈矣。女曰观乎？士曰既且。且往观乎？洧之外，洵吁于且乐。维士与女，伊其将谑，赠之以勺药。"少男少女在溱河与洧河边，各自拿着兰草袚褉。少女问少男："去宽闲之处看看？"少男说："我已经看过了。"少女情急道说："还是一起去看吧？"少男于是随少女前往。合欢之时，欲示其好，欲示信约，又赠予芍药。

儒家一直认为此诗是郑国的淫风流俗。孔子修《诗经》之前，郑俗已存，说明之前并未对此否定，而是百姓最喜欢的风俗，也是应和自然的男女之合。于是，我们必须探讨上巳与生命的关系。上巳节正值阳春三月，正是生命复苏，春情萌动之时。对于原始人类，交配和繁殖最为自然，也最为重要。上巳之时，阳气已布，具备交配的内在条件。故春祭、春社、羊歌、傩舞，都与生殖有关。五谷丰登、六畜兴旺、人丁兴旺，均为国家与部落中的重中之重。《礼记·月令·仲春之月》记载："是月也，玄鸟至，至之日以太牢饲于高禖，天子亲往，后妃帅九嫔御，及礼天子所御，带以弓，授以弓矢，予高禖之前。"郑玄注："玄鸟，燕也。

燕也施生时来，巢人堂宇而孚乳，嫁娶之象也，媒氏之官以为候。"玄鸟是生殖的象征源于《诗经·商颂·玄鸟》："天命玄鸟，降而生商，宅殷土芒芒。"《史记·殷本纪》注："殷契，母简狄，有娀之女，为帝喾次妃。三人行浴，见玄鸟堕其卵，简狄取吞之，因孕生契。契长而佐禹治水有功，帝舜乃命契……为司徒……封于商，赐姓子氏。"天子为何带后妃和带弓？《说文》道："韣，弓衣也。"韣是弓的外套。弓是射箭之用，射箭中靶，即性交射精，天子带弓去太牢祭高禖，并在此与嫔妃们做爱求子。从此可见，女巫就是高禖。高禖是掌管婚姻生育之神。

高媒也称郊禖，因其祭礼于郊外而名。《通典·卷五十五》道："高媒者，人之先也。"故知它是生育之神。闻一多在《高唐神女传说之分析》中说，夏人的高禖祀其先妣女娲；殷人的高禖祀其先妣娀简狄；周人的高禖祀其先妣姜源；楚人的高禖祀其先妣高唐神女。他认为："古代各民族所祀的高禖全是各该民族的先妣"。"先妣也就是高禖。各国祀高禖有尸女的仪式，《月令》所载高禖的祀典也有'天子亲往，后妃帅九嫔御'一节，而在民间，则《周礼·媒氏》'仲春之月，令会男女'，与夫《桑中》、《溱洧》等诗所昭示的风格，也都是高禖的故事。这些事实可以证明高禖这祀典，确乎是十足的代表着那以生殖机能为宗教的原始时代的一种礼俗。"禖源自腜，后又同于媒。《说文》道："腜，妇始孕腜兆也。"朱骏声注："按高禖之媒，以腜为义。"

最初高禖女神，巨乳高耸，大腹便便、臀丰浑圆，呈孕妇状。红山文化的孕妇女神陶像，即生育之神高禖。河南睢阳伏羲庙供奉的人祖陵和子孙窑也是高禖。《太平环宇记》卷七十六记载："石乳城水在县（四川阳安）二十一里玉女灵山，东北有泉，西北两岸各有悬崖，腹名乳房，一十七眼，状如人乳流下，土人呼为玉华池，每三月上巳日有乞子者，漉得石即是男，瓦即是女，自古有验。"由此可见，上巳日就是求偶日和求育日，通过祭高禖，祓禊和会男女等活动，即有避邪之意，更有求育之意。

另外，祓禊仪式中的沐浴亦有治不育病之目的。《晋书·乐志》记载："三日之辰，名为辰。辰者，震也。姑枯也，洗濯也，谓物生新洁，洗除其枯，改柯易叶也。""除其枯"的目的就是求洁净，治不育。至今，云南通海县城西有水塘，每年三月三日妇女云集洗脚，号称洗脚大会，亦为祓禊遗风。云南宁蒗县永宁区不育妇女皆去洗温泉，然后向石岩洞穴投铜钱，称打儿窝，以求生育。蔡邕《月令章句》曰："《论语》'暮春者，春服既成，冠者五六人，童子六七人，浴乎沂，风乎舞雩，咏而归。'自上及下，古有此礼。今三月上巳祓禊于水滨，盖出此也。"《晋书·礼志》载，"汉仪季春上巳，官及百姓皆禊于东流水上……自魏但用三日，不以上巳也。"杜甫《丽人行》诗亦曰："三月三日天气新，长安水边丽人行。"

会男女作为上巳日的活动之一，《周礼·地官·媒氏》曰："媒氏掌万民之判。……仲春之月，令会男女，于是时也，奔者不禁；若无故不用令者，罚之，司男女之无夫家者而会之。……凡男女之阴讼，听之于胜国之社。"可见《溱洧》的"洵吁且乐"来源于周礼，在周朝还是合法的，反而，"奔者不禁"，"若无故不用令"，则要责罚，是上升到法律的高度。孔子认为的"郑风淫"，郑玄解释道："士与女合坐溱洧之上"，"相与戏谑，行夫妇之事。"女子力邀男士前往洗濯嬉戏，亦在是发乎于情合乎于理之事。相识之时的双方持兰，一方面兰是香草，可以杀菌祛病；另一方面可通过飘香吸引对方。行欢之时，赠予芍药，除纪念外，芍药亦为香草，也有去秽之功。

郑风田女野合之风一直传承下来，梦之游云梦、燕之驰祖庙、齐之观春社、宋之祀桑林。《后汉书·祥卑传》："以春委大会于浇乐水上，饮宴毕，然后配合。"《太平环宇记·南仪州》记载："每月中旬，年少女儿吹笙，相召明月下，以相调弄号，日夜以为娱，二更后匹耦，两两相携，随母相合，至晓方散。"以至今天少数民族的三月三泼水节、火把节，男女幽会野合，汉族地区的踏青、探春亦是此风。

东汉道教兴起后，祭祀西王母蟠桃会和迎玄鸟的活动被植入上巳节。《昌黎县志》："三月三日曰蟠桃会。……男女俱替柏叶，若门前插柳，以迎玄鸟。"古人认为玄鸟主管孕育。玄鸟为候鸟，三月迁徙经过，及时祈育。唐代佛教兴起的"菩萨行"和"观世音菩萨"，赋予观音送子功能。至此，原始的巫术内容被世俗的佛道所超越。

上巳与三月三

张衡《南都赋》："于是暮春之禊，元巳之辰。""元巳"
初指三月第一个上巳日，后专指三月三日，而上巳本指三月
上旬之巳日。魏定在三月三日，而仍沿用"上巳"的名称。
又有三巳之说，本指三月之上巳日，魏以后专指三月初三，
如晋王廙《洛都赋》："若乃暮春嘉，三巳之辰。"还有上除说法，
因上巳日临水被除不祥之俗，故三月初三又称"上除"。另外，
禊日指"上巳"修禊之日，修禊日，也是禊日的俗称。更有
展上巳，即四月初三，说明此巳日是三月初三巳日的延伸。

至于上巳日与三月三是否一致？有时一致有时不一
致。阴历以一月为寅月，以下依次为二月卯月、三月辰月、
四月巳月、五月午月、六月未月、七月申月、八月酉月、
九月戌月、十月亥月、十一月子月、十二月丑月。但相者
所说的十二月有所不同，是以二十四节气为标志的。每年
的立春之日至惊蛰之日为一月即寅月，惊蛰至清明为二月
卯月，清明至立夏为三月辰月，立夏至芒种为四月巳月，
芒种至小暑为五月午月，小暑至立秋为六月未月，立秋至
白露为七月申月，白露至寒露为八月酉月，寒露至立冬为
九月戌月，立冬至大雪为十月亥月，大雪至小寒为十一月
子月，小寒至立春为十二月丑月。这样，只要知道了生日
是阴历几月，就知道了生月的地支。

一年中每一天都可用干支来纪，上巳就是干支纪日的
日子。按天干地支来排年、月、日、时。十天干依次是：甲、

乙、丙、丁、戊、己、庚、辛、壬、癸，十二地支依次是子、丑、寅、卯、辰、巳、午、未、申、酉、戌、亥，每个年、月、日、时都按顺序由一个天干和一个地支组成，比如辛辰日，它的下一天就按顺序取下一个天干地支，也就是壬巳日，以此类推，年、月、时的组成也一样。因 10 与 12 的最小公倍数为 60，故 60 后轮回。纪年纪日也同样道理，依此类推。纪年的一个轮回称一个甲子。于是推出，巳日一共有五个：己巳、辛巳、癸巳、乙巳、丁巳。上巳就是己巳。

在五行中"巳"属火，有阳气正盛的意思，故在此交配，有利于怀孕。十二地支与十二生肖相配，则子鼠、丑牛、寅虎、卯兔、辰龙、巳蛇、午马、未羊、申猴、酉鸡、戌狗、亥猪。等来表示。子时就是晚上十一点到凌晨一点这一时间段，然后以两个小时一个时辰往后排，以此类推。

（三）浮卵求育到流觞求思

《后汉书·周举传》："六年（141）三月上巳日，（梁）商大会宾客，宴于洛水。"这是曲水宴的最早记载。徐坚《初学记》引《续齐谐记》曰："昔周公卜成洛邑，因流水以泛酒，故逸诗云：'羽觞随波流'。"《荆楚岁时记》载："三月三日，士民并出江渚池沼间，为流杯曲水之饮。"东晋王羲之《兰亭集序》："又有清流激湍，映带左右，引以为流觞曲水。"曲水流觞之俗源于曲水浮卵和曲水浮枣的民俗。《艺文类聚》卷四载："三月三日"引晋潘尼《三日洛水作》

诗:"羽觞乘波进,素卵随流归。"晋张协《洛禊赋》:"浮素卵以蔽水,洒玄醪于中河。"东汉杜笃《祓禊赋》:"浮枣绛水,酹酒醴川。"梁萧子范《家园三日赋》:"洒玄醪于沼沚,浮绛枣于泱泱。"卵子和枣是生殖崇拜物,简狄吞玄鸟卵而生契,满族神话中仙女佛库伦,吞食喜鹊衔来的朱果(红枣),感而生始祖布库里雍顺。故卵和枣与现代之精子和卵子等同,精子与卵子遇上并进入卵子内,即称合子,成为下一个生命体胚胎雏形。女子食卵吞枣兆交配卵子巧遇精子,男子食卵吞枣兆交配时精子巧遇卵子。觞就是酒杯,后世做成水鸟之形,如鸳鸯、鸭子、喜鹊等。杯中盛酒,流至谁前,取而饮之。用流水喻意洗濯污秽,带走邪气之意。后世发展成为文人斗诗活动,取杯当场赋诗,赋不出者饮之。首先说明这个活动还是停留在上流社会,同时还说明酒有激发才思的作用。赋诗失败相当于交配而未怀孕,故作诗如孕育,概酝酿与孕育同理了。(丁武军,从曲水流觞到曲水之宴,日本研究,2005年第4期)

(四)日本曲水流觞

上巳节传入日本,至今流行。日本最早的史记《日本书记》卷十五记载,显宗天皇"元年(485年)三月上巳,增后苑曲水宴。二年三月上巳,幸后苑曲水宴。是时盛集公卿大夫臣连国造伴为宴,群臣频称万岁。三年三月上巳,幸后苑曲水宴。"此会距王羲之兰亭修禊仅132年,时值中国南北朝北魏孝文帝太和九年，南齐武帝永明三年。

之后《续日本书记》记载，圣武三皇"神龟五年（728 年）三月己亥（三日），三皇御鸟塘宴五位巳上，赐禄有差。又召文人令赋曲水之诗"云云。淳仕天皇"天平宝字六年（762年）三月壬午（三日），於宫南新造池亭设曲水之宴，赐五位巳上禄有差。"称德天皇"神护景云元年（767 年）三月壬子（三日），幸西大寺法院，令文士赋曲水，赐五位巳上及文士禄。"光仁天皇"宝龟八年（777 年）三月乙卯（三日），宴次侍从巳上於内岛院，令文人赋曲水，赐禄有差。"桓武天皇"延历六年（787 年）三月丁亥（三日），宴王位巳上於内里，召文人令赋曲水，宴讫赐禄各有差。"日本曲水流觞事件的纪录十分细腻，细节至人的职务、行令时位置变、仪式过程、天气晴雨、歌舞曲乐。平安时代的藤原道长幕僚所著的《江吏部集》记载了藤原道长与的曲水流觞之会，将此会与周公的曲水宴相媲美。《中右记》中的曲水宴更为细腻，讲述堀河天皇"宽治五年（1091 年）与关白（职务名）藤原师实和六条水阁的，被展曲水诗筵。"尊客坐庭中草塾座，文人等坐水边圆座，"羽觞流水，一一持之令饮。"然后左大辩（官职）"书题立座览殿下并尊客了复本座，又付韵览之，其后被下题。"再召管弦乐器给器乐者吹奏，此时乐人坐在船上合奏。从双调到平调，"羽觞屡流，人人令饮，船乐退出吹回，忽春日已暮，人人引著飧馔座。初献、二献、三献，此间余兴未尽，重有管弦平调，新宰相持拍子，民部卿弹琵琶，自余如前。伊势海、五常乐破急、三台急，时时朗咏。次盘涉调了，撤飨馔，置文台，人人各置诗了。召左卫门权佐有信为讲师，读师左大丞——讲了，后退下，爰召序者孝言朝臣，殿下乍御座上，脱御衣给这，序者下庭前二拜，老翁遇逢之秋也。次被献引出物于尊客，剑、御马，次给琵琶一面于民部卿。夜入深更，各各退出。"

　　日本还有一种流雏之俗，好流雏是通过折纸人，祈祷纸人带走秽气的风俗。《日次纪事》释三月三日"雏游"云："今日良贱儿女制纸偶人，是称雏。玩之者，元赎物之义，而及祓具也，或名母子。盖以斯物抚母子身体，於水边解除之，或饮桃花酒，亦修禊事之微义者乎！"上巳日前夜，女官将阴阳师所制偶人置于天皇枕边，次日天皇将偶人在身体上擦一擦，吹口气，使厄运附偶人上，侍臣被禊后投水流走。《源氏物语》中记载，源氏公子放逐于须磨之时正逢三月上巳日，请阴阳师将一刍灵（草人）放入纸船，送入海中流走。室町时代，流雏仪式加入曲水宴。《建内记》记享十二年（1440 年）三月三日，"天晴，佳节幸甚祝着如例。上巳祓，在贞朝臣自昨日送人形，参内高侍之间，成房令置枕头，今进遣彼抚物之所，御祈劝行依逐进候。"人形就是人偶，女孩子也行雏祭，时称偶人节，又叫女儿节，正值桃花盛开，故称为桃花节。《雏游记》还说："三月三日雏祭之事始于唐土，郑国溱洧两川汇聚着男女青年，不分贵贱。他们撷取兰草，祓禊祛灾。文人则曲水流杯，欢宴游戏。本朝二十四代显宗天皇的元年三月，巳日袚禊。御幸花园，始为曲水之宴。由《日本本纪》可见，无论是唐土还是我朝，古时均为三月上巳日行事，唐土于魏时改巳日为三日，我国也随之更改。"

第 2 节　游赏宴乐与行令斗诗——游乐

袚禊在汉代两极分化，一是沿世俗方向发展，保留会男女的风俗，随着王朝更替，保存于少数民族最为完整，在汉族区域转化为开春沐浴、端午丢粽于河、放河灯等水边活动，并融入道教的蟠桃会和佛教观音送子。二是沿文人化方向发展，由皇家发展到士人阶层，在东汉进入宅园，在唐代进入文人园。

在袚禊之时加以诗文之乐应源于西汉。孔臧《扬柳赋》道："于是朋友同好，几筵列行，论道钦燕，流川浮觞。殽核纷杂，赋诗断章。合陈厥志，考以先王。赏恭罚慢，事有纪纲。洗觯酌樽，兕觥凄扬。饮不至醉，乐不及荒。威仪抑抑，动合典章。退坐分别，其乐难忘。惟万物之自然，固神妙不如。"袚禊的宴饮如旧，但加入"浮觞"，说明有酒筹，顺序以"殽核"为依据，取酒后依殽序"赋诗断章"。诗的内容有陈厥志，有考先王。"赏恭罚慢，事有纪纲"。至于"饮不至醉，乐不及荒"，"威仪抑抑，动合典章"则是加入了儒家之文化现象。儒家文化在汉武帝董仲舒时被提到国教的高度，对国家礼仪进行了全面改造。祓禊的巫礼就是在这时被改造成为纯粹的文人活动。

东汉初杜笃《祓禊赋》亦说："王侯公主，暨乎富商，用事伊雒，帷幄玄黄。于是旨酒嘉肴，方丈盈前，浮枣绛水，醹酒醲川。若乃窈窕淑女，美媵艳姝，带翡翠，珥明珠，曳离袿，立水涯，微风掩土盖，纤谷低徊，兰苏盼蟹，感动情魂。若乃隐逸未用，鸿生俊儒，冠高冕，曳长裾，坐沙渚，谈诗书，咏伊吕，歌唐虞。"此赋明确了上流神会的祓禊不仅有王侯公主，也有富商，更有"窈窕淑女""美媵艳姝""鸿生俊儒"，儒第一次作为文化门派出现在文字之中。尊典于"伊洛"的周公流觞盛事，亦有民间浮枣之俗。活动是"旨酒嘉肴，方丈盈前""醹酒醲川"，仍然是，女子"带翡翠，珥明珠，曳离袿，立水涯"，男子"冠高冕，曳长裾，坐沙渚""谈诗书，咏伊吕，歌唐虞"的儒家文化活动，使男女之间公开交往只能发乎情、止乎于礼地观看、赞赏和心仪了，郑风之"洵吁且乐"不可能了。这时，儒家提倡的关雎恋情成为重新被提倡为正统的时尚，号之为雅恋。

> 关关雎鸠，在河之洲。
>
> 窈窕淑女，君子好逑。
>
> 参差荇菜，左右流之。
>
> 窈窕淑女，寤寐求之。
>
> 求之不得，寤寐思服。

悠哉悠哉，辗转反侧。

参差荇菜，左右采之。

窈窕淑女，琴瑟友之。

参差荇菜，左右芼之。

窈窕淑女，钟鼓乐之。

《关雎》有几个特点：首先是爱情的目的是婚姻，其次，男女主人公的身份是君子和淑女，满足孔子把君子当成人的最高层次。再次，恋爱的节制性合乎儒家的中庸思想。独自相思而"辗转反侧"，没有过分举动，不像溱洧士女的野合。正因为此，《关雎》被孔子放在了《诗经》的第一首。这种以家庭稳定为社会组织基石的"夫妇之德"有利于社会和谐，也正是孔子所提倡的发乎于情、止乎于礼的恋爱观。虽然《礼记·礼运》道："饮食男女，人之大欲存焉。"《论语》中孔子也道："吾未见好德如好色者。"其实，《溱洧》表达的是底层人的男女热爱性生活，而《关雎》表达的是上层君子与淑女的爱情生活。另外，《关雎》更象婚礼上的祝酒歌，而不象是真实性活的爱情观。

被禊求育到汉代变成了曲水流觞的雅集。雅集是古代最流行的文人聚会形式，雅集不但是集，而且必须有雅人、雅兴。雅集的四大条件：第一是雅境，一定是园林之中，或风景优美之处的曲水。第二是激发雅兴的酒。第三是激发雅兴的人。古代士与女，君子与淑女的平等活动，退化为以男士为主，女人成为舞乐之人，亦或服务之人。雅集上，文人墨客必然会吟风弄雅，斗诗斗画。第四是酒令，不同的时间，不同人物，而行的不同的主题和规定。吟诗作文为主角，琴、棋、书、画、茶、酒、香、花等其他雅文化元素充当配角。雅集的雅，还在于茶席布置中体现的雅趣。古意茶壶、茶杯、桌旗、盆景、插花等，都是文人对于生活品质的独特观照。他们重视娱乐性灵，景物是催化剂，美酒也是催化剂，美人歌舞更是催化剂。在天地人有限的空间和时间时在，文人的内在得以外化，诗以言志，从而成就了许多千古名篇。据统计，历史上出现过十次重大的文人雅集。

第一次是梁苑之游。西汉景帝时期，景帝胞弟梁孝王刘武在封地营建的梁苑，方圆三百余时里。枚乘、路乔如、公孙诡、邹阳、公孙乘、羊胜、司马相如等在此留下了《柳赋》《鹤赋》《文鹿赋》《酒赋》《屏风赋》《几赋》《子虚赋》。虽然《子虚赋》描写园林非常细腻，但不一定是写此园，其中也没有曲水流觞的词句。而邹阳的《酒赋》则有："乃纵酒作倡，倾盌覆觞。"显然是曲水流觞的场景。

第二次是邺下之游。三国时期建安七子云集曹操建的都城邺城，在园林中诗酒酬唱。曹丕在《又与吴质书》中回忆道："昔日游处，行则连舆，止则连席，何曾须臾相失。每至觞酌流行，丝竹并奏，酒酣耳热，仰而赋诗，当此之时，忽然不自知乐也。"参加活动的除曹植、曹丕外，还有王粲、应玚、刘桢、陈琳、徐干和阮瑀。

　　第三次是金谷雅集。元康六年（296 年），皇后弟弟石崇为洛阳巨富，又好风雅，在洛阳北邙山金谷涧营建的金谷园中，而当天雅集者有三十人，为征西大将军王决翊饯行。宾客各赋诗咏，合成《金谷诗集》，石崇作《思归引》："登云阁，列姬姜，拊丝竹，叩宫商，宴华池，酌玉觞"。石崇又作《金谷诗序》。序中道："余与众贤共送往涧中，昼夜游宴，屡迁其坐，或登高临下，或列坐水滨。时琴、瑟、笙、筑，合载车中，道路并作；及住，令与鼓吹递奏。遂各赋诗以叙中怀，或不能者，罚酒三斗。"文中尽述曲水流觞之事。金谷二十四友是：刘琨、陆机、陆云、欧阳建、石崇、潘岳、左思、郭彰、杜斌、王萃、邹捷、崔基、刘瓖、周恢、陈眕、刘讷、缪徽、挚虞、诸葛诠、和郁、牵秀、刘猛、刘舆、杜育等。

　　第四次是兰亭雅集。永和九年（353 年），东晋王羲之会集谢安、孙绰、王凝之、王徽之第四十一人，"暮春之初，会于会稽山阴之兰亭，修禊事也。群贤毕至，少长咸集。此地有崇山峻岭，茂林修竹，又有清流激湍，映带左右，引以为流觞曲水，列坐其次。虽无丝竹管弦之盛，一觞一咏，亦足以畅叙幽情。"群贤斗诗，会集而为《兰亭集》，王羲之写序，留下千古书法和文学名篇。同时，让兰亭这个不知名的绍兴郊外风景之地，从此名扬天下。

　　第五次是竟陵风流。南齐永明年间，高祖萧衍、沈约、谢朓、王融、肖琛、范云、任昉、陆垂，常在竟陵王萧子良的园林里唱和，人称竟陵八友，其辞藻华丽，对仗工整，史称永明体。

第六次是滕王阁宴。唐高宗上元二年，洪州牧阎伯屈大会宾客于李世民弟李元缨建造的滕王阁，文人毕至，王勃一展才华，以《滕王阁诗及序》震惊四座，据《唐摭言》道，王勃时年不过14岁。文中尽陈滕王阁之宏丽，周边环境之优美，却未提觞咏之事。虽为雅集，变成王勃与吴子章两人的文斗，应该也不是在曲水流觞之中。

第七次是香山九老会。白居易退休之后，在洛阳履道里构建园林，与胡杲、吉玫、刘贞、郑据、卢贞、张浑、李元爽、释如满等八人，时常觞咏，并结为香山九老会。白居易写有《香山寺》和《香山九老会诗序》。他写的《池上篇集序》就是写其家园生活的场景。"空门寂静老夫闲，伴鸟随云往复还。家酿满瓶书满架，半移生计入香山。"

第八次是西园雅集。北宋元丰年间，文人驸马王诜在自家园林中与苏轼、苏辙、黄庭坚、秦观、李公麟、米芾、蔡肇、李之仪、郑嘉会、张耒、王钦臣、刘泾、晁补之，以及僧圆通、道士陈碧虚等人集集。此次雅集因为名人云集，李公麟绘有《西园雅集图》，米芾写有《西园雅集图记》而名扬天下。米芾《记》道："前有鬅头顽童捧古砚而立，后有锦石桥、竹径，缭绕于清溪深处，翠阴茂密，中有袈裟坐蒲团而说《无生论》者，为圆通大师；旁有幅巾褐衣而谛听者，为刘巨济。二人并坐于怪石之上，下有激湍潆流于大溪之中。水石潺湲，风竹相吞，炉烟方袅，草木自馨，人间清旷之乐，不过于此。"显然，园中有溪流环绕，宾主各占不同位置，但此次似乎不是曲水流觞之事。有云："水石潺湲，风竹相吞，炉烟方袅，草木自馨。人间清旷之乐，不过如此。嗟呼！"

第九次为玉山雅集。元末至正十年顾瑛在昆山建顾名园玉山草堂，与杨维桢、黄公望、倪瓒、王蒙、张渥、王冕、赵元都留下诗书画合璧的佳作。雅集持续长达十余年，雅集达五十余次，参与文人达三百余位，题诗于《草堂雅集》的诗人达80余位。元四家有三位出场。园中辅山小东山虽体量较小，但密植林木，身处便觉山深窈窕，同在独峰上的秋华亭在山之东北与澹香亭遥相呼应，是两山对景之所，雅集时众人会分处两亭隔空觞咏。听雪斋藏于西侧遍植梅树的僻静处，众人在感受云气凝润成雨露霜雪时，感知"裕于己者不役于物，足于内者无待于外"。后世史书记载："元季知名之士，列其间者十之八九……其宾客之佳，文词之富，则未有过于集者……文采风流，照映一世，数百年后，犹想见之。"

第十次为都下雅集。清光绪三十三年（1907年），戊戌变法失败后离京的文化纷返京，汇于都下，在清朝最后几年中，成就了最后一场文人盛宴。宣统二年，陈衍与赵熙、胡思敬、江瀚、江庸、曾习经、罗惇曧、胡琳章等结成庚戌诗社。宣统三年，陈衍与陈宝琛、郑孝胥、林纾、胡思敬、曾习经、温肃等结成辛亥诗神。每逢佳日良辰，两诗社成员就择名胜之地，携茶点水果前往，游览燕谈，至暮方归。晚上则集酒楼或某人家中，开怀畅饮，赋诗纪游。此时，宴与水分离，最后成为如今的酒会而不是曲水流觞雅集。随着西学东渐，传统以文治国的思想被以工治国的思想代替，文人失去了自身价值，曲水迷失了它的主人。

第 3 节　坐石临流到凿渠构亭——园景

在园林中引入曲水流觞的是南赵王赵佗。他在公元前204 年于今广州创立南越国，在宫苑中仿汉长安曲水流觞构建苑园，从发掘的遗址可见 150 米曲渠，成之字形走向，北面石渠为北斗的斗形。池壁砂岩石砌筑，渠底用砂岩铺就，上再铺黑色卵石，黄白卵石等。从此可见，汉长安已经是有曲水流觞之景（李璟，千年曲水话流觞——曲水流觞在园林中的演变和应用，四川农业大学，陈其兵指导。）汉武帝时代的茂陵人袁广汉是巨富，他在北邙山下筑园，东西四里，南北五里，"激流水流其内"，"积沙为洲屿，激水为波涛"。要激流水，要起波涛，一为观，二为用。而最可能就是曲水流觞，然未有文字加以佐证。梁冀西第《南齐书》记载，"马融《梁冀西第赋》'玄石承轮，虾蟆吐写'，即曲水之象也。"故王欣推测在汉恒帝永寿（155—158 年）之前已经产生。《宋书》："魏明帝天渊池南，设流杯石沟，宴群臣"，可见曲水流觞景点在魏明帝（227—260 年）间已确存在，是皇家园林的一部分。

元康六年（296 年），石崇在其《金谷园诗序》中道："有别庐在河南县界金谷涧中，去城十里，或高或下，有清泉茂林，众果、竹、柏、药草之属，莫不毕备。又有水碓、鱼池、土窟，其为娱目欢心之物备矣。"梁帝萧绎在江陵湘东苑建有禊饮堂、建康华林园的被禊亭、流杯亭和清徽堂有流杯渠、天泉池有禊堂。唐代九华山有流觞濑，长宁公主宅园流杯池，禁苑中的临渭池和九曲宫，五代吴郡南园的流杯亭。北宋董氏东园有流杯亭，四川涪州有涪翁亭，北宋嵩山有泛觞亭。南宋杭州南园有流杯池，云洞园有濯缨。元代匏亭有清斯池。明代豫园有流觞亭。清代北京有六处七座：宁寿宫花园有禊赏亭，圆明园有坐石临流和咸畅亭，西苑南海有流水音，静宜园的璎珞岩有清音亭，恭王府花园有沁秋亭，七王坟退潜别墅有流杯亭，潭柘寺乾隆行宫有流杯亭，河北承德避暑山庄有流杯亭和曲水荷香，扬州瘦西湖有西园曲水和虹桥修禊，上海青浦也有曲水园等。

曲水流觞分为三个阶段，第一阶段是周至秦以前，以被禊求育为主题自然郊野园林阶段，这时都依托自然的河流，临时搭帐篷帷幕，重在借景因景。自然山水和自然河滨是举行活动的场所。虽然自由度大，可变性强，没有建设成本的投入，但是远在郊外，受气象条件影响大。

第二阶段是汉至唐代，以人工引水入园，在园林中堆山理水，形成沟渠落差，沿水构筑台、榭、楼、殿、堂、亭等，是园林曲水时期，重在造景。梁萧子显《南齐书·礼志》引陆机语："天渊池南石沟引御沟水，池西积石为禊堂，跨水流杯饮酒。"宋吴淑《事类赋注》引东晋戴延之《西征记》道："天渊之南，有积石坛，云三月三日，御坐流杯之处。"后赵石虎在建武十三年（347年）建业城华林园曲水景观时，晋翔《邺中记》记载："华林园中，千金堤上，作两铜龙，相向吐水，以注天泉池，通御沟中，三月三日，石季龙及皇后百官临池宴赏。"可见水都是从园外引入，经过沟渠注入池中，沟渠可以成为曲水流觞之处。沟渠的形式有自然形沟形和渠形，前者自然形，如兰亭曲水（图11-1）；后者几何形，如南越王宫曲水池。宜宾流杯渠是通过开山辟谷，形成20米深谷，在谷底再凿九曲水渠（图11-2），亦是几何形。

图11-1　兰亭曲水（作者自摄）

图11-2　宜宾流杯渠（作者自摄）

　　跨水、临水建筑形式渐渐取代郊野临时帷帐的形式。如晋郭璞《三日诗》："青阳畅和气，谷风穆以温……高台临迅流，四坐列王孙。"刘宋鲍照《三日诗》："服净悦登台，提上野中饮……解衿欣景预，临流竞覆杯。"张衡《南都赋》："暮春之禊……拔于阳濒，朱帷连网，耀野映云。"汉杜笃《拔楔赋》道:"用事伊锥,帷幔玄黄。于是旨酒嘉肴,方丈盈前,浮枣蜂水,醉酒口川。"梁简文帝《三日侍宴临光殿曲水诗》:"帷宫对广掖,层殿迩高岑。"《邺中记》描写华林园:"此堂亦以珉石为柱础,青石为基,白石为基,余奢饰尤盛。盖橡头皆安八出金莲花,柱上又有金莲花十枝,银钩挂网,以御鸟雀焉。"可见褉堂形式多样,但均高大开敞,跨水临流。亭在汉代还是驿站建筑,在魏晋演变成为风景建筑,其避雨功能与凌虚开敞,被从郊外驿站引入园林,成为北魏华林园、陈乐游苑等皇家园林的构筑物。

建筑与水之间也是有阶梯过渡,以利取觞。刘宋颜延之《三日曲水诗序》:"阅水环阶,引池分席。"《诏宴曲水诗》:"幕帐兰殿,画流高陛,分庭荐乐,析波浮醴。"齐谢朓《为人作三日侍华光殿曲水宴诗》:"间馆岩敞,长廊水架。金觞摇荡,玉俎推移。筵浮水豹,席扰云螭。"梁沈约《侍林光殿曲水宴诗》:"帐殿临春崇,帷宫绕芳荟。渐席周羽觞,分墀引回濑。"

《洛阳伽蓝记》的华林园记载可以看出,利用两山之间谷地,加以人工修整成为有曲水流觞景观。东为景阳山,西为姮娥峰,曲水经暗管、窦穴被导向适宜的地形,再加以人工砌筑,形成半自然半人工的流杯渠。韩国庆州鲍石亭流杯渠也为此类做法。

第三阶段是北宋以后以亭内曲水的出现为标志的室内流觞阶段。北宋《营造法式》记载了官式流杯亭的图样,分为国字流杯渠（图 11-3）和风字流杯渠两种形式。存此类石渠由凿刻而成，置于殿内或亭内，称为流杯殿和流杯亭。嵩山宋代崇福宫曲水是此类遗址。（俞显鸿，曲水流觞景观演化研究，中国园林，2008 年第 11 期）日本冈山后乐园中流店的曲水流觞做法是北宋宜宾曲水与乾隆襖赏亭曲水的综合。

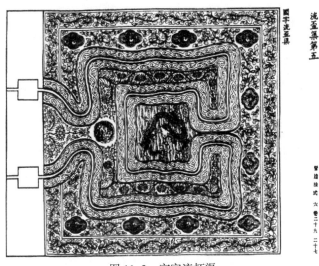

图 11-3　宜宾流杯渠

（北京，李诫，营造法式）

清代乾隆是个文人皇帝，身边文臣众多，一生造园数量高居历代帝王之首。几乎所有他建的园林之中，无论是皇宫园林还是郊野园林，亦或是行宫园林，多见曲水流觞之景，而且以亭内流杯形式最多。如紫禁城内的乾隆花园的禊赏亭和潭柘寺行宫的流杯亭就是此种案例。禊赏亭（图11-4）平面凸字形，突出处为抱厦，为规格最高的型制之一。亭内曲水为为虎头纹形，渠长达27米，曲折盘折，号称九曲十八变。从南往北看，图案如龙头纹，从北往南看，图案如虎头纹。

图11-4　禊赏亭（作者自摄）

后　记

——一个放牛娃的文化之旅

　　我对中国园林的研究主要集中在历史和文化两个方面。无论从哪个方面，最后都要走到同一个终点，那就是哲学。我是农民的儿子，是一个不折不扣的放牛娃。但是，耕读文化伴随着我的童年。我家阁楼是我父亲用生命换来的。当时还不到二十岁的他，在老宅上搭起阁楼，当年因村民出事而在族亲大会上被吊打。执行家族之法的是叔公。现在回想起来，我家阁楼正是整个古厝的西北位，即乾位，可能是族长听信了某地师的一面之词。这件事触发我更加努力地学习，以揭开文化的奥秘。

　　也就是这个阁楼，堆放了我家最宝贵的财产：书。我父亲虽不是官员也不是秀才，但是当地出了名的好读和好写的农民，似乎在村里显得尤为另类。他常常因为看书而误了农活，因为谈古而误了放鸭。鸭子跑到人家农田偷食而被当众指责，而他却笑笑赔礼，似乎有点孔乙己的劲儿。父亲的好学触使我家兄弟五人都好学习，大哥是第一批"文化大革命"后考上大学的村民。他对中国传统文化的热爱，使之被称为闽西才子。因为爱好发明而拥有二十余项专利，是当地有名的民间发明家。阁楼上的书有父亲买的，也有大哥二哥买的。时龄尚小的我，在阁楼中如饥似渴地阅读传统文化，徜徉在历史的天空。也跟随着父亲每年大年二十九写对联，大年三十贴春联。我把这个传统也教给我女儿，希望她能秉承中国传统的文化精髓。

我对中国传统文化的热爱从高中就开始了。《诗经》被我整本抄下来从头到尾背诵，大哥自制的二胡被我在乡野天空里拉出生命的乐章。在焚书祷告后背水一战，我这个放牛娃如愿跳出农门，考上大学，成为当时人们心目中的天之骄子。父亲在简陋的老宅里宴请了全村所有的男女老少。很长时间他和母亲走路带风，脑门带光，兴奋得差点摔倒。父亲卖了一头猪给我凑足了路费和学费，我背着行装，在邻居堂兄的护送下前往高校在福建的接站点漳州。

上大学前一天，大哥郑重地送给我三样东西：一只手表，希望我珍惜光阴；两本《古文观止》，要求我在大学四年内抄完，每月三篇，一篇给十元作为生活费；一套《辞源》，凡遇字难，打开它云雾自开。在大学四年的每个中午都是同学们呼呼午睡的时间，却是我用毛笔抄写《古文观止》时间。课余，我常常去图书馆阅读古今中外的名著，图书馆管理员成了我的至交。用现代诗写日记是我的习惯，当我读完诗词格律和抄写《古文观止》后，写律诗和写杂文成了我的爱好。我的杂文和诗词在校报崭露头角，渐成校报明星。三年级时我当选为绿苑文学社社长。

随着对传统文化的深入了解，《唐诗三百首》《宋诗三百首》《元曲一百首》被我整本背完。与我大哥开始谈词诗，大哥又送给我一本《词综》。因文字隽永而成了我的新爱，我开始整首整首背诵。其时，全国流行硬笔书法，于是，我又天天练习硬笔书法，尤爱行草。绿苑文学社还适时举办书法比赛。

我对音乐的爱好也没有停止步伐，带着初中就买的口琴天天在橡胶林中训练，同时，20世纪80年代流行的吉他打破了这一进程。新迷吉他的我，每晚熄灯时，还在走廊中弹奏古典乐章《阿尔罕不拉宫的回忆》。在博士阶段，音乐的崇洋被传统文化彻底打败，一次国乐会令我大开眼界。我开始向同班笛子高手崔勇博士学习吹箫。虽然功力不深，但许多经典名曲在学习的过程中渐渐被体悟。到天津大学头几年，我常常在晚上九点钟左右，沿着敬业湖畔吹箫。在北京宋庄设计建造的"一亩园"中就设有吹台，是专为音乐和舞蹈留下的空间。崔勇教授成为第一个在"一亩园"举办个人笛子独奏的音乐家。

在音乐声中，我陆续背完《三字经》《百家姓》《千字文》《龙文鞭影》《声律启蒙》《老子》，开始阅读《庄子》和《论语》，背诵《大学》和《中庸》，精读《文选》。在我读研究生的90年代初，全国流行易学、风水和建筑哲学，在图书馆借阅，在书摊抢购，成为国学的弄潮儿。父亲带着我拜访他的老朋友李日和先生。李是当地有名的地理先生，也是我父亲的至交。他把家传的手抄本秘籍展示给我。对易经有了初步了解后，我主动向硕士导师邓述平先生提出：毕业论文以堪舆为题，被经历过文字风雨的导师断然拒绝。倒是研究古建筑的路秉杰先生对我偏爱有加。记得博士入学考试中有一门考试课程就是"古代建筑文献"，我用文言文洋洋洒洒地写下一篇"论典雅"。之后四书五经二十四史《佛家十三经》系统地进入我的视野。

路秉杰先生的《日本园林》和《日本建筑》的课程，让我倍感中国文化的伟大。因迷恋日本枯山水而选择了日语二外。当我拜入路门时，我潜藏的传统文化基因，从小鹿乱撞，慢慢变成如鱼得水。在与崔勇、朱宇晖、周学鹰、文一峰等同学日常交流中，屡屡碰撞出灿烂的火花。博士论文《中日古典园林比较》是我第一次运用文化视角探索园林问题。我用一年时间研究日本地理、军事、政治，一年时间研究日本建筑，一年时间研究日本园林。三年就完成博士学论文并通过答辩，在九八届博士班中首开吉祥。在毕业论文中，我总结了中日园林的文化差异，中国园林重儒性、重互动、重欣欣向荣，从而园林成为凡地，而日本园林重佛性、重静赏、重和寂清静，从而园林成为圣地。

"仁山智水"是一个学者对中日园林关系的儒学论断。对日本园林儒家文化、道家文化和佛家文化的系统研究，让我学会用文化视野关照园林的方法。陈从周师祖的《说园》、王毅先生的《园林与文化》最先映入我的眼帘，而后是杨鸿勋、萧默、曹汛、曹林娣等名家的著作。文化大家的理论和方法如春风化雨，无声地为我的学术大厦添砖加瓦。当我来到天津大学后，王其亨教授的儒家文化研究进入我的视野。王教授对学术的执着也令人敬佩。他带领的团队引领了考据派的潮流。在认真阅读王老师指导的研究生论文之后，我从历代园林史的角度，总结了一篇论文《儒家眼中的园林》，全面阐述了园林与儒家理念的对应关系。

然而，学术界有些学者对道家文化的贬低，迫使我再次翻开《老子》和《庄子》，字斟句酌地研读。从原文入手的研究成果初次在《蓝天园林》上连载：老庄的生死观与园林、生死观与园林、朴素观与园林、旅游观与园林。在寻找历经八年研究《画论》美学技法时发现宗炳说的"山水以形媚道"正是中国山水园的道家依据。再深入研究，发现道家的天地人合一的世界观，就是中国人独特的人境图式。中国人从道家发展出来观道自然的方式，如澄怀观道，于是有了清漪园的澄观堂；如坐驰坐忘，于是有了忘飞亭、忘机亭；如心斋持戒，于是有了见心斋；如超越现实，于是有了梦蝶园、梦溪园。老子的尚阴图虚的观念，使得中国人把园林当成林中之谷，追求退思、愚谷。老子的见朴抱素的观念，使历代草堂成为文人竞相呈现的逆儒行为。道家追求养生长寿的目的，又把隐逸、无争、逍遥当成寻乐至乐的方式。在《蓝天园林》的道家文章发表之后，《中国园林》连载了我的两篇老庄园林观的文章。

在道家研究之后，道教园林进入我的视野。从道教协会的白云观开始，再到青城山、三清山、龙虎山等地，我发现这些道观都是借得天地山水间，营造五行八卦台。道教宫观园林充分利用老庄的天地人合一的哲学思想、阴阳五行八卦的易学思想、五花八门的神仙思想，在自然崇拜之上建构了以三清为主的神仙体系。青云圃、老君台、列子御风台、昆明黑龙潭成为道教最杰出的宫观园林。由道教求仙思想发育的仙台、仙楼、仙阁、仙洞、仙桥不仅在皇家园林，在私家园林中也比比皆是。仙人长生的追求，以在洞穴修炼为特征。这一修炼方式，在道教场所称为洞天福地，在园林场所则是岩山洞穴，对道家和道教的研究，总难避开自然崇拜。自然崇拜与三清体系的道教系统有天壤之别，与追求天地自然的道家也有显著的不同。身为闽西人，我对闽粤盛行的自然崇拜从小就有见识。我的第一个见解"岭南园林的龙凤崇拜"发表于《中国园林》上时，我还没有意识到它的系统性。直到进入北方，比照皇家园林的龙凤崇拜，曾经的龙凤观更上一层楼。之后对于各地龙柱龙头、龙生九子、鸱吻哺鸡、龙庙凤台的研究，发现龙文化和凤文化在全国的普遍性和在历史上的渊远性，远超我的想象，九龙壁、龙王庙、凤凰山、凤凰台不过是龙凤文化的缩影。土地庙、花神庙、城隍庙、汇万总春之庙，从民间走进皇家禁苑。再说一池三山，它本质上是神仙文化，称为蓬莱神话。悬圃也是神仙文化，称为昆仑神话。两种文化在中原汇合。尽管道教宫观也开辟了东海蓬莱神话与西天昆仑神话与园林的对话舞台，皇家园林和私家园林也不失时机地兼并了瑶池、天庭、悬圃的概念。最后壶中天地以麻雀虽小，五脏俱全的系统思维，发展出的壶天思想，在园林中占有一席之地，壶园、壶天、藤壶、萩壶等成为园林庭院的代称。

　　跟随母亲烧香拜佛，是我与众不同的童年生活。几乎每周一至二次的祭拜体验，使宗教思想在我幼小的心灵中生根发芽。在研究儒道之后，我的视野回望佛家。须弥山、坛城、禅宗、律宗等门派之别，以及它们与园林的结合，其方式法门是如此地百花齐放。有依坛城理论构建的须弥灵境，也有按禅宗理论构建的狮子林，更有按放生理论构建的放生池，还有按圣地圣迹模样命名的飞来峰、竹林精舍、祇园等。到了日本，各门派都趋向于在枯山水中得到统一和升华。

　　如此有趣的风景画面，一卷卷都令我大开眼界。在《儒家眼中的园林》之后，我整理了《道家眼中的园林》和《儒家眼中的园林》，发展成为我的研究生课程《中西园林历史与文化》的"三驾马车"。驾驶着这三驾马车，我在全国各地讲学，也不断地充实着儒道佛的文化内涵和园林案例。

园林易学的研究从个人层面来讲，从读研究生的1992年开始。从八卦六十四卦的背诵到建筑易学的认识是第一个阶段。我发现易学界亢亮、于希贤、刘大钧、王其亨、汉宝德等堪舆大牛们对园林易学是零提及，园林界陈从周、刘敦桢、杨鸿勋、汪菊渊、周维权等对园林易学也是零提及。直至今日，风景园林界依然认为"园林只有美学，没有易学"的也大有人在。易学雷区的危险性是客观存在的，但正是研究的盲区激起了我的全身心投入，凭借着初生牛犊不怕虎的放牛娃精神，深入虎穴。不入虎穴，焉得虎子？

抛开前人的转译论著，我认为应从历代堪舆名著开始。面对一本本玄奥理论和生疏的语汇，我想，与研究生们一起研究，花十年二十年在所不惜。从《葬书》中我发现了"得水为上，藏风次之""百尺为形，千尺为势"的原理；从《水龙经》中发现了五百多幅水系图典；从《地理五诀》中悟到堆山、理水、植栽、建筑、置石与龙、砂、穴、水、向的对应关系；从《地理人子须知》发现了历代名家评点。据此，我基本确立形势论在园林中广泛应用，具有不可忽视的科学性。

而最难的向法，也在我进入狮子林时，突然顿悟。我惊奇地发现，以穴位太极点为中心，所有景点都是向心布置。各门理论，不过是功能方位之法。研究生们投入研究后，皇家园林的格局迷团被破解，《易经》体系和象天法地的手法，是其普遍的表达。对私家园林的研究是从江南名园开始的，第一篇江南名园硕士论文"拙政园格局合局研究"刚刚落下帷幕，其格局不仅有形势派的四象和五诀，更有理气派的玄空飞星考量，最近发现艺圃园主姜埰明确记载运用八宅法，与《园冶》所载契合，真是令人兴奋不已。于是，我的《园林五要》和《中国古典园林格局分析》相继完稿，从形势角度解开景观遗产的奥秘。我还将撰写一部有关园林向法的著作，解开方位学之谜。古人思维，叹为观止！虽有偏颇，仍不失深邃。

　　随着园林易学体系的形成，一副儒、道、佛、易的四足宝鼎业已形成。十年前的园林儒道佛三足体系，被完善为四足体系，我鲜明地提出"园林哲学"之说。承蒙中国建材工业出版社编辑老师的关注，在"园冶杯"国际论坛之后来到天津大学，与我签订了《园林儒道佛》和《园林人物传》两书。去年，《园林儒道佛》更名"苑囿哲思"系列丛书，由《园儒》《园道》《园易》《园释》四本书构成。在更名之前结识吴祖光新凤霞之子吴欢先生，承其厚爱，得赐《园林儒道佛》墨宝，而今更名，重题书名。2019 年 5 月在北京林业大学参加"中国风景园林史"研讨会，又得孟先生题词：苑囿哲思。近日，向彭先生汇报我的园林哲学体系之后，老先生大加赞赏，欣然提笔为本书写下序言。此书能得诸位先生的赞扬，得益于传统园林文化本身的魅力。能走到哲学层面，触及园林哲学的根本，是一个学者文化苦旅后的幸运。不避主流意识之嫌，不偏袒一方一面之词，坚持不懈，终成正果，有一种醍醐灌顶的快感和畅然。我也希望这一正果能尽快进入本科或研究生教材，让更多的年轻学子能够感受中华文化的深厚底蕴。

在本书即将出版之际，我首先要感谢我的父亲和大哥，是他们给了我童年的方向启蒙，是他们给了我传统文化的行囊。其次，我要感谢我的夫人，是她承担了家庭的重担，给了我夜以继日的平和环境和无微不至的诸多关怀。最后，我也要感谢与我朝夕相伴的研究生们，是他们坚定不移地跟随着我虎穴探险。大家的努力必将结出金灿灿的果实。这片苑囿，海阔凭鱼跃，天高任鸟飞。

刘庭风

2019 年 6 月 6 日于天津大学

作者简介

　　刘庭风，1967年生，福建龙岩市人，本科毕业于华南热带作物学院，硕士、博士毕业于同济大学，博士后完成于天津大学。师从规划名师邓述平、古建专家路秉杰和建筑学院士彭一刚。现为天津大学建筑学院教授、博导，天津大学地相研究所所长，天津大学设计总院风景园林分院（前）副院长。2009—2011年受中组部委派挂职担任内蒙古乌海市市长助理和规划局副局长。在天津大学建筑学院历任本、硕、博九门专业课主讲，主要从事古建筑、古园林研究，经常受邀在各大高校讲学。

　　主持过一百余项建筑、规划、园林项目，主要涉及乡镇规划、城市设计、古建筑及其保护、园林景观等，荣获一个国际奖项和八个省部级奖项。指导学生参加各种竞赛获奖，在"园冶杯"国际大学生设计竞赛中年年获奖，被评为优秀指导教师。

　　在社会团体兼职方面，兼任中国风景园林理论历史专委会副主任、教育部基金评审专家、天津市市政规划建筑项目评审专家、内蒙古乌海市规委会专家、中国风景园林学会"园冶杯"评委，同时任《中国园林》《园林》《人文园林》《建筑与文化》等杂志编委。

2014年被住房城乡建设部"艾景奖"组委会评为全国资深风景园林师，被亚洲城市建设学会评为十大杰出贡献人物。著作分为地域园林、古典园林、园林易学、画论园林观、园林哲学等五大系列：《中日古典园林比较》《日本小庭园》《日本园林教程》《广东园林》《广州园林》《香港澳门海南广西园林》《福建台湾园林》《天津五大道洋房花园》《中国古园林之旅》《鹰眼胡杨心》《中国古典园林设计施工与移建》《中国园林年表初编》《中国古典园林平面图集》《画论·景观·语言》《画论景观美学》《园儒》《园道》《园易》《园释》《内蒙古西部地区发展研究》（参编）。